建筑管理与造价审计

李　琳　郭红雨　刘士洋　著

吉林科学技术出版社

图书在版编目（CIP）数据

建筑管理与造价审计 / 李琳, 郭红雨, 刘士洋著
. -- 长春 : 吉林科学技术出版社, 2018.4(2025.4重印)
ISBN 978-7-5578-3963-5

Ⅰ. ①建… Ⅱ. ①李… ②郭… ③刘… Ⅲ. ①建筑工程－施工管理②建筑造价管理－审计 Ⅳ. ①TU71 ②F239.63

中国版本图书馆CIP数据核字(2018)第076088号

建筑管理与造价审计

著　　李　琳　郭红雨　刘士洋
出 版 人　李　梁
责任编辑　孙　默
装帧设计　李　梅
开　　本　889mm×1194mm　1/16
字　　数　280千字
印　　张　17.25
印　　数　1-3000册
版　　次　2019年5月第1版
印　　次　2025年4月第3次印刷

出　　版　吉林出版集团
　　　　　吉林科学技术出版社
发　　行　吉林科学技术出版社
地　　址　长春市人民大街4646号
邮　　编　130021
发行部电话/传真　0431-85635177　85651759　85651628
　　　　　　　　　85677817　85600611　85670016
储运部电话　0431-84612872
编辑部电话　0431-85635186
网　　址　www.jlstp.net
印　　刷　三河市天润建兴印务有限公司

书　　号　ISBN 978-7-5578-3963-5
定　　价　128.00元

前 言

随着我国的经济飞速崛起，相比发达国家经济发展的漫长周期，极大地缩短了发展的时间。在飞速发展的过程中，建筑造价管理等现代理论的研究和应用与西方发达国家相比，还存在一定的差距，尤其是加入世界贸易组织后，国际间的交流合作越来越多，显然无法满足未来建筑项目的管理和造价管理的需要。

目前，我国建筑工程造价管理主要采用全过程造价的思想和理念，将建筑造价管理分成了 7 个阶段，包括投资预算、设计估算、施工图预算和结算等，造价管理的主要目的是控制建筑的成本，随着近些年建筑市场竞争的加剧，一些企业为了获得更高的利润，以牺牲质量的方式，降低建筑的成本，这显然不符合造价管理的初衷。通过实际的调查发现，虽然我国建筑造价管理经过了多年的发展，但是受到各方面因素的影响，依然存在一些问题，影响了造价管理的效果，如管理者的观念落后；政府干预行为较多；很多建筑企业的领导者没有长远发展的观念，只重视眼前的利益，没有科学的造价管理思想，使得造价管理如同虚设，没有发挥任何作用。

这些问题，充分暴露出我国造价审计方面意识的缺位和手段应用的缺失。在工程项目的建设过程中，由于其建设所需要的费用所占的比例较大、项目建设周期较长、参与的范围较广，因此需要对建筑工程中的造价审计进行有效地控制，以此来影响建筑工程所需要的进度及项目所产生的投资效益。但是，现状往往是工程管理人员法制和经济观念薄弱；审计内部控制系统存在失控点；没有严格的管理模式；缺乏先进的工程造价审计方法；造价审计行政管理部门繁多，造成效能低下；建筑工程在设计和施工阶段没有有效地控制工程造价。

因此，本书旨在根据建筑造价管理和审计管理方面的问题提出建设、优化、控制的方法和手段，通过正确的政策引导、科学的管理、严格的审计，对预、结算进行全面、系统的检查和复核，及时纠正所存在的错误和问题，形成比较完善的、科学的项目管理机制。根据企业和建筑的实际情况，对管理的思想和理念进行完善，使之更加合理地确定工程造价，达到有效地控制工程造价的目的，保证项目目标管理的实现，使其适应我国建筑造价管理的需要，最后提高建筑工程的社会效益和经济效益。

目 录

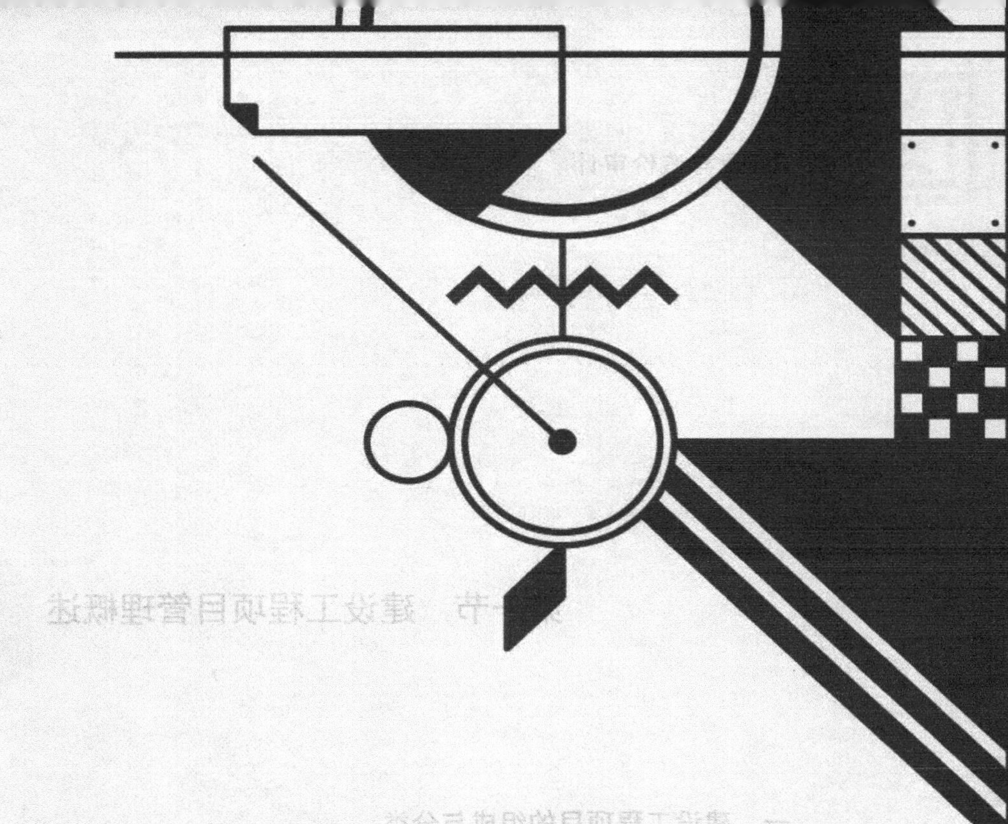

第一章 建设工程项目管理

第一节　建设工程项目管理概述

一、建设工程项目的组成与分类

建设工程项目是指自项目开始至项目完成，通过项目策划和项目控制，以使项目的费用目标、进度目标和质量目标得以实现，是一个通过一系列依法立项的新建、扩建、改建等各类工程而进行的、有起止日期的、达到规定要求的一组相互关联的受控活动组成的特定过程，包括策划、勘察、设计、采购、施工、试运行、竣工验收和考核评价等。

（一）建设工程项目的组成

建设工程项目可分为单项工程、单位（子单位）工程、分部（子分部）工程和分项工程。

1. 单项工程

单项工程是建设项目的组成部分，具有独立的设计文件，竣工后能单独发挥设计所规定的生产能力或效益，并构成建设工程项目的组成部分；是在一个建设工程项目中具有独立的设计文件，竣工后可以独立发挥生产能力或效益的一组配套齐全的工程项目。一个建设工程项目有时可以仅包括一个单项工程，也可以包括多个单项工程。

2. 单位工程

单位工程是指具备独立施工条件并能形成独立使用功能的建筑物及构筑物。从施工的角度看，单位工程就是一个独立的交工系统，有自身的项目管理方案和目标，按业主的投资及质量要求，如期建成交付生产和使用。对于建筑规模较大的单位工程，可将其能形成独立使用功能的部分作为一个子单位工程。具有独立施工条件和能形成独立使用功能是单位工程划分的基本要求。

单位工程是单项工程的组成部分。按照单项工程的构成，又可将其分解为建筑工程和设备安装工程。例如工业厂房工程中的土建工程、设备安装工程、工业管道工程等分别是单项工程中所包含的不同性质的单位工程。

3. 分部工程

分部工程是单位工程的组成部分，应按专业性质、建筑部位确定。一般工业与民用建筑工程的分部工程包括地基与基础工程、主体结构工程、装饰装修工程、屋面工程、给排水及采暖工程、电气工程、智能建筑工程、通风与空调工程、电梯工程。

当分部工程较大或较复杂时，可按材料种类、施工特点、施工程序、专业系统及类别等将其划分为若干子分部工程。

4. 分项工程

分项工程是分部工程的组成部分，一般按主要工程、材料、施工工艺、设备类别等进行划分。分项工程是计算工、料及基金消耗的最基本的构造要素。

（二）建设工程项目的分类

建设工程项目的种类繁多，为了适应科学管理的需要，可以从不同的角度进行分类。

1. 按建设性质划分

建设工程项目可分为新建项目、扩建项目、改建项目、迁建项目和恢复项目。

2. 按投资作用划分

建设工程项目可分为生产性建设工程项目和非生产性建设工程项目。

3. 按项目规模划分

为适应对建设工程项目分级管理的需要，国家规定基本建设项目分为大型、中型、小型三类；更新改造项目分为限额以上和限额以下两类。

4. 按项目的投资效益划分

建设工程项目可分为竞争性项目、基础性项目和公益性项目。

5. 按项目的投资来源划分

建设工程项目可分为政府投资项目和非政府投资项目。按照其盈利性不同，政府投资项目又可分为经营性政府投资项目和非经营性政府投资项目。

二、工程项目建设程序

工程项目建设程序是指工程项目从工程建设的初期，建设单位形成投资意向，通过对投资机会等的研究和决定，形成书面文件，上报主管部门和发改委进行审批，进而立项、策划、评估、决策、设计、施工到竣工验收、投入生产或交付使用的整个建设过程中，各项工作必须遵循的先后工作次序。工程项目建设程序是建设工程过程客观规律的反映，是建设工程项目决策和稳健执行进行的重要保证。

各个国家和国际组织在工程项目建设程序上可能存在着某些差异，但是按照工程项目发展的内在规律，投资建设一个工程项目都要经过投资决策和建设实施的发展时期，各个发展时期又可分为若干个阶段，各个阶段之间存在严格的先后次序，可以进行合理的交叉，但不能任意颠倒次序。

（一）投资决策阶段工作内容

1. 编报项目建议书

项目建议书是由项目法人单位根据国民经济和社会发展长远规划，国家的产业政策，行业、地区发展规划，以及国家的有关投资建设法规、规定编报拟建项目，向国家提出的要求建设某一项目的建议文件，是对建设工程项目的轮廓设想。项目建议书的主要作用是推荐一个拟建项目，论述其建设的必要性、建设条件的可行性和获利的可能性，供国家选择并确定是否进行下一步工作。

对于政府投资项目，项目建议书按要求编制完成后，应根据建设规模和限额划分分别报送有关部门审批，大中型和限额以上新建及大型扩建项目，在上报项目建议书时，凡重大项目或专有要求项目须附初步可行性研究报告。项目建议书经批准后，可以进行详细的可行性研究工作，但并不表明项目非上不可，批准的项目建议书不是项目的最终决策。

对于企业不使用政府资金投资建设的项目，政府不再进行投资决策性质的审批。项目实行核准制或登记备案制，企业不需要编制项目建议书而可直接编制可行性研究报告。

2. 编报可行性研究报告

可行性研究是对工程项目在技术上是否可行和经济上是否合理进行科学的分析和论证。可行性研究工作完成后，需要编写出反映其全部工作成果的“可行性研究报告”。

3. 项目投资决策审批制度

根据《国务院关于投资体制改革的决定》，政府投资项目和非政府投资项目分别实行审批制、核准制或备案制。

（1）政府投资项目。对于采用直接投资和资本金注入方式的政府投资项目，政府需要从投资决策的角度审批项目建议书和可行性研究报告，除特殊情况外不再审批开工报告，同时还要严格审批其初步设计和概算；对于采用投资补助、转贷和贷款贴息方式的政府投资项目，则只审批资金申请报告。

政府投资项目一般都要经过符合资质要求的咨询中介机构的评估论证，特别重大的项目还应实行专家评议制度。国家将逐步实行政府投资项目公示制度，以广泛听取各方面的意见和建议。

（2）非政府投资项目。对于企业不使用政府资金投资建设的项目，一律不再实行审批制，区别不同情况实行核准制或备案制。

①核准制。企业投资建设《政府核准的投资项目目录》中的项目时，仅需向政府提交项目申请报告，不再经过批准项目建议书、可行性研究报告和开工报告的程序。

②备案制。对于《政府核准的投资项目目录》以外的企业投资项目，实行备案制。除国家另有规定外，由企业按照属地原则向地方政府投资主管部门备案。

为扩大大型企业集团的投资决策权，对于基本建立现代企业制度的特大型企业集团，投资建设《政府核准的投资项目目录》中的项目时，可以按项目单独申报核准，也可编制中长期发展建设规划。规划经国务院或国务院投资主管部门批准后，规划中属于"政府核准的投资项目目录"中的项目不再另行申报核准，只需办理备案手续。企业集团要及时向国务院有关部门报告规划执行和项目建设情况。

（二）实施阶段工作内容

1. 工程设计

（1）工程设计阶段及其内容。工程设计阶段一般划分为两个阶段，即初步设计和施工图设计。重大项目和技术复杂项目，可根据需要增加技术设计阶段。

①初步设计。初步设计是根据可行性研究报告的要求所做的具体实施方案，目的是阐明在指定的地点、时间和投资控制数额内，拟建项目在技术上的可行性和经济上的合理性，并根据对工程项目所做出的基本技术规定编制项目总概算。

初步设计不得随意改变被批准的可行性研究报告所确定的建设规模、产品方案、工程标准、建设地址和总投资等控制目标。如果初步设计提出的总概算超过可行性研究报告总投资的10%以上或其他主要指标需要变更时，应说明原因和计算依据，并重新向原审批单位报批可行性研究报告。

②技术设计。技术设计应根据初步设计和更详细的调查研究资料编制，以进一步解决初步设计中的重大技术问题，如工艺流程、建筑结构、设备选型及数量确定等，使工程项目的设计更具体、更完善，技术指标更好。

③施工图设计。根据初步设计或技术设计的要求，结合现场实际情况，完整地表现建筑物外形、内部使用功能、结构体系、构造状况以及建筑群的组成与周围环境的配合。施工图设计还包括各种运输、通信、管道系统、建筑设备的设计。在工艺方面，应具体确定各种设备的型号、规格及各种非标准设备的制造加工图。

（2）施工图设计文件的审查。根据《房屋建筑和市政基础设施工程施工图设计文件审查管理办法》（建设部令第13号）规定，建设单位应当将施工图送施工图审查机构审查。施工图审查机构按照有关法律、法规，对施工图涉及公共利益、公共安全和工程建设强制性标准的内容进行审查。

任何单位或者个人不得擅自修改审查合格的施工图。确需修改的，凡涉及上述审

查内容的，建设单位应当将修改后的施工图送原审查机构审查。

2. 建设准备

（1）建设准备工作内容。项目在开工建设之前要切实做好各项准备工作，其主要内容包括：

①征地、拆迁和场地平整；

②完成施工用水、电、通信、道路等接通工作；

③组织招标，选择工程监理单位，承包单位及设备、材料供应商；

④准备必要的施工图纸。

（2）工程质量监督手续和施工许可证的办理。建设单位完成工程建设准备工作并具备工程开工条件后，应及时办理工程质量监督手续和施工许可证。

3. 施工安装

工程项目经批准新开工建设，项目即进入施工安装阶段。项目新开工时间，是指工程项目设计文件中规定的任何一项永久性工程第一次正式破土开槽开始施工的日期。不需开槽的工程，正式开始打桩的日期就是开工日期。铁路、公路、水库等需要进行大量土方、石方工程的，以开始进行土方、石方工程的日期作为正式开工日期。工程地质勘察、平整场地、旧建筑物的拆除、临时建筑、施工用临时道路和水、电等工程开始施工的日期不能算作正式开工日期。分期建设的项目分别按各期工程开工的日期计算，如二期工程应根据工程设计文件规定的永久性工程开工的日期计算。

施工安装活动应按照工程设计要求、施工合同条款、有关工程建设法律法规规范标准及施工组织设计，在保证工程质量、工期、成本及安全、环保等目标的前提下进行，达到竣工验收标准后，由施工承包单位移交给建设单位。

4 .生产准备

对于生产性建设工程项目而言，生产准备是项目投产前由建没单位进行的一项重要工作。它是衔接建设和生产的桥梁，是项目建设转入生产经营的必要条件。建设单位应适时组成专门机构做好生产准备工作，确保项目建成后能及时投产。

生产准备工作一般应包括以下主要内容：

（1）招收和培训生产人员。招收项目运营过程中所需要的人员，并采用多种方式进行培训。特别要组织生产人员参加设备的安装、调试和工程验收工作，使其能尽快掌握生产技术和工艺流程。

（2）组织准备。组织准备主要包括生产管理机构设置、管理制度和有关规定的制定、生产人员配备等。

（3）技术准备。技术准备主要包括国内装置设计资料的汇总，有关国外技术资料的翻译、编辑，各种生产方案、岗位操作法的编制以及新技术的准备等。

（4）物资准备。物资准备主要包括落实生产用的原材料、协作产品、燃料、水、电、气等的来源和其他需协作配合的条件，并组织工装、器具、备品、备件等的制造或订货。

（三）交付使用阶段工作内容

1. 竣工验收

当工程项目按设计文件的规定内容和施工图纸的要求全部建完后，便可组织验收。竣工验收是投资成果转入生产或使用的标志，也是全面考核工程建设成果、检验设计和工程质量的重要步骤。

（1）竣工验收的范围和标准。按照国家现行规定，工程项目按批准的设计文件所规定的内容建成，符合验收标准，即工业项目经过投料试车（带负荷运转）合格，形成生产能力的；非工业项目符合设计要求，能够正常使用的，都应及时组织验收，办理固定资产移交手续。工程项目竣工验收、交付使用，应达到下列标准：

①生产性项目和辅助公用设施已按设计要求建完，能满足生产要求；

②主要工艺设备已安装配套，经联动负荷试车合格，形成生产能力，能够生产出设计文件规定的产品；

③职工宿舍和其他必要的生产福利设施，能适应投产初期的需要；

④生产准备工作能适应投产初期的需要；

⑤环境保护措施、劳动安全卫生措施、消防设施已按设计要求与主体工程同时建成使用。

以上是国家对建设工程项目竣工应达到标准的基本规定，各类建设工程项目除遵循上述共同标准外，还要结合专业特点确定其竣工应达到的具体条件。

对某些特殊情况，工程施工虽未全部按设计要求完成，也应进行验收，这些特殊情况主要是指：

①因少数非主要设备或某些特殊材料短期内不能解决，虽然工程内容尚未全部完成，但已可以投产或使用；

②按规定的内容已建完，但因外部条件的制约，如流动资金不足、生产所需原材料不能满足等，而使已建成工程不能投入使用；

③有些工程项目或单位工程已形成部分生产能力，但近期内不能按原设计规模续建，应从实际情况出发经主管部门批准后，可缩小规模对已完成的工程和设备组织竣工验收，移交固定资产。

按国家现行规定，已具备竣工验收条件的工程，3个月内不办理验收投产和移交固定资产手续的，取消企业和主管部门（或地方）的基建试车收入分成，由银行监督全部上缴财政。如3个月内办理竣工验收确有困难，经验收主管部门批准，可以适当推迟竣工验收时间。

（2）竣工验收的准备工作。建设单位应认真做好工程竣工验收的准备工作，主要包括：

①整理技术资料；

②绘制竣工图；

③编制竣工决算。

（3）竣工验收的程序和组织。根据国家现行规定，规模较大、较复杂的工程建设项目应先进行初验，然后进行正式验收；规模较小、较简单的工程项目，可以一次进行全部项目的竣工验收。

工程项目全部建完，经过各单位工程的验收，符合设计要求，并具备竣工图、竣工决算工程总结等必要文件资料，由项目主管部门或建设单位向负责验收的单位提出竣工验收申请报告。

（4）竣工验收备案。《房屋建筑工程和市政基础设施工程竣工验收备案管理暂行办法》（建设部第78号令）规定，建设单位应当自工程竣工验收合格之日起15日内，向工程所在地县级以上地方人民政府建设主管部门备案。

2. 项目后评价

项目后评价是工程项目实施阶段管理的延伸。工程项目竣工验收交付使用，只是工程建设完成的标志，而不是建设工程项目管理的终结。工程项目建设和运营是否达到投资决策时所确定的目标，只有经过生产经营或使用取得实际投资效果后，才能进行正确的判断；也只有在这时，才能对建设工程项目进行总结和评估，才能综合反映工程项目建设和工程项目管理各环节上工作的成效和存在的问题，并为以后改进建设工程项目管理、提高建设工程项目管理水平、制定科学的工程项目建设计划提供依据。

项目后评价的基本方法是对比法。对比法就是将工程项目建成投产后所取得的实际效果、经济效益和社会效益、环境保护等情况与前期决策阶段的预测情况相对比，与项目建设前的情况相对比，从中发现问题，总结经验和教训。在实际工作中，往往从以下两个方面对建设工程项目进行后评价。

（1）效益后评价。项目效益后评价是项目后评价的重要组成部分。它以项目投产后实际取得的效益（经济、社会、环境等）及其隐含在其中的技术影响为基础，重新测算项目的各项经济数据，得到相关的投资效果指标，然后与项目的前期评估时预测的有关经济效果值[如净现值（Net Present Value，NPV）、内部收益率（Intrnal Rate Of Return，IRR）、投资回收期 Pt 等]、社会环境影响值[如环境质量值（Indoor Environmental Quality，IEQ）等]进行对比，评价和分析其偏差情况以及原因，吸取经验教训，从而为提高项目的投资管理水平和投资决策服务。效益后评价具体包括经济效益后评价、环境效益和社会效益后评价、项目可持续性后评价及项目综合效益后评价。

（2）过程后评价。过程后评价是指对建设工程项目的立项决策、设计施工、竣工投产、生产运营等全过程进行系统分析，找出项目后评价与原预期效益之间的差异及其产生的原因，同时针对问题提出解决办法。

以上两方面的评价有着密切的联系，必须全面理解和运用，才能对后评价项目做出客观、公正、科学的结论。

三、建设工程项目管理的目标和任务

（一）项目管理的概念及知识体系

1. 项目管理的概念

项目管理是指在一定的约束条件下，为达到目标（在规定的时间和预算费用内，达到所要求的质量）而对项目所实施的计划、组织、指挥、协调和控制的过程。

一定的约束条件是制定项目目标的依据，也是对项目控制的依据。项目管理的目的就是保证项目目标的实现。由于项目具有单件性和一次性的特点，因此要求项目管理具有针对性、系统性、程序性和科学性。只有用系统工程的观点、理论和方法对项目进行管理，才能保证项目的顺利完成。

2. 项目管理知识体系

项目管理知识体系（Project Management Body of Knowledge，PMBOK）是指项目管理专业知识的总和，该体系由美国项目管理学会（Project Management Institute，PMI）开发。国际标准化组织（International Organization for Standardization，ISO）还以该体系为基础，制定了项目管理标准 ISO10006。

项目管理知识体系包括9个知识领域，即范围管理、时间管理、成本管理、质量管理、人力资源管理、沟通管理、采购管理、风险管理和综合管理。

（1）项目范围管理是指对项目应该包括什么和不应该包括什么进行定义和控制的过程。其具体内容包括：项目核准、范围规划、范围定义、范围核实和范围变更控制。

（2）项目时间管理是指为确保项目按期完成所必需的一系列管理过程和活动。具体内容包括活动定义、活动排序、活动时间估算、进度计划和进度控制。

（3）项目成本管理是指为确保项目在批准的预算范围内完成所需的各个过程。其具体内容包括资源规划、成本估算、成本预算和成本控制。

（4）项目质量管理是指为满足项目利益相关者的需要而开展的项目管理活动。项目质量管理包括工作质量管理和项目产出物的质量管理，具体内容包括质量规划、质量保证和质量控制。

（5）项目人力资源管理是指对项目组织中的人员进行招聘、培训、组织和调配，同时对组织成员的思想、心理和行为进行恰当诱导控制和协调，充分发挥其主观能动性的过程。其具体内容包括组织规划、人员招聘和团队建设。

（6）项目沟通管理是指为确保项目信息合理收集和传输，以及最终处理所需实施的一系列过程。其具体内容包括沟通规划、信息传输、进展报告和管理收尾。

（7）项目采购管理是指在整个项目生命期内，有关项目组织从外部寻求和采购各种项目所需资源的管理过程。其具体内容包括采购规划、询价与招标、供方选择、合同管理和合同收尾。

（8）项目风险管理是指系统识别和评估项目风险因素，并采取必要对策控制风险的过程。其具体内容包括：风险识别、风险评估、风险对策和风险控制。

（9）项目综合管理是指在项目生命期内协调所有其他项目管理知识领域所涉及的过程。其具体内容包括项目计划制定、项目计划实施和综合变更控制。

（二）建设工程项目管理的目标和发展趋势

1. 建设工程项目管理目标

建设工程项目管理是指项目组织运用系统工程的理论和方法，对建设工程项目寿命期内的所有工作（包括项目建议书、可行性研究、评估论证、设计、采购、施工、验收、后评价等）进行计划、组织、指挥、协调和控制的过程。建设工程项目管理的核心任务是控制项目目标（造价、质量、进度），最终实现项目的功能，以满足使用者的需求。

建设工程项目的造价、质量和进度三大目标是一个相互关联的整体，三大目标之间既存在着矛盾的方面，又存在着统一的方面。进行项目管理，必须充分考虑建设工程项目三大目标之间的对立统一关系，注意统筹兼顾，合理确定三大目标，防止发生盲目追求单一目标而冲击或干扰其他目标的现象。

2. 建设工程项目管理的发展趋势

为了适应建设工程项目大型化、项目大规模融资及分散项目风险等需求，建设工程项目管理呈现出集成化、国际化、信息化趋势。

（1）项目管理集成化。在项目组织方面，业主变自行管理模式为委托项目管理模式。由项目管理咨询公司作为业主代表或业主的延伸，根据其自身的资质、人才和经验，以系统和组织运作的手段和方法对项目进行集成化管理。

在项目管理理念方面，不仅注重项目的质量、进度和造价三大目标的系统性，更加强调项目目标的寿命周期管理。为了确保项目的运行质量，必须以全面质量管理的观点控制项目策划、决策、设计和施工全过程的质量。项目进度控制也不仅仅是项目实施（设计、施工）阶段的进度控制，而是包括项目前期策划、决策在内的全过程控制。项目造价的寿命周期管理是将项目建设的一次性投资和项目建成后的日常费用综合起来进行控制，力求项目寿命周期成本最低，而不是追求项目建设的一次性投资最省。

（2）项目管理国际化。随着经济全球化及我国经济的快速发展，在我国的跨国公司和跨国项目越来越多，我国的许多项目已通过国际招标、咨询等方式运作，我国企业走出国门在海外投资和经营的项目也在不断增加。特别是我国加入 WTO 后，我国的行业壁垒正在逐步消除，国内市场国际化，国内外市场全面融合，使得项目管理的国际化正成为趋势和潮流。

（3）项目管理信息化。伴随着网络时代和知识经济时代的到来，项目管理的信息化已成为必然趋势。欧美发达国家的一些工程项目管理中运用了计算机网络技术，开始实现项目管理网络化、信息化。此外，许多项目管理单位已开始大量使用项目管理软件进行项目管理，同时还从事项目管理软件的开发研究工作。

（三）建设工程项目管理的类型和任务

1. 建设工程项目管理的类型

在建设工程项目的决策和实施过程中，由于各阶段的任务和实施主体不同，构成了不同类型的项目管理。从系统工程的角度分析，每一类型的项目管理都是在特定条件下为实现整个建设工程项目总目标的一个管理子系统。

（1）业主方项目管理。业主方项目管理是全过程的项目管理，包括项目决策与实施阶段的各个环节。由于项目实施的一次性，使得业主方自行进行项目管理往往存在很大的局限性，首先，在技术和管理方面缺乏相应的配套力量；其次，即使是配备健全的管理机构，如果没有持续不断的项目管理任务也是不经济的。为此，项目业主需要专业化、社会化的项目管理单位为其提供项目管理服务。项目管理单位既可以为业主提供全过程的项目管理服务，也可以根据业主需求提供分阶段的项目管理服务。

对于需要实施监理的建设工程项目，具有工程监理资质的项目管理单位可以为业主提供项目监理服务，但这通常需要业主在委托项目管理任务时一并考虑。当然，工程项目监理任务也可由项目管理单位协助业主委托给其他具有工程监理资质的单位。

（2）工程总承包方项目管理。在项目设计、施工综合承包或设计、采购和施工综合承包（EPC 承包）的情况下，业主在项目决策之后，通过招标择优选定总承包单位全面负责工程项目的实施过程，直至最终交付使用功能和质量标准符合合同文件规定的工程项目。由此可见，工程总承包方的项目管理是贯穿于项目实施全过程的全面管理，既包括项目设计阶段，也包括项目施工安装阶段。

工程总承包方为了实现其经营方针和目标，必须在合同条件的约束下，依靠自身的技术和管理优势或实力，通过优化设计及施工方案，在规定的时间内，按质、按量地全面完成工程项目的承建任务。

（3）设计方项目管理。勘察设计单位承揽到项目勘察设计任务后，需要根据勘察设计合同所界定的工作目标及责任义务，引进先进技术和科研成果，在技术和经济上对项目的实施进行全面而详尽的安排，最终形成设计图纸和说明书，并在项目施工安装过程中参与监督和验收。因此，设计方的项目管理不仅仅局限于项目勘察设计阶段，而且要延伸到项目的施工阶段和竣工验收阶段。

（4）施工方项目管理。施工承包单位通过投标承揽到项目施工任务后，无论是施工总承包方还是分包方，均需要根据施工承包合同所界定的工程范围组织项目管理。施工方项目管理的目标体系包括项目施工质量（Quality）、成本（Cost）、工期（Delivery）、安全和现场标准化（Safety）及环境保护（Environment），简称QCDSE目标体系。显然，这一目标体系既与建设工程项目的目标相联系，又具有施工方项目管理的鲜明特征。

（5）供货方项目管理。从建设工程项目管理的系统角度分析，建筑材料和设备的供应工作也是实施建设工程项目的一个子系统。该子系统有明确的任务和目标、明确的约束条件，以及与项目设计、施工等子系统的内在联系。因此，设备制造商、供应商同样需要根据加工生产制造和供应合同所界定的任务进行项目管理，以适应建设工程项目总目标的要求。

2. 建设工程项目管理的任务

建设工程项目管理的主要任务是在项目可行性研究、投资决策的基础上，对勘察设计、建设准备、施工及竣工验收等全过程的一系列活动进行规划、协调、监督、控制和总结评价，通过合同管理、组织协调、目标控制、风险管理和信息管理等措施，保证工程项目质量、进度、造价目标得到控制。

（1）合同管理。工程总承包合同、勘察设计合同、施工合同、材料设备采购合同、项目管理合同、监理合同、造价咨询合同等均是业主和参与项目实施各主体之间明确权利义务关系的具有法律效力的协议文件，也是市场经济体制下组织项目实施的基本手段。从某种意义上讲，项目的实施过程就是合同订立和履行的过程。合同管理主要是指对各类合同的订立过程和履行过程的管理，包括合同文本的选择，合同条件的协商、谈判，合同书的签署，合同履行的检查，变更和违约、纠纷的处理，总结评价等。

（2）组织协调。组织协调是实现项目目标必不可少的方法和手段。在项目实施过程中，各个项目参与单位需要处理和调整众多复杂的业务组织关系，主要包括：①外部环境协调，如与政府管理部门之间的协调、资源供应及社区环境方面的协调等；②项目参与单位之间的协调；③项目参与单位内部各部门、各层次及个人之间的协调。

（3）目标控制。目标控制是指项目管理人员在不断变化的动态环境中为保证既定计划目标的实现而进行的一系列检查和调整活动的过程。目标控制的主要任务是采用规划、组织、协调等手段，采取组织、技术、经济、合同等措施，确保项目总目标的实现。项目目标控制的任务贯穿在项目前期策划与决策、勘察设计、施工、竣工验收及交付使用等各个阶段。

（4）风险管理。随着建设工程项目规模的大型化和技术的复杂化，业主及项目参与各方所面临的风险越来越多，遭遇的风险损失程度越来越大。为确保建设工程项目的投资效益，必须对项目风险进行识别，并在定量分析和系统评价的基础上提出风险对策组合。

（5）信息管理。信息管理是项目目标控制的基础，其主要任务就是及时、准确地向各层级领导、各参加单位及各类人员提供所需的综合程度不同的信息，以便在项目进展的全过程中，动态地进行项目规划，迅速正确地进行各种决策，并及时检查决策执行结果。为了做好信息管理工作，需要：①建立完善的信息采集制度以收集信息；②做好信息编目分类和流程设计工作，实现信息的科学检索和传递；③充分利用现有信息资源。

（6）环境保护。工程建设可以改造环境，为人类造福，优秀的设计作品还可以增添社会景观，给人们带来观赏价值。但建设工程项目的实施过程和结果，同时也存在着影响甚至恶化环境的种种因素。因此，应在工程建设中强化环保意识，切实有效地将环境保护和克服损害自然环境、破坏生态平衡、污染空气和水质、扰动周围建筑物和地下管网等现象的发生，作为项目管理的重要任务之一。项目管理者必须充分研究和掌握国家和地区的有关环保法规和规定，对于环保方面有要求的工程项目，在可行性研究和决策阶段，必须提出环境影响评价报告，严格按工程建设程序向环保行政主管部门报批。在项目实施阶段，做到“三同时”，即主体工程与环保措施工程同时设计、同时施工、同时投入运行。

第二节　建设工程的发展史

第二次世界大战之后，随着世界经济的复苏和相关技术的日趋成熟，高层建筑的建设在世界范围内进入了兴盛时期。世界各地的许多主要城市都建起了摩天大楼，一些主要发达国家的建筑高度都达到了100m，至20世纪70年代中期又突破了200m。美国在此次世界性的高层建筑建设热潮中，仍然处于统领地位。这不仅是因为美国在高度竞赛中又再次打破了人类建筑的高度记录，突破了400m（纽约世界贸易中心110层，417m，1973年建成），而且美国高层建筑的建造数量也大大增加，从几个主要城市发展到遍及美国各地。在高层建筑设计理论、建筑材料和建筑技术等方面，美国也仍然走在世界的前列。1974 年在芝加哥建成的西尔斯大厦（Sears Tower，110 层），以 443m 的高度成为世界最高的建筑，并称雄世界 22 年。

在欧洲，高层建筑主要出现在一些经济中心城市，如法国的巴黎、英国的伦敦、德国的法兰克福和意大利的米兰等地。高层建筑在保守派的反对声中，突破了教堂的尖塔，成为控制城市天际线的新型标志。1952 年在德国杜塞尔多夫建成的塞森·阿德姆大楼（Thyssen Adm Building，30 层，160m），是欧洲第一座高度超过 100m 的现代高层建筑；而法国的梅因·穆特帕萨斯大楼（Maine Montparnasse，64 层，229m，1973 年建成），则是欧洲第一座高度突破 200m 的建筑。与此同时，加拿大和澳大利亚也修改了建筑法规，成为高层建筑建设的热点地区之一；而南美的巴西在 1940 年就已经建造出 30 层、120m 高的高层建筑。

日本在解决了结构抗震这一最为棘手的问题之后，也开始大力兴建高层建筑。建筑法规高度限制一经废除，第一座高层建筑——霞关大楼（Kasumigaseki，36 层，1968 年建成）的高度就达到了 147m；而仅仅 6 年之后，建筑高度便超过了 200m。日本建筑高度发展的速度之快，超过了欧洲各国。至 1978 年，阳光大厦（Sunshine，60 层）又以其 226.3m 的高度成为亚洲第一高楼。就 100m 以上高楼的建设数量而论，到 20 世纪 70 年代末，日本已建成 40 余座，位居世界第三，仅次于美国和加拿大。

20 世纪 80 年代以后，欧美经济持续萧条，建筑业发展缓慢，高层建筑的建设处于稳定发展时期。建设的侧重点也从数量的增多、高度的增加转化为质量上的提高。而此时，亚洲太平洋沿岸国家的经济发展速度开始领先于世界，加上该地区的人口密度极大，这就促使这一地区成为当今世界新一轮高层建筑建设的热点地区。随着亚洲经济实力的不断增强，建筑高度的竞赛也开始由美国转向亚太地区

继日本之后，新加坡、中国、韩国、马来西亚等亚洲太平洋沿岸的国家和地区都相继出现了大规模的高层建筑建设热潮。在短短的 20 ~ 30 年间，新加坡，日本的东京和中国的香港、上海、深圳等城市便已成为高层建筑的密集之地，不但建设的数量已经远远超过了欧美，而且建筑高度也急起直追。

1985 年建于槟城的 Kompleles Tun Abdul Razak 大厦以 245m 的高度，打破了日本保持 7 年的亚洲第一记录。仅仅相隔 1 年，新加坡的海外联合银行中心（Overseas Union Bank Center，66 层）又以 280m 的高度再破亚洲记录，而 1989 年在中国香港建成的中银大厦（Bank of China，70 层）更成为亚洲首次超过 300m 的建筑。至 1996 年，吉隆坡建成佩重那斯大楼（Petronas Towers，88 层，452m），其高度突破 450m，超过了美国的西尔斯大厦而成为世界上最高的建筑。

这就说明，自高层建筑出现以来，一直由美国保持了 100 多年的高度记录已于 20

世纪末转由亚洲国家所取代。据世界高层建筑与城居委员会1999年统计，世界上超过400m的高层建筑共有6座，其中3座位于亚洲；超过300m的高层建筑共有20座，也有10座位于亚洲，而20年前，亚洲却没有一座超过300m高的大楼。可以明显地看出，亚洲地区高层建筑发展的速度之快，已经超过了历史上的任何时期。所以有人曾预言，21世纪的亚洲将会成为世界高层建筑发展的中心和高度记录竞争的热点地区。到第一次世界大战时，大量的摩天楼由于地产的因素，得以在城市里实现。它们中大多数是由一些经营良好的私人事务所设计的。

1917年，建于美国旧金山的Willis Polks Hallidie Building首先实现了完全玻璃和钢框架体系。

1921~1922年，Mies设计了两个玻璃摩天楼方案，一个是多边形，另一个带有古怪的外墙。

19世纪20年代，处于经济的原因，高层建筑方面没能有突出的表现，美国在此时期占据了主导地位，这时期美国高层建筑界所表现的倒退和复古和19世纪22年的芝加哥竞赛一致。

1922年的芝加哥透平机塔楼的世界竞赛，是20世纪前半期最大的摩天楼的集合展。本次竞赛的获胜者是John Mead Howells和Raymond Hood，他们的方案是一个哥特式建筑，没有任何创新和改革。而第二名ElielSarrinen的设计却被认为对后来的高层建筑的发展有着深远的影响，闪烁着美学上的新理念的光辉。

但是整个19世纪20年代，高层建筑在技术方面却没有什么改进，还是钢框架上垒砖石结构。芝加哥竞赛之后的19世纪20年代被认为是高层建筑史上最可怕的时期。

值得一提的是，1920年HughFerriss绘制了4～5张高层草图，强调面的运用在视觉上的效果。他认为，对于建筑石墙面雕塑感的重视要远比一些历史细节或是所谓的历史形式重要的多。

从1922年开始建造到1932年建造完成，由Bretram Grosvenor Goodbue设计的伦敦Nebraska State Capitol立面简洁流畅，没有和任何一个历史形式相似的地方，是一个从形式、结构到阴影效果都十分纯净抽象的建筑，在欧洲产生了巨大影响，被比作真正的摩天楼的纪念碑。但是在那个时期的美国建筑界却无人所知。

第三节　建设工程的发展现状

一、项目管理现状

项目管理是通过项目经理和项目组织的努力，运用系统理论和方法对项目及其资源进行计划、组织、协调、控制，旨在实现项目的特定目标的管理方法体系。在我国的经济发展过程中，项目具有十分重要的作用，项目管理已经成为国家、社会重点关注的问题之一。随着建设项目的日益复杂，项目管理是确保复杂、大型项目成功开展的重要策略，当前已经被我国政府、相关企业广泛采纳。随着越来越激烈的市场竞争，以及越来越完善的建设市场秩序，在政府机构、当前企业及各种组织的发展过程中，项目管理已经成为最科学、最有效的管理策略。不管是大集团，还是小公司，在不同部门的管理工作中，项目管理这一理念已经被广泛应用。

虽然我国当前在项目管理上已经获得了很大的进步，但是仍然存在着很多的问题，严重阻碍了项目管理应有作用的发挥，主要表现在以下几点。

（一）项目管理意识较为薄弱

从工程的整体施工情况而言，大多数的施工者缺乏自我提高、管理、安全等意识，并未根据相关的规定进行施工，经常忽略安全措施的使用，从而导致项目管理工作不能落实，为施工管理带来了很大的困难。此外，建设行业在快速的进步，但是建设施工单位并未对项目管理工作进行相应的改进，如安全教育、技能培训等，投资的力度不够，从而导致相关的培训活动不能顺利开展，使施工存在很多的问题，降低了施工的质量。

（二）项目管理人员专业水平有待加强

城市化进程的不断加快，给建设施工、施工管理及质量带来了很大的困难，从而需要更加专业的项目管理人员来对施工进行管理。因此，应当对项目管理人员进行定期的专业培训，以增加他们的综合素质及专业技能，从而提高建施工的管理水平。但是，目前我国比较缺乏专业的项目管理人员，相应的技术水平比较落后，不能及时发现并清除存在的危险因子，也给管理水平的提升带来了很大的影响，这是现阶段面临的较大问题。

（三）施工现场管理中存在的问题

在建设施工现场的管理工作中常常会存在施工计划得不到充分落实、对相关工作人员没有进行明确的分工、在资金管理上还没有对应的成熟管理制度、各个部门的工作不够协调及管理层复杂的组织关系等细则问题。这就造成了基层工作人员过度重视工作进度，而严重忽视了工作质量，进而使得工程后期产生很多问题。

（四）受传统管理观念的束缚

当前我国还有很多企业未充分融入建设市场中，依然受自行管理这一传统理念的束缚，导致业主严重缺乏创新认识，没有高度重视项目管理理念；再加上企业内部人力资源分散、相关部门间缺乏合作意识等问题，使得优势很难集中起来。此外，当前很多企业的财务管理、人力资源及技术管理等制度还不够完善，所以，对很多大型的建设工程，企业很难自己单独完成。

（五）信息不对称

在上述情况下，逐渐产生了对招标、造价、监理及业主代理等的委托管理模式。在委托管理模式下，企业把相关服务委托于具有相应资质与能力的企业。但是，在实际建设过程中，各个企业只顾自己的职责，企业之间没有进行良好的沟通，这就导致了信息不对称现象的发生，因此在当前的项目管理中发生了“信息孤岛”这一现象。在发生问题后，各个企业间又相互推卸责任，严重影响了建设工程的施工进度。

（六）建设工程项目管理的发展趋势

随着建设工程规模的不断扩大、科技含量迅速提高、业主需求不断变化、项目管理技术不断提高，建设工程项目管理逐渐向着信息化、集成化、国际化的方向发展。

1. 信息化

建设工程项目管理的参与主体有很多，包括咨询监理单位、施工承包方、勘查设计方及业主方等。随着建设工程规模的不断扩大、复杂程度的不断提高，以及其国际化的发展趋势，信息的交流与传递越来越频繁，传统的信息管理模式、手段已经满足不了当前项目管理工作的需要，信息化已经成为建设工程项目管理的必然趋势。在建设工程项目管理涉及的各方主体以及各个阶段之中，广泛的应用技术、开发信息资源，以促进建设工程项目管理水平不断的提高。在这个过程之中由于信息技术的发展非常快，并且具有超强的渗透性；再加上工程项目自己的复杂特点，使得建设工程项目信息化的内涵非常丰富，并且处于不断的发展变化过程中。建设工程项目信息化具有信息利用科学化、信息检索工具化、信息交换网络化、信息存储电子化及信息收集自动化等特点。建设工程项目管理信息化不仅意味着利用信息设备替代手工方式的信息处理作业，更重要的是提高建设工程项目的经济效益与社会效益，以达到工程项目建设增值的目的。我国当前已经基于 Intemet 建立了建设工程项目管理集成化的信息平台，这一平台将成为提高工程项目管理水平和企业核心竞争力的有效手段。

2. 集成化

为了更好地满足各个项目参与方的需求，增值建设工程，项目管理应当进行集成化的发展。而集成化管理指的是利用集成思想，确保管理系统、管理对象之间联系的完整性，并加大整个系统的协调性能，进而实现管理效益增加的目的。建设工程项目管理集成化的发展趋势，不仅指对项目全寿命进行集成化的管理，还应当对建设工程项目的环境、安全、质量、造价及工期等进行集成化的管理。除此之外，还应当考虑项目组织管理体系的一体化。

3. 国际化

在经济全球化发展的推动下，我国的跨国项目、公司日益增加，我国当前已有很多项目是利用国际咨询、招标等方式进行运作的。与此同时，我国企业在国外经营或者投资的项目也越来越多。随着市场的国际化发展，国内外的市场也正在进行融合，这就促进了建设工程项目的国际化发展趋势。随着项目各个参与主体的国际化，项目管理也逐渐提升到知识经济这一高度上，逐渐发展成高技能、高知识的一种活动。

二、监理现状

（一）建设工程监理概述及现状

1. 建设工程监理概述

当前在进行工程建设的过程中，往往都离不开监理，监理在保证工程质量以及进度等方面发挥着十分重要的作用。建设工程监理是指具有相应资质的监理单位在受到工程项目建设单位委托之后，按照国家工程建设的相关法律法规，以及经过建设主管部门批准的工程项目建设文件和建设工程委托监理合同来对工程建设活动进行专业化的监督和管理。监理单位的主要职责就在于严格地贯彻落实相关的法律法规，保证甲、乙双方所签订的工程承包合同能够得到全面的履行，同时使得工程建设的投资、工期、质量等得到有效的保证，并且开展安全管理及合同管理等工作，对各个单位之间的关系加以协调。进行建设工程建立的两个重要目的就在于保证工程建设的质量和安全，使得工程投资效益得以充分发挥。

2. 建设工程监理现状

随着我国建筑业的不断发展，建设工程监理也受到了越来越多人的重视，而且国内建设工程监理的范围也变得越来越广泛，在许多领域的建设工程实施过程中，都需要工程监理。因此，当前工程监理在我国取得了良好的发展，而且当前建设工程监理也在工程建设的过程中发挥着越来越重要的作用，为提高工程质量和保证投资效益做出了突出的贡献。

但是当前在进行建设工程监理的过程中，仍然存在着一些问题，这些问题的存在也在一定程度上制约了监理行业的进一步发展，如管理制度的不完善、从业人员的综合素质不高等，而且当前我国的监理市场也还不够规范。同时，随着建筑业的不断发展，建设工程也变得越来越复杂，所以就对监理人员提出了更高的要求，需要监理人员具备更加完善的理论知识体系和实践经验。所以在当前，虽然我国的建设工程监理行业呈现出一片欣欣向荣的景象，但是仍然还有许多亟待解决的问题，只有有效地解决了这些问题，才能够更好地保证工程的质量，同时促进监理行业的规范化。

（二）建设工程监理存在的问题

1. 管理制度不完善

由于我国的监理行业当前仍处于初级阶段，因此在各项管理制度方面还存在着许多不完善的地方，管理制度的不完善也严重地影响了建设工程监理工作的有效开展。而管理制度的不完善一方面体现在监理单位内部，另一方面则体现在国家对于整个监理行业的监管。例如，比如说在信用管理方面，当前针对监理单位的信用管理制度并没有得到有效细化，从而导致了对于监理单位的信用评价不够完善，对于监理单位的选择和监理工作的正常开展造成了严重的影响。

2. 员工素质不高

监理人员素质不高也是影响建设工程监理工作正常开展的一个重要因素，从整体上来看，我国的建设工程监理行业仍然处在起步阶段，在整个监理行业之中，仍然存在着部分监理人员综合素质不高的问题。在当前开展监理工作的时候，监理工程师及经验丰富的监理人员依然较为缺乏。而且还有部分的监理人员虽然拿到了相应的资格证书，但是在实际开展监理工作的过程中，仍然无法灵活地对理论知识加以应用。理论与实践知识的不平衡是当前监理人员存在的一个较为严重的问题，所以要想使得建设工程监理工作更加有效的开展，就必须要注重提高监理人员的综合素质。

3. 管理意识欠缺

当前在许多工程建设活动之中，许多的施工单位往往不愿意让监理单位对其进行有效的监管，从而采取一系列的措施来规避监管，所以管理意识的欠缺是当前工程监理所存在的一个严重问题。许多单位在进行工程建设过程中，往往不按照规定的建设程序来开展施工活动，同时也不按照规定要求来进行图纸审查、招标和报建等。同时，由于一些监理单位缺乏管理意识，规范性较差，在进行工程监理的过程中，随意地设立监理分支机构或者是承包给他人，而实际进行监理的工作人员则有可能不具备相应的资质，所以就使得监理工作无法得到有效的开展。除此之外，一证多岗、跨区多项目执业的情况在当前的监理行业中也较为严重，所以严重地影响了工程监理工作的正常开展。

（三）建设工程监理问题规范措施

1. 改进管理制度

根据上文所述可知，我国当前建设工程中的监理单位，其内部的法人治理结构并不是特别理想，出现产权不合理、分配关系不明确等问题，导致我国监理市场始终得不到进一步的发展。基于此，应当从制度层面入手，依靠法律的强制力来规范监理行业的行为。通过完善的监理体制来保证监理活动的规范性和科学性，从而逐步完善产权关系和法人治理结构，明确分配关系，形成自我管理、自主经营的健康市场主体。只有先确保市场主体的健康，才能进一步构建规范化的监理市场。除此之外，在监理制度完善的过程当中，应当确保制度的可行性和可理解性，同时积极接受市场反馈，收集意见，明确制度的完善是一个长期的过程，不断改善和健全。

2. 提高人员素质

根据上文所述，当前我国建设工程监理问题当中，监理人员综合素质不高是一个非常严重的问题。因此，十分有必要采取一定的措施来提高人员素质。首先，要强化对监理工作人员的专业技能培训及专业知识的扩充，致力于提高监理队伍的整体素质水平。其次，在具体的监理工作当中，要重视在岗培训，加强工作人员的实践能力，并根据最新的制度规范及技术规范对监理工作人员进行技术指导。再次，要以企业的效益最大化为目标，制定科学合理的激励机制和奖惩机制，同时大力引进优秀的监理人才，提高监理队伍的平均水平。最后，也是非常重要的一点，就是要重视对工作人员的职业道德素质培养，加强工作人员的责任意识和服务意识。

3. 明确工作范围

首先，本书认为需要建立健全相关的政府审查制度，严厉禁止建设单位自行监理行为的出现。另外，对于一些监理技术好、监理能力高、监理经验丰富的监理单位，政府应当有意识地逐步引导其向独立的社会监理部门发展。另外，作为建设工程的监理单位，应当明确自身的角色和角色任务，保证监理的独立性和客观性，公正行使权力，从而真正发挥监理单位的价值，为建设工程质量服务。另外，建设单位应当根据国家法律规定给予监理单位适当的支付决算权及确认权，从而更有效地保证工程支出的合理性。另外，给予监理单位更多的监管权限也是必要的，如此才能更有力度地确保工程建设行为的合法性与合理性。除了以上谈到的工作范围的协调，建设单位还可以让监理单位参与到工程招投标、施工、竣工的全过程当中，从而保证建设活动的公平性与合理性。

三、招投标发展现状

建设领域推行招投标制度，经过近 20 年的摸索，招投标制度已作为一般工程承发包的主要形式在国内外工程项目建设中广泛采用。招投标制度是一种富有竞争性的采购方式，是市场经济的重要调节手段，它不但为业主选择好的承包人，而且能够资源优化配置，形成优胜劣汰的市场机制，其宗旨是公开、公平、公正、竞争。实践证明，招投标制度是比较成熟的，而且科学合理的工程承发包方式也是保证工程质量、加快工程进度的最佳办法。但由于机制不完善，法制不健全，致使当前的招投标在实际的执行过程中还是会遇到暗箱操作、违规操作等各种问题。

四、当前现状及存在的问题

近年来公开招投标的比例明显提高，参加投标单位的普遍资质水平较高、实力较强、竞争较大，招投标单位也加大了对招投标的管理力度，在很大程度上保护了当事人的合法权益，使得在保证工程质量的同时，工程造价合理最低。但是，由于在实施的各个环节当中，纪律松弛，宣传力度不够大，漏洞多，加上一些单位领导自觉的招投标意识不够强等，招投标市场仍存在不公平、不公正，暗箱操作等诸多问题。

（一）招投标各单位存在复杂利益关系

建设工程是一个复杂的、涉及多方职能单位实施的过程，招投标也不例外，其涉及多个主体单位，主要包括业主、承包商和中介组织机构三方。在招投标过程中，三方的目的均是使得自已的利益最大化，彼此之间相互制约，相互影响，他们之间的经济利益都对招投标的合理性和工程质量起到主导作用。

（二）存在假标、串标、抬标等不良现象

建设单位在公布招标之前就已经和招标代理机构或者投标单位约定好报价方式和中标单位，招标过程只是一个外在的形式而已。承包商为了达到高价中标的目的，各投标单位相互勾结，利用围标、串标方式相互串通，让假投标人哄抬标价，从而达到高价中标的目的，严重损害了建设单位的利益。更有甚者，还有很多建设单位在招投标之前事先有了意向投标单位，故意在招标文件中制定具有倾向性的霸王条款，使其他投标单位难以达到这些苛刻条款，目的是让意向投标单位中标，使得招投标行为成为徒具形式的空壳。

（三）代理机构缺乏专业性和职业素养

代理机构人员缺乏专业素养，代理能力低下，实践经验不足，尤其是特大项目招投标代理，要求要有承担过相应工程项目的经验。另外，有些代理机构缺乏职业道德，滥用职权，与某些投标单位相互串通，私定中标单位，致使影响到其他投标单位正常竞争，造成严重的“陪标”现象，损害了招投标市场公平竞争规则。

（四）使用不完善的评标、定标方法

对于工程招投标，我国还没有建立起一套完善的评标、定标方法，仍然缺乏相应的科学性。很多建设单位只注重造价高低，青睐低标，而忽略了对投标单位综合能力的考核，使得低能力低资质的投标单位中标，这也是豆腐渣工程的根源所在，为质量安全问题埋下隐患。

（五）低资质承包商利用假冒资质投标

有些承包单位资质较低，无法参加一些大型项目投标，为了能够保证中标，他们不择手段，购买假冒营业执照或资质等级证书来参与竞争，并且编制精致的标书，蒙混过关。然而，建设单位也常常忽视资质的真实性，也不会在资质这方面下大功夫去核实，大都是用标书编制来判断企业能力的高低，没有从实际考察承包单位的施工能力和管理水平。正是这样，承包单位抓住漏洞，投机取巧，利用假冒资质参与投标活动，影响招投标市场秩序。

五、招投标市场改进和完善对策

（一）实行招标负责人终身负责制

在招投标市场中，招标方大多为建设单位的领导层。对于大型工程项目，大都属于国家投资项目，投资费用都属于国家，在他们看来，工程质量的好坏、工程价款的高低和自己的切身利益没有挂钩，他们也不情愿在招投标过程中去得罪人，睁一只眼，闭一只眼，能过且过，从而给一些承包商、关系户有了漏洞可钻。由于承包商们极力讨好招标人，招标人得到了好处，从而招投标过程，其实质是对已经“内定”下来的工程进行招投标。

（二）加强招标监督管理，保护投标单位正当竞争

相关部门应该建立健全企业信用管理制度，在招投标各个环节当中，各单位相互监督，发现不良行为立即向有关部门反应，进行处理，依法查处招标活动中的包括不正当竞争的违法行为，并且将一切不良行为全部记录在案，向社会公布批评。

（三）采用比较完善的评标、定标办法

目前我国评标、定标方法还不够完善，缺乏一定的科学性、客观性，在评标的过程中受人为因素影响大。因此，采取盲评的办法由专业的评标专家进行是比较合理的，可以在很大程度上避免不良行为发生，也对遏止串标起到了一定作用。

（四）注重招标代理机构的人员培育

由专业机构加强对代理机构工作人员的法制教育和职业道德培训，加强对代理机构的约束，避免滥用职权，促进规范从业。要依法加强对招投标程序和过程的监督，对招标文件的重要条款要严加掌握，及时查处各种违法行为，保证招投标工作的顺利进行。另外，要充分发挥监察局共同参与的监督职能作用，进一步规范和约束建设单位的行为，减少对招标代理机构的干预，从而促进招标代理机构的有序竞争和发展。这就要求招标代理机构有足够的高素养专业人员。

（五）加大违法处罚力度

在金钱和权面前，往往有些单位领导权较大，违规参与到工程项目的招投标活动

中去，以权谋私。对于查处此类违法违规行为，要做到违法必究，执法必严。为此应出台相关文件，对有串标、挂靠不良行为的投标作废标处理，根据情况可处一定罚金，降低其信誉度，并停止投标人1~2年内在所处建设市场的投标活动，使建设市场更加公平、公正、规范化。

第四节　建设工程项目成本管理

一、建设工程项目成本管理流程

建设工程项目成本是指围绕工程项目建设全过程而发生的资源消耗的货币体现。建设工程项目成本管理是业主方与承包方的共同任务，本节主要讨论承包方的成本管理，包括成本预测、成本计划、成本控制、成本核算、成本分析、成本考核等环节，每个环节之间存在相互联系和相互作用的关系。成本预测是成本计划的编制基础；成本计划是开展成本控制和核算的基础；成本控制能对成本计划的实施进行监督，保证成本计划的实现，成本分析为成本考核提供依据，也为未来的成本预测与编制成本计划指明方向；成本考核是成本计划是否实现的最后检查，它所提供的成本信息又是成本预测、成本计划、成本控制和成本考核等的依据，是实现成本目标责任制的保证和手段。

二、建设工程项目成本管理的内容和方法

（一）成本预测

项目成本预测是指成本管理人员凭借历史数据和工程经验，运用一定方法对工程项目未来的成本水平及其可能的发展趋势做出科学估计。成本预测的目的，一是为挖掘降低成本的潜力指明方向，作为计划期降低成本决策的参考；二是为企业内部各责任单位降低成本指明途径，作为编制增产节约计划和制定成本降低措施的依据。

项目成本预测是项目成本计划的依据。预测时，通常是对项目计划工期内影响成本的因素进行分析，比照近期已完工程项目或将完工项目的成本（单位成本），预测这些因素对工程成本的影响程度，估算出工程的单位成本或总成本。

成本预测的方法可分为定性预测和定量预测两大类。

1. 定性预测

定性预测是指成本管理人员根据专业知识和实践经验，通过调查研究，利用已有资料，对成本费用的发展趋势及可能达到的水平所进行的分析和推断。由于定性预测主要依靠管理人员的素质和判断能力，因此这种方法必须建立在对项目成本费用的历史资料、现状及影响因素深刻了解的基础之上。这种方法简便易行，在资料不多、难以进行定量预测时最为适用。最常用的定性预测方法是调查研究判断法，具体方法有座谈会法和函询调查法。

2. 定量预测

定量预测是利用历史成本费用统计资料及成本费用与影响因素之间的数量关系，通过建立数学模型来推测、计算未来成本费用的可能结果。在成本费用预测中，常用的定量预测方法有加权平均法、回归分析法等。

（二）成本计划

成本计划是在成本预测的基础上编制的，是对计划期内项目的成本水平所做的筹划，是对项目制定的成本管理目标。项目成本计划是以货币形式编制的项目在计划期内的生产费用、成本水平及为降低成本采取的主要措施和规划的具体方案。成本计划是目标成本的一种表达形式，是建立项目成本管理责任制、开展成本控制和核算的基础，是进行成本费用控制的主要依据。

项目计划成本应作为项目管理的目标成本。目标成本是实施项目成本控制和工程价款结算的基本依据。项目经理在接受企业法定代表人委托之后，应通过主持编制项目管理实施规划寻求降低成本的途径，组织编制施工预算，确定项目的计划目标成本。

1. 项目成本计划的内容

项目成本计划一般由直接成本计划和间接成本计划组成。

（1）直接成本计划主要反映项目直接成本的预算成本、计划降低额及计划降低率，主要包括项目的成本目标及核算原则、降低成本计划表或总控制方案、对成本计划估算过程的说明及对降低成本途径的分析等。

（2）间接成本计划主要反映项目间接成本的计划数及降低额，在计划制定中，成本项目应与会计核算中间接成本项目的内容一致。

此外，项目成本计划还应包括项目经理对可控责任目标成本进行分解后形成的各个实施性计划成本，即各责任中心的责任成本计划。责任成本计划又包括年度、季度和月度责任成本计划。

2. 项目成本计划的编制方法

（1）目标利润法，指根据项目的合同价格扣除目标利润后得到目标成本的方法。

在采用正确的投标策略和方法以最理想的合同价中标后，项目经理部从标价中减去预期利润、税金、应上缴的管理费等，之后的余额即为项目实施中所能支出的最大限额。

（2）技术进步法，以项目计划采取的技术组织措施和节约措施所能取得的经济效果为项目成本降低额，从而求得项目目标成本的方法即

项目目标成本＝项目成本估算值－技术节约措施计划节约额（降低成本额）

（3）按实计算法是以项目的实际资源消耗测算为基础，根据所需资源的实际价格，详细计算各项活动或各项成本组成的目标成本。

$$人工费 = \sum 各类人员计划用工量 \times 实际工资标准$$

$$材料费 = \sum 各类材料的计划用量 \times 实际材料基价$$

$$施工机械使用费 = \sum 各类机械的计划台班量 \times 实际台班单价$$

在此基础上，由项目经理部生产和财务管理人员结合施工技术和管理方案等测算措施费、项目经理部的管理费等，最后构成项目的目标成本。

（4）定率估算法（历史资料法）。当项目非常庞大和复杂而需要分为几个部分时，可采用定率估算法。首先，将项目分为若干子项目，参照同类项目的历史数据，采用算术平均法计算子项目目标成本降低率和降低额；然后汇总整个项目的目标成本降低率和降低额。在确定子项目成本降低率时，可采用加权平均法或三点估算法。

（三）成本控制

成本控制是指在项目实施过程中，对影响项目成本的各项要素，即施工生产所耗费的人力、物力和各项费用开支，采取一定措施进行监督、调节和控制，及时预防、发现和纠正偏差，保证项目成本目标的实现。根据全过程成本管理的原则，成本控制应贯穿于项目建设的各个阶段，是项目成本管理的核心内容，也是项目成本管理中不确定因素最多、最复杂、最基础的管理内容。

1. 项目成本控制的主要环节

项目成本控制包括计划预控、过程控制和纠偏控制 3 个环节。

（1）项目成本的计划预控：指应运用计划管理的手段事先做好各项建设活动的成本安排，使项目预期成本目标的实现建立在有充分技术和管理措施保障的基础上，为项目的技术与资源的合理配置和消耗控制提供依据。控制的重点是优化项目实施方案、合理配置资源和控制生产要素的采购价格。

（2）项目成本运行过程控制：指控制实际成本的发生，包括实际采购费用发生过程的控制、劳动力和生产资料使用过程的消耗控制、质量成本及管理费用的支出控制。应充分发挥项目成本责任体系的约束和激励机制，提高项目成本运行过程的控制能力。

（3）项目成本的纠偏控制：指在项目成本运行过程中，对各项成本进行动态跟

踪核算，发现实际成本与目标成本产生偏差时，分析原因，采取有效措施予以纠偏。

2. 项目成本控制的方法

（1）项目成本分析表法。项目成分分析表法是利用项目中的各种表格进行成本分析和控制的方法。应用成本分析表法可以清晰地进行成本比较研究。常见的项目成本分析表有月成本分析表、成本日报或周报表、月成本计算及最终预测报告表。

（2）工期 - 成本同步分析法。成本控制与进度控制之间有着必然的同步关系，因为成本是伴随着工程进展而发生的。如果成本与进度不对应，说明项目进展中出现了虚盈或虚亏的不正常现象。

施工成本的实际开支与计划不相符，往往是由两个因素引起的：一是在某道工序上的成本开支超出计划；二是某道工序的施工进度与计划不符。因此，要想找出成本变化的真正原因，实施良好有效的成本控制措施，必须与进度计划的适时更新相结合。

（3）挣值分析法。挣值分析法是对工程项目成本、进度进行综合控制的一种分析方法。通过比较已完工程预算成本（Budget Cost of the Work Performed，BCWP）与已完工程实际成本（Actua Cost of the Work Performed，ACWP）之间的差值，可以分析由于实际价格的变化而引起的累计成本偏差；通过比较已完工程预算成本（Budgeted Cost for Work Performed，BCWP）与拟完工程预算成本（Budget Cost of the Work Scheduled，BCWS）之间的差值，可以分析由于进度偏差而引起的累计成本偏差。并通过计算后续未完工程的计划成本余额，预测其尚需的成本数额，从而为后续工程施工的成本、进度控制及寻求降本挖潜途径指明方向。

（四）成本核算

成本核算是指利用会计核算体系，对项目建设工程中所发生的各项费用进行归集，统计其实际发生额，并计算项目总成本和单位工程成本的管理工作。

1. 项目成本核算的对象和范围

项目成本核算应以项目经理责任成本目标为基本核算范围，以项目经理授权范围相对应的可控责任成本为核算对象，进行全过程分月跟踪核算。根据在建工程的当月形象进度，对已完实际成本按照分部分项工程进行归集，并与相应范围的计划成本进行比较，分析各在施分部分项工程成本偏差的原因，并在后续工程中采取有效控制措施并进一步寻找降本挖潜的途径。项目经理部应在每月成本核算的基础上编制当月成本报告，作为项目施工月报的组成内容，提交企业主管领导、生产管理和财务部门审核备案。

2. 项目成本核算的方法

（1）表格核算法。表格核算是建立在内部各项成本核算基础上，由各要素部门和核算单位定期采集信息，按有关规定填制一系列的表格，完成数据比较、考核和简单的核算，形成项目施工成本核算体系，作为支撑项目施工成本核算的平台。表格核算法需要依靠众多部门和单位支持，专业性要求不高。其优点是比较简捷明了，直观易懂，易于操作，适时性较好。缺点是覆盖范围较窄，核算债权债务等比较困难；且较难实现科学严密的审核制度，有可能造成数据失实，精度较差。

（2）会计核算法。会计核算是指建立在会计核算基础上，利用会计核算所独有的借贷记账法和收支全面核算的综合特点，按项目施工成本内容和收支范围，组织项目施工成本的核算。不仅核算项目施工的直接成本，而且还要核算项目在施工生产过程中出现的债权债务、项目为施工生产而自购的工具、器具摊销、向业主的报量和收款、分包完成和分包付款等。其优点是核算严密、逻辑性强、人为调节的可能因素小、核算范围较大。但对核算人员的专业水平要求较高。

由于表格核算法具有便于操作和表格格式自由等特点，可以根据企业管理方式和要求设置各种表格，因而对项目内各岗位成本的责任核算比较实用。承包企业应在项目层面设置成本会计，进行项目施工成本核算，减少数据的传递，提高数据的及时性，便于与表格核算的数据接口，这将成为项目施工成本核算的发展趋势。

总的说来，用表格核算法进行项目施工各岗位成本的责任核算和控制，用会计核算法进行项目施工成本核算，两者互补，相得益彰，确保项目施工成本核算工作的开展。

（五）成本分析

成本分析是揭示项目成本变化情况及其变化原因的过程。在成本形成过程中，利用项目的成本核算资料，将项目的实际成本与目标成本（计划成本）进行比较，系统研究成本升降的各种因素及其产生的原因，总结经验教训，寻找降低项目施工成本的途径，以进一步改进成本管理工作。

1. 项目成本分析方法

项目成本分析的基本方法包括：比较法、因素分析法、差额计算法、比率法等。

（1）比较法。又称指标对比分析法，是通过技术经济指标的对比，检查目标的完成情况，分析产生差异的原因，进而挖掘内部潜力的方法。这种方法具有通俗易懂、简单易行、便于掌握的特点，因而得到了广泛的应用，但在应用时必须注意各技术经济指标的可比性。比较法的应用通常有下列形式：①本期实际指标与目标指标对比；②本期实际指标与上期实际指标对比；③本期实际指标与本行业平均水平、先进水平对比。

（2）因素分析法，又称连环置换法。这种方法可用来分析各种因素对成本的影响程度。在进行分析时，首先要假定众多因素中的一个因素发生了变化，而其他因素则不变，在前一个因素变动的基础上分析第二个因素的变动，然后逐个替换，分别比较其计算结果，以确定各个因素的变化对成本的影响程度。

（3）差额计算法。差额计算法是因素分析法的一种简化形式，它利用各个因素的目标值与实际值的差额来计算其对成本的影响程度。

（4）比率法。比率法是指用两个以上的指标的比例进行分析的方法，其基本特点是：先将对比分析的数值变成相对数，再观察其相互之间的关系。常用的比率法如下：

①相关比率法。通过将两个性质不同而又相关的指标加以对比，求出比率，并以此来考察经营成果的好坏。

②构成比率法，又称比重分析法或结构对比分析法，是通过计算某技术经济指标中各组成部分占总体的比例进行数量分析的方法。通过构成比率，可以考察项目成本的构成情况，将不同时期的成本构成比率相比较，可以观察成本构成的变动情况，同时也可看出量、本、利的比例关系。

③动态比率法，是将同类指标不同时期的数值进行对比，求出比率，以分析该项指标的发展方向和发展速度的方法。动态比率的计算通常采用定基指数和环比指数两种方法。

2. 综合成本分析方法

综合成本是指涉及多种生产要素，并受多种因素影响的成本费用，如分部分项工程成本、月（季）度成本、年度成本等。由于这些成本都是随着项目施工的进展而逐步形成的，与生产经营有着密切的关系。因此，做好上述成本的分析工作，无疑将促进项目的生产经营管理，提高项目的经济效益。

（1）分部分项工程成本分析。分部分项工程成本分析是施工项目成本分析的基础。分部分项工程成本分析的对象为主要的已完分部分项工程。分析的方法是：进行预算成本、目标成本和实际成本的“三算”对比，分别计算实际成本与预算成本、实际成本与目标成本的偏差，分析偏差产生的原因，为今后的分部分项工程成本寻求节约途径。

（2）月（季）度成本分析。月（季）度成本分析是项目定期的、经常性的中间成本分析。通过月（季）度成本分析，可以及时发现问题，以便按照成本目标指定的方向进行监督和控制，保证项目成本目标的实现。

月（季）度成本分析的依据是当月（季）的成本报表，分析方法通常包括：

①通过实际成本与预算成本的对比，分析当月（季）的成本降低水平；通过累计实际成本与累计预算成本的对比，分析累计的成本降低水平，预测实现项目成本目标的前景。

②通过实际成本与目标成本的对比，分析目标成本的落实情况，以及目标管理中的问题和不足，进而采取措施，加强成本管理，保证成本目标的落实。

③通过对各成本项目的成本分析，可以了解成本总量的构成比例和成本管理的薄

弱环节。对超支幅度大的成本项目，应深入分析超支原因，并采取对应的增收节支措施，防止今后再超支。

④通过主要技术经济指标的实际与目标对比，分析产量、工期、质量、"三材"节约率、机械利用率等对成本的影响。

⑤通过对技术组织措施执行效果的分析，寻求更加有效的节约途径。

⑥分析其他有利条件和不利条件对成本的影响。

（3）年度成本分析。企业成本要求按年结算，不得将本年成本转入下一年度。而项目成本则以项目的寿命周期为结算期，要求从开工、竣工到保修期结束连续计算，最后结算出成本总量及其盈亏。由于项目的施工周期一般较长，除进行月（季）度成本核算和分析外，还要进行年度成本的核算和分析。这不仅是为了满足企业汇编年度成本报表的需要，同时也是项目成本管理的需要。因为通过年度成本的综合分析，可以总结一年来成本管理的成绩和不足，为今后的成本管理提供经验和教训。

（4）竣工成本的综合分析。凡是有几个单位工程而且是单独进行成本核算的项目，其竣工成本分析应以各单位工程竣工成本分析资料为基础，再加上项目经理部的经营效益（如资金调度、对外分包等所产生的效益）进行综合分析。如果施工项目只有一个成本核算对象（单位工程），就以该成本核算对象的竣工成本资料作为成本分析的依据。单位工程竣工成本分析应包括以下 3 方面内容：①竣工成本分析；②主要资源节超对比分析；③主要技术节约措施及经济效果分析。

（六）成本考核

成本考核是在工程项目建设的过程中或项目完成后，定期对项目形成过程中的各级单位成本管理的成绩或失误进行总结与评价。通过成本考核，给予责任者相应的奖励或惩罚。承包企业应建立和健全项目成本考核制度，作为项目成本管理责任体系的组成部分。应明确规定考核的目的、时间、范围、对象、方式、依据、指标、组织领导及结论与奖惩原则等。

1. 项目成本考核内容

项目成本考核包括企业对项目成本的考核和企业对项目经理部可控责任成本的考核。企业对项目成本的考核包括对项目设计成本和施工成本目标（降低额）完成情况的考核和成本管理工作业绩的考核。企业对项目经理部可控责任成本的考核包括：

（1）项目成本目标和阶段成本目标完成情况；

（2）建立以项目经理为核心的成本管理责任制的落实情况；

（3）成本计划的编制和落实情况；

（4）对各部门、各施工队和班组责任成本的检查和考核情况；

（5）在成本管理中贯彻责权利相结合原则的执行情况。

除此之外，为层层落实项目成本管理工作，项目经理对所属各部门、各施工队和班组也要进行成本考核，主要考核其责任成本的完成情况。

2. 项目成本考核指标

（1）企业的项目成本考核指标包括：①设计成本降低额和降低率；②施工成本降低额和降低率。

（2）项目经理部可控责任成本考核指标包括：①项目经理责任目标总成本降低额和降低率；②施工责任目标成本实际降低额和降低率；③施工计划成本实际降低额和降低率。

承包企业应充分利用项目成本核算资料和报表，由企业财务审计部门对项目经理部的成本和效益进行全面审核。在此基础上，做好项目成本效益的考核与评价，并按照项目经理部的绩效，落实成本管理责任制的激励措施。

第五节　建设工程项目风险管理

一、建设工程项目风险管理程序

建设工程项目风险是指在项目决策和实施过程中，造成实际结果与预期目标的差异性及其发生的概率。项目风险的差异性包括损失的不确定性和收益的不确定性。这里的工程项目风险是指损失的不确定性。工程项目风险管理是工程项目管理的重要内容。

（一）建设工程项目风险的分类

建设工程项目的风险因素有很多，可以从不同的角度进行分类。

1. 按照风险来源进行划分

风险因素包括自然风险、社会风险、经济风险、法律风险和政治风险。

（1）自然风险如地震，风暴，异常恶劣的雨、雪、冰冻天气等；未能预测到的特殊地质条件，如泥石流、河塘、流沙、泉眼等；恶劣的施工现场条件等。

（2）社会风险包括宗教信仰的影响和冲击、社会治安的稳定性、社会的禁忌、劳动者的文化素质、社会风气等。

（3）经济风险包括国家经济政策的变化、产业结构的调整、银根紧缩，项目的产品市场变化，工程承包市场、材料供应市场、劳动力市场的变动，工资的提高、物价上涨、通货膨胀速度加快，金融风险、外汇汇率的变化等。

（4）法律风险，如法律不健全，有法不依、执法不严，相关法律内容发生变化；可能对相关法律未能全面、正确理解；环境保护法规的限制等。

（5）政治风险，通常表现为政局的不稳定性，战争、动乱、政变的可能性，国家的对外关系，政府信用和政府廉洁程度，政策及政策的稳定性，经济的开放程度，国有化的可能性、国内的民族矛盾，保护主义倾向等。

2. 按照风险涉及的当事人划分

风险因素包括业主的风险和承包商的风险。

（1）业主的风险。业主遇到的风险通常可以归纳为 3 类，即人为风险、经济风险和自然风险。

①人为风险，包括政府或主管部门的专制行为，管理体制、法规不健全，资金筹措不力，不可预见事件，合同条款不严谨，承包商缺乏合作诚意及履约不力或违约，材料供应商履约不力或违约，设计有错误，监理工程师失职等。

②经济风险，包括宏观经济形势不利、投资环境恶劣、通货膨胀幅度过太、投资回收期长、基础设施落后、资金筹措困难等。

③自然风险，主要是指恶劣的自然条件、恶劣的气候与环境、恶劣的现场条件以及不利的地理环境等。

（2）承包商的风险。承包商作为工程承包合同的一方当事人，所面临的风险并不比业主的小。承包商遇到的风险也可以归纳为 3 类，即决策错误风险、缔约和履约风险、责任风险。

①决策错误风险，主要包括信息取舍失误或信息失真风险、中介与代理风险、保标与买标风险、报价失误风险等。

②缔约和履约风险。在缔约时，合同条款中存在不平等条款、合同中的定义不准确、合同条款有遗漏；在合同履行过程中，协调工作不力，管理手段落后，既缺乏索赔技巧，又不善于运用价格调值办法。

③责任风险，主要包括职业责任风险、法律责任风险、替代责任风险。

（二）建设项目风险管理程序

建设工程项目风险管理是指风险管理主体通过风险识别、风险评价去认识项目的风险，并以此为基础，合理的使用风险回避、风险自留、风险控制、风险转移等管理方法、技术和手段对项目的风险进行有效的控制，妥善处理风险事件造成的不利后果，以合理的成本保证项目总体目标实现的管理过程。

项目风险管理程序是指对项目风险进行管理的一个系统的、循环的工作流程，包括风险识别、风险分析与评估、风险应对策略的决策、风险对策的实施和风险对策实施的监控 5 个主要环节。

1. 风险识别

风险识别是风险管理中的首要步骤，是指通过一定的方式，系统而全面地识别影响项目目标实现的风险事件并加以适当归类，并记录每个风险因素所具有的特点的过程。必要时，还需对风险事件的后果进行定性估计。

项目风险识别的方法包括专家调查法、财务报表法、初始风险清单法、流程图法等。项目风险识别的最主要成果是风险清单。风险清单是记录和控制风险管理过程的一种方法，并且在做出决策时具有不可替代的作用。

2. 风险分析与评估

风险分析与评估是将项目风险事件发生的可能性和损失后果进行定量化的过程。风险分析与评估的结果主要在于确定各种风险事件发生的概率及其对项目目标影响的严重程度，具体包括：确定单一风险因素发生的概率；分析单一风险因素的影响范围；分析各个风险因素的发生时间；分析各个风险因素的风险结果，探讨这些风险因素对项目目标的影响程度；在单一风险因素量化分析的基础上，考虑多种风险因素对项目目标的综合影响，评估风险的程度，并提出可能的措施作为管理决策的依据。

风险分析与评估往往采用定性与定量相结合的方法，这二者之间并不是相互排斥的，而是相互补充的。目前，常用的项目风险分析与评估方法主要有调查打分法、蒙特卡洛模拟法、计划评审技术法和敏感性分析法等。

3. 风险应对策略的决策

风险应对策略的决策是确定项目风险事件最佳对策组合的过程。一般来说，风险管理中所运用的对策有以下 4 种：风险回避、风险自留、风险控制和风险转移。这些风险对策的适用对象各不相同，需要根据风险评价的结果对不同的风险事件选择最适宜的风险对策，从而形成最佳的风险对策组合。

4. 风险对策的实施

对风险应对策略所做出的决策还需要进一步落实到具体的计划和措施。例如，在决定进行风险控制时，要制订预防计划、灾难计划、应急计划等；在决定购买工程保险时，要选择保险公司，确定恰当的保险险种、保险范围、免赔额、保险费等。这些都是实施风险对策决策的重要内容。

5. 风险对策实施的监控

在项目实施过程中，要不断地跟踪检查各项风险应对策略的执行情况，并评价各项风险对策的执行效果。当项目实施条件发生变化时，要确定是否需要提出不同的风险应对策略。因为随着项目的不断进展和相关措施的实施，影响项目目标实现的各种因素都在发生变化，只有适时地对风险对策的实施进行监控，才能发现新的风险因素，并及时对风险管理计划和措施进行修改和完善。

二、建设工程项目风险应对策略

建设工程项目风险应对策略包括风险回避、风险自留、风险控制、风险转移。

（一）风险回避

风险回避是指在完成项目风险分析与评价后，如果发现项目风险发生的概率很高，而且可能的损失也很大，又没有其他有效的对策来降低风险时，应采取放弃项目、放弃原有计划或改变目标等方法，使其不发生或不再发展，从而避免可能产生的潜在损失。例如，某项目的可行性研究报告表明，虽然从净现值、内部收益率指标看是可行的，但敏感性分析的结论是对投资额、产品价格、经营成本均很敏感，这意味着该项目的风险很大，因此决定不投资建造该工程。在面临灾难性风险时，采用回避风险的方式处置风险是比较有效的。但有时，放弃承担风险就意味着可能放弃某些机会。因此，某些情况下的风险回避是一种消极的风险处理方式。

通常，当遇到下列情形时，应考虑风险回避的策略：

（1）风险事件发生概率很大且后果损失也很大的项目；

（2）发生损失的概率并不大，但当风险事件发生后产生的损失是灾难性的、无法弥补的。

（二）风险自留

风险自留是指项目风险保留在风险管理主体内部，通过采取内部控制措施等来化解风险或者对这些保留下来的项目风险不采取任何措施。风险自留与其他风险对策的根本区别在于：它不改变项目风险的客观性质，即既不改变项目风险发生的概率，也不改变项目风险潜在损失的严重性。风险自留可分为非计划性风险自留和计划性风险自留两种。

（1）非计划性风险自留。由于风险管理人员没有意识到项目某些风险的存在，或者不曾有意识地采取有效措施，以致风险发生后只好保留在风险管理主体内部。这样的风险自留就是非计划性的和被动的。导致非计划性风险自留的主要原因有：缺乏风险意识、风险识别失误、风险分析与评价失误、风险决策延误、风险决策实施延误等。

（2）计划性风险自留。计划性风险自留是主动的、有意识的、有计划的选择，是风险管理人员在经过正确的风险识别和风险评价后制定的风险应对策略。风险自留绝不可能单独运用，而应与其他风险对策结合使用。

（三）风险控制

风险控制是一种主动、积极的风险对策。风险控制工作可分为预防损失和减少损失两个方面。预防损失措施的主要作用在于降低或消除（通常只能做到降低）损失发生的概率；而减少损失措施的作用在于降低损失的严重性或遏制损失的进一步发展，使损失最小化。一般来说，风险控制方案都应当是预防损失措施和减少损失措施的有机结合。

（四）风险转移

当有些风险无法回避、必须直接面对，而以自身的承受能力又无法有效地承担时，风险转移就是一种十分有效的选择。适当、合理的风险转移是合法的、正当的，是一种高水平管理的体现。风险转移主要包括非保险转移和保险转移两大类。

1. 非保险转移。因为这种风险转移一般是通过签订合同的方式将项目风险转移给非保险人的对方当事人。项目风险最常见的非保险转移有三种情况，即：业主将合同责任和风险转移给对方当事人；承包商进行项目分包；第三方担保，如业主付款担保、承包商履约担保、预付款担保、分包商付款担保、工资支付担保等。

2. 保险转移。保险转移通常直接称为工程保险。通过购买保险，业主或承包商作为投保人将本应由自己承担的项目风险（包括第三方责任）转移给保险公司，从而使自己免受风险损失。

需要说明的是，保险并不能转移工程项目的所有风险，一方面是因为存在不可保风险，另一方面则是因为有些风险不宜保险。因此，对于工程项目风险，应将保险转移与风险回避、损失控制和风险自留结合起来运用。

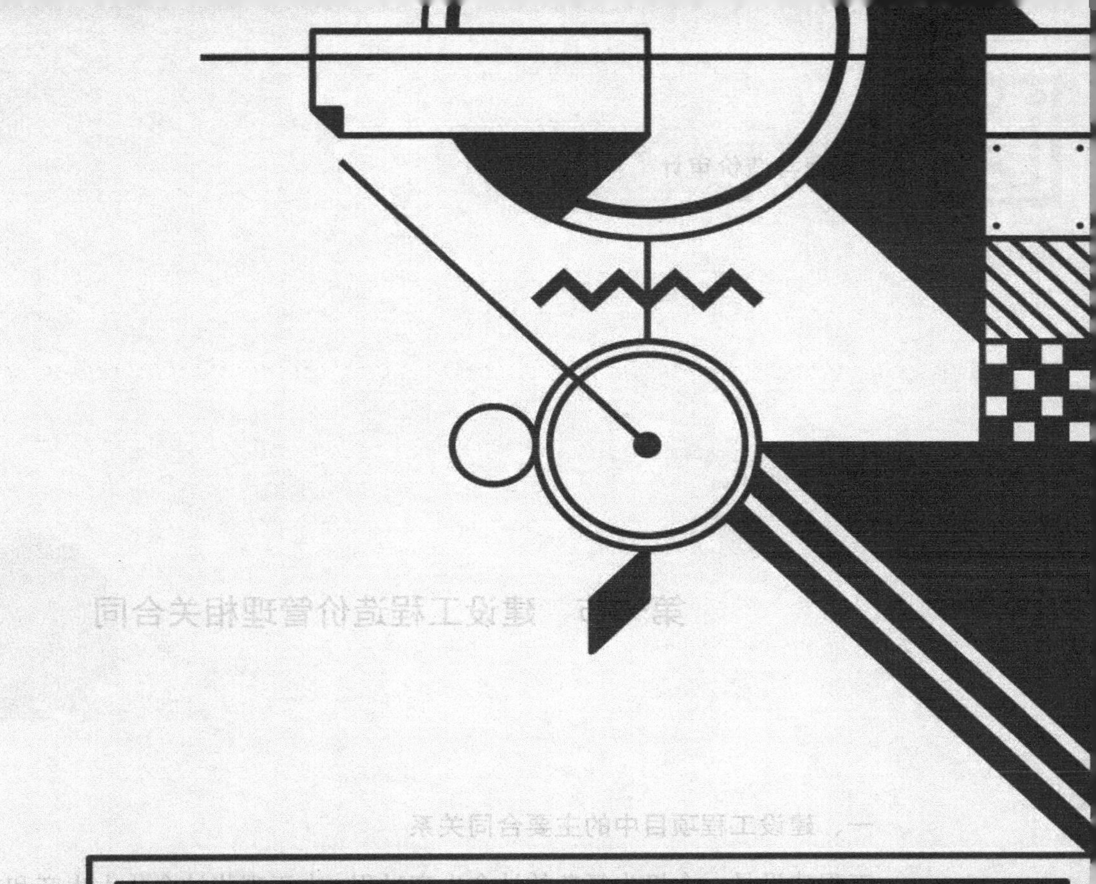

第二章　建设工程合同管理

第一节　建设工程造价管理相关合同

一、建设工程项目中的主要合同关系

工程建设是一个极为复杂的社会生产过程，由于现代社会化大生产和专业化分工，许多单位参与到工程建设之中，而各类合同则是维系这些参与单位之间关系的纽带。在建设工程项目合同体系中，业主和承包商是两个最主要的主体。

（一）业主的主要合同关系

业主为了实现建设工程项目总目标，可以通过签订合同将建设工程项目寿命期内有关活动委托给相应的专业承包单位或专业机构，如工程勘察、工程设计、工程施工、设备和材料供应、工程咨询（可行性研究、技术咨询）与项目管理服务等。

1. 工程承包合同

工程承包合同是任何一个建设工程项目所必须有的合同。业主采用的承发包模式不同，决定了不同类别的工程承包合同。业主通常签订的工程承包合同主要有：

（1）EPC（设计—采购—施工）承包合同，是指业主将建设项目的设计、设备与材料采购、施工任务全部发包给一个承包商。

（2）工程施工合同，是指业主将建设工程项目的施工任务发包给一家或者多家承包商。根据其所包括的工作范围不同，工程施工合同又分为以下两种：

①施工总承包合同，是指业主将建设工程项目的施工任务全部发包给一家承包商，包括土建工程施工和机电设备安装等。

②单项工程或者特殊专业工程承包合同。是指业主将建设工程项目的各个单项（或者单位）工程（如土建工程施工与机电设备安装）及专业性较强的特殊工程（如桩基础工程、管道工程等）分别发包给不同的承包商。

2. 工程勘察合同

工程勘察合同是指业主与勘察单位签订的合同。业主也可能将工程勘察、设计任务一并委托给一家具备相应资质条件的单位而与其签订工程勘察设计合同。

3. 工程设计合同

工程设计合同是指业主与工程设计单位签订的合同。业主可将工程设计任务委托给一家或多家设计单位。当业主与多家设计单位签订工程设计合同时，需明确其中一家设计单位为总体设计单位。

4. 设备、材料采购合同

对于业主负责供应的设备、材料，业主需要与设备、材料供应商签订采购合同。业主可与一家或者多家设备、材料供应商签订合同。

5. 工程咨询、监理或项目管理合同

当业主委托相关单位进行建设工程项目可行性研究、技术咨询、造价咨询、招标代理、工程监理、项目管理等，需要与相关单位签订工程咨询、监理或项目管理合同。业主可与一家具有相应资质条件的单位签订工程咨询、监理及项目管理的一体化服务合同，也可以与多家单位分别签订工程咨询、监理及项目管理服务合同。

6. 贷款合同

贷款合同是指业主与金融机构签订的合同。业主可与一家或多家金融机构签订贷款合同。

7. 其他合同

其他合同包括业主与保险公司签订的工程保险合同、与担保公司签订的工程担保合同等。

（二）承包商的主要合同关系

承包商作为工程承包合同的履行者，也可以通过签订合同将工程承包合同中所确定的工程设计、施工、设备材料采购等部分任务委托给其他相关单位来完成。

1. 工程分包合同

工程分包合同是指承包商为将工程承包合同中某些专业工程施工交由另一承包商（分包商）完成而与其签订的合同。分包商仅对承包商负责，与业主没有合同关系。

2. 设备、材料采购合同

承包商为获得工程所必需的设备、材料，需要与设备、材料供应商签订采购合同。

3. 运输合同

运输合同是指承包商为解决所采购设备、材料的运输问题而与运输单位签订的合同。

4. 加工合同

承包商将建筑构配件、特殊构件的加工任务委托给加工单位时，需要与其签订加工合同。

5. 租赁合同

承包商在工程施工中所使用的机具、设备等从租赁单位获得时，需要与租赁单位签订租赁合同。

6. 劳务分包合同

劳务分包合同是指承包商与劳务供应商签订的合同。

7. 保险担保合同

承包商按照法律法规及工程承包合同要求进行投保时，需要与工程保险公司、担保公司签订保险、担保合同。

二、建设工程合同的类型

根据我国《合同法》，建设工程合同是指承包人进行工程建设，发包人支付价款的合同。建设工程合同包括工程勘察、设计、施工合同等。

发包人可以与总承包人订立建设工程合同，也可以分别与勘察人、设计人、施工人订立勘察、设计、施工承包合同。发包人不得将应当由一个承包人完成的建设工程肢解成若干部分发包给几个承包人。

总承包人或者勘察、设计、施工承包人经发包人同意，可以将自己承包的部分工作交由第三人完成。第三人就其完成的工作成果与总承包人或者勘察、设计、施工承包人向发包人承担连带责任。承包人不得将其承包的全部建设工程转包给第三人或者将其承包的全部建设工程肢解以后以分包的名义分别转包给第三人。

（一）建设工程勘察、设计合同

1. 工程勘察、设计合同的内容

工程勘察、设计合同的内容包括提交有关基础资料和文件（包括概预算）的期限、质量要求、费用及其他协作条件等条款。

2. 发包人的合同责任

因发包人变更计划，提供的资料不准确，或者未按照期限提供必要的勘察、设计工作条件而造成的勘察、设计的返工、停工，或者修改设计，发包人应当按照勘察人、设计人实际消耗的工作量增付费用。

3. 勘察、设计人的合同责任

勘察、设计的质量不符合要求或者未按照期限提交勘察、设计文件拖延工期，造成发包人损失的，勘察人、设计人应当继续完善勘察、设计，减收或者免收勘察、设计费并赔偿损失。

（二）建设工程施工合同

1. 工程施工合同的内容

工程施工合同的内容包括工程范围、建设工期、中间交工工程的开工和竣工时间、工程质量、工程造价、技术资料交付时间、材料和设备供应责任、拨款和结算、竣工验收、质量保修范围和质量保证期、双方相互协作等条款。

2. 发包人的权利和义务

（1）发包人在不妨碍承包人正常作业的情况下，可以随时对作业进度、质量进行检查。

（2）因施工人的原因致使建设工程质量不符合约定的，发包人有权要求施工人在合理期限内无偿修理或者返工、改建。经过修理或者返工、改建后，造成逾期交付的，施工人应当承担违约责任。

（3）因发包人的原因致使工程中途停建、缓建的，发包人应当采取措施弥补或者减少损失，赔偿承包人因此造成的停工、窝工、倒运、机械设备调迁、材料和构件积压等损失和实际费用。

（4）建设工程竣工后，发包人应当根据施工图纸及说明书、国家颁发的施工验收规范和质量检验标准及时进行验收。验收合格的，发包人应当按照约定支付价款，并接收该建设工程。建设工程竣工经验收合格后，方可交付使用；未经验收或者验收不合格的，不得交付使用。

3. 承包人的权利和义务

（1）隐蔽工程在隐蔽以前，承包人应当通知发包人检查。发包人没有及时检查的，承包人可以顺延工程日期，并有权要求赔偿停工、窝工等损失。

（2）因承包人的原因致使建设工程在合理使用期限内造成人身和财产损害的，承包人应当承担损害赔偿责任。

（3）发包人未按照约定的时间和要求提供原材料、设备、场地、资金、技术资料的，承包人可以顺延工程日期，并有权要求赔偿停工、窝工等损失。

（4）发包人未按照约定支付价款的，承包人可以催告发包人在合理期限内支付价款。发包人逾期不支付的，除按照建设工程的性质不宜折价、拍卖的以外，承包人可以与发包人协议将该工程折价，也可以申请人民法院将该工程依法拍卖。建设工程的价款就该工程折价或者拍卖的价款优先受偿。

三、建设工程造价咨询合同

为了加强建设工程造价咨询市场管理，规范市场行为，国家建设部和工商行政管理总局联合颁布了《建设工程造价咨询合同（示范文本）》，该示范文本由《建设工程造价咨询合同》《建设工程造价咨询合同标准条件》和《建设工程造价咨询合同专用条件》3 部分组成。

（一）建设工程造价咨询合同概念及组成内容

《建设工程造价咨询合同》是一个标准化的合同文件，委托人与工程造价咨询单位就《建设工程造价咨询合同专用条件》中的各条款经过协商达成一致后，只需填写该文件中委托造价咨询的工程项目名称、服务类别、执行造价咨询业务的起止时间等空白栏目，并经合同当事人双方签字盖章后，造价咨询合同即产生法律效力。

《建设工程造价咨询合同》中明确规定，下列文件均为建设工程造价咨询合同的组成部分：

（1）建设工程造价咨询合同标准条件；

（2）建设工程造价咨询合同专用条件；

（3）建设工程造价咨询合同执行中共同签署的补充与修正文件。

（二）建设工程造价咨询合同标准条件

合同标准条件作为通用性范本，适用于各类建设工程项目造价咨询合同。合同标准条件明确规定了造价咨询合同正常履行过程中委托人和咨询人的义务、权利和责任，合同履行过程中规范化的管理程序，以及合同争议的解决方式等。合同标准条件应全文引用，不得删改。

合同标准条件分为 11 小节，共 32 条，内容包括词语定义、适用语言和法律、法规；咨询人的义务；委托人的义务；咨询人的权利；委托人的权利；咨询人的责任；委托人的责任；合同生效、变更与终止；咨询业务的酬金；其他；合同争议的解决等。

1. 词语定义、适用语言和法律、法规

（1）名词和用语。除合同中上下文另有规定外，下列名词、用语的含义如下：

①委托人，指委托建设工程造价咨询业务和聘用工程造价咨询单位的一方，以及其合法继承人；

②咨询人，指承担建设工程造价咨询业务和工程造价咨询责任的一方，以及其合法继承人；

③第三人，指除委托人、咨询人以外与本咨询业务有关的当事人；

④日，是指任何一天零时至第二天零时的时间段。

（2）适用的语言。建设工程造价咨询合同的书面、解释和说明以汉语为主导语言。当不同语言文本发生不同解释时，以汉语合同文本为准。

（3）适用的法律、法规。建设工程造价咨询合同适用的是中国的法律、法规，以及专用条件中议定的部门规章、工程造价有关计价办法和规定或项目所在地的地方法规、地方规章。

2. 咨询人的义务、权利和责任

（1）咨询人的义务。

①向委托人提供与工程造价咨询业务有关的资料，包括工程造价咨询的资质证书及承担所委托造价咨询合同业务的专业人员名单、咨询工作计划等，并按合同专用条件中约定的范围实施咨询业务。

②咨询人在履行本合同期间，向委托人提供的服务包括正常服务、附加服务和额外服务。其中：

A. 正常服务，指双方在专用条件中约定的工程造价咨询工作；

B. 附加服务，指在正常服务以外，经双方书面协议确定的附加服务；

C. 额外服务，指不属于正常服务和附加服务，但根据合同标准条件的规定，咨询人应增加的额外工作量。

③在履行合同期间或合同规定期限内，不得泄露与造价咨询合同规定业务活动有关的保密资料。

（2）咨询人的权利。委托人在委托的建设工程造价咨询业务范围内，授予咨询人以下权利：

①当委托人提供的资料不明确时，可向委托人提出书面报告；

②当第三人提出与建设工程造价咨询业务有关的问题时，进行核对或查问；

③到工程现场进行勘察。

（3）咨询人的责任。

①咨询人的责任期即建设工程造价咨询合同有效期。如因非咨询人的责任造成进度的推迟或延误而超过约定的日期，双方应进一步约定相应延长合同有效期。②咨询人责任期内，应当履行建设工程造价咨询合同中约定的义务，因咨询人的单方过失造成的经济损失，应当向委托人进行赔偿。累计赔偿总额不应超过建设工程造价咨询酬金总额（除去税金）。

③咨询人对委托人或第三人所提出的问题不能及时核对或答复，导致合同不能全部或部分履行，咨询人应承担责任。

④咨询人向委托人提出赔偿要求不能成立时，则应补偿由于该赔偿或其他要求所导致委托人的各种费用的支出。

3. 委托人的义务、权利和责任

（1）委托人应负责与所委托建设工程造价咨询业务有关的第三人的协调，为咨询人工作提供外部条件。

（2）委托人应当在约定的时间内，免费向咨询人提供与所委托项目咨询业务有关的资料。

（3）委托人应当在约定的时间内就咨询人书面提交并要求做出答复的事宜做出书面答复。咨询人要求第三人提供有关资料时，委托人应负责转达及资料转达。

（4）委托人应当授权胜任所委托咨询业务的代表，负责与咨询人联系。

（5）委托人的权利。委托人具有下列权利：

①委托人有权向咨询人询问工作进展情况及相关的内容；

②委托人有权阐述对具体问题的意见和建议；

③当委托人认定咨询专业人员不按咨询合同履行其职责或与第三人串通给委托人造成经济损失的，委托人有权要求更换咨询专业人员，直至终止合同并要求咨询人承担相应的赔偿责任。

（6）委托人的责任。

①委托人应当履行建设工程造价咨询合同约定的义务，如有违反则应当承担违约责任，赔偿给咨询人造成的损失；

②委托人如果向咨询人提出赔偿或其他要求不能成立时，则应补偿由于该赔偿或其他要求所导致咨询人的各种费用的支出。

4. 合同生效、变更与终止

（1）合同生效。建设工程造价咨询合同自双方签字盖章之日起生效。

（2）合同的变更或解除。当事人一方要求变更或解除合同时，应当在14日前通知对方；因变更或解除合同使一方遭受损失的，应由责任方负责赔偿。

变更或解除合同的通知或协议应当采取书面形式，新的协议未达成之前，原合同仍然有效。

5. 咨询业务的酬金

（1）支付时间和数额。正常的建设工程造价咨询业务、附加工作和额外工作的酬金，按照建设工程造价咨询合同专用条件约定的方法计取，并按约定的时间和数额支付。

如果委托人在规定的支付期限内未支付建设工程造价咨询酬金，自规定支付之日起，应当向咨询人补偿应支付的酬金利息。利息额按规定支付期限最后一日银行活期贷款利率乘以拖欠酬金时间计算。

如果委托人对咨询人提交的支付通知书中酬金或部分酬金项目提出异议，应当在收到支付通知书两日内向咨询人发出异议的通知，但委托人不得拖延其无异议酬金项目的支付。

（2）支付币种、汇率。支付建设工程造价咨询酬金所采取的货币币种、汇率由合同专用条件约定。

6. 其他

（1）外出考察费用。因建设工程造价咨询业务的需要，咨询人在合同约定外的外出考察，经委托人同意，其所需费用由委托人负责。

（2）外聘专家费用。咨询人如需外聘专家协助，在委托的建设工程造价咨询业务范围内其费用由咨询人承担；在委托的建设工程造价咨询业务范围以外经委托人认可，其费用由委托人承担。

（3）合同权利和义务的转让。未经对方的书面同意，各方均不得转让合同约定的权利和义务。

（4）禁止行为。除委托人书面同意外，咨询人及咨询专业人员不应接受建设工程造价咨询合同约定以外的与工程造价咨询项目有关的任何报酬。

咨询人不得参与可能与合同规定的与委托人利益相冲突的任何活动。

7. 合同争议的解决

因违约或终止合同而引起的损失和损害的赔偿，委托人与咨询人之间应当协商解决。如未能达成一致，可提交有关主管部门调解；协商或调解不成的，根据双方约定提交仲裁，或向人民法院提起诉讼。

（三）建设工程造价咨询合同专用条件

合同专用条件是根据工程项目特点和条件，由委托人和咨询人协商一致后进行填写。双方如果认为需要，还可在其中增加约定的补充条款和修正条款。

1. 明确需要在专用条件中予以具体规定的内容

在合同标志条件中指明的、需要合同当事人双方在合同专用条件中予以具体规定的内容，应在协商一致后予以明确。如《建设工程造价咨询合同标准条件》第 4 条规定，咨询人应“向委托人提供与工程造价咨询业务有关的资料，包括工程造价咨询的资质证书及承担本合同业务的专业人员名单、咨询工作计划等，并按合同专用条件中约定的范围实施咨询业务”。在合同专用条件中，就必须具体写明委托人所委托的咨询业务范围。建设工程造价咨询业务主要包括：

（1）A 类。建设项目可行性研究投资估算的编制、审核及项目经济评价。

（2）B 类。建设工程概算、预算、结算、竣工结（决）算的编制、审核。

（3）C 类。建设工程招标标底、投标报价的编制、审核。

（4）D 类。工程洽商、变更及合同争议的鉴定与索赔。

（5）E 类。编制工程造价计价依据及对工程造价进行监控和提供有关工程造价信息资料。

又如，《建设工程造价咨询合同标准条件》第 24 条规定：“正常的建设工程造价咨询业务、附加工作和额外工作的酬金，按照建设工程造价咨询合同专用条件约定的方法计取，并按约定的时间和数额支付。”在合同专用条件中，就必须具体写明咨询业务的报酬支付时间和数额。在一般情况下，签订合同时预付30%的造价咨询报酬；当工作量完成70%时，支付70%的咨询报酬，剩余部分待咨询结果定案时一次付清。

2. 修正合同标准条件中条款的具体规定

例如，《建设工程造价咨询合同标准条件》第26条规定：“如果委托人对咨询人提交的支付通知书中酬金或部分酬金项目提出异议，应当在收到支付通知书两日内向咨询人发出异议的通知，但委托人不得拖延其无异议酬金项目的支付。”若委托人认为限定在两日内既要审核通知书，又必须找出其中不合理之处而发出通知时间太短的话，双方可在签订合同前通过协商达成一致后，将此时限适当延长并写入合同专用条件内，修正标准条件内的规定。

3. 增加约定的补充条款

就具体委托的建设工程造价咨询业务而言，当事人双方可就合同标准条件中没有涉及的内容达成一致后，写入合同专用条件内，作为合同的一项约定内容。

合同标准条件与合同专用条件起着互为补充说明的作用，专用条件中的条款序号应与被补充、修正或说明的标准条件中的条款序号一致，即两部分内容中相同序号的条款共同组成一个内容完备、说明某一问题的条款。若标准条件内的条款已是一个完备的条款，专用条款内可不再列此序号。合同专用条件中的条款只是按序号大小排列。

第二节　建设工程施工合同管理

一、建设工程施工合同类型及选择

（一）建设工程施工合同的类型

按计价方式不同，建设工程施工合同可以划分为总价合同、单价合同和成本加酬金合同三大类。根据招标准备情况和建设工程项目的特点不同，建设工程施工合同可选用其中的任何一种。

1. 总价合同

总价合同又分为固定总价合同和可调总价合同。

（1）固定总价合同。承包商按投标时业主接受的合同价格一笔包死。在合同履行过程中，如果业主没有要求变更原定的承包内容，承包商在完成承包任务后，不论其实际成本如何，均应按合同价获得工程款的支付。

采用固定总价合同时，承包商要考虑承担合同履行过程中的主要风险，因此投标报价较高。固定总价合同的适用条件一般如下：

①工程招标的设计深度已达到施工图设计的深度，合同履行过程中不会出现较大的设计变更，以及承包商依据的报价工程量与实际完成的工程量不会有较大差异。

②工程规模较小，技术不太复杂的中小型工程或承包工作内容较为简单的工程部位。这样，可以使承包商在报价时能够合理地预见到实施过程中可能遇到的各种风险。

③工程合同期较短（一般为一年之内），双方可以不必考虑市场价格浮动可能对承包价格的影响。

（2）可调总价合同。这类合同与固定总价合同基本相同，但合同期较长（一年以上），只是在固定总价合同的基础上，增加合同履行过程中因市场价格浮动对承包价格调整的条款。由于合同期较长，承包商不可能在投标报价时合理地预见一年后市场价格的浮动影响，因此，应在合同明确约定合同价款的调整原则、方法和依据。常用的调价方法有文件证明法、票据价格调整法和公式调价法。

2. 单价合同

单价合同是指承包商按工程量报价单内分项工作内容填报单价，以实际完成工程量乘以所报单价确定结算价款的合同。承包商所填报的单价应为计入及各种摊销费用后的综合单价，而非直接费单价。

单价合同大多用于工期长、技术复杂、实施过程中发生各种不可预见因素较多的大型土建工程，以及业主为了缩短工程建设周期，初步设计完成后就进行施工招标的工程。单价合同的工程量清单内所开列的工程量一般为估计工程量，而非准确工程量。

3. 成本加酬金合同

成本加酬金合同是将工程项目的实际造价划分为直接成本费和承包商完成工作后应得酬金两部分。工程实施过程中发生的直接成本费由业主实报实销，另按合同约定的方式付给承包商相应报酬。

成本加酬金合同大多适用于边设计、边施工的紧急工程或者灾后修复工程。由于在签订合同时，业主还不能为承包商提供用于准确报价的详细资料，因此，在合同中只能商定酬金的计算方法。在成本加酬金合同中，业主需承担工程项目实际发生的一切费用，因而也就承担了工程项目的全部风险。而承包商由于无风险，其报酬也往往较低。

按照酬金的计算方式不同，成本加酬金合同的形式有成本加固定酬金合同、成本加固定百分比酬金合同、成本加浮动酬金合同、目标成本加奖罚合同等。

（二）建设工程施工合同类型的选择

建设工程施工合同的形式繁多、特点各异，业主应综合考虑以下因素，以选择不同计价模式的合同。

1. 工程项目的复杂程度

规模大且技术复杂的工程项目，承保风险较大，各项费用不易准确估算，因此不宜采用固定总价合同。最好是有把握的部分采用总价合同，估算不准的部分采用单价合同或成本加酬金合同。有时，在同一工程项目中采用不同的合同形式，是业主和承包商合理分担施工风险因素的有效办法。

2. 工程项目的设计深度

施工招标时所依据的工程项目设计深度经常是选择合同类型的重要因素。招标图纸和工程量清单的详细程度能否使投标人进行合理报价，取决于已完成的设计深度。

3. 工程施工技术的先进程度

如果工程施工中有较大部分采用新技术和新工艺，当业主和承包商在这方面过去都没有经验，且在国家颁布的标准、规范、定额中又没有可作为依据时，为了避免投标人盲目地提高承包价款或由于对施工难度估计不足而导致承包亏损，不宜采用固定价合同，而应选用成本加酬金合同。

4. 工程施工工期的紧迫程度

有些紧急工程（如灾后恢复工程等）要求尽快开工且工期较紧时，可能仅有实施方案，还没有施工图纸，因此，承包商不可能报出合理的价格，宜采用成本加酬金合同。

对于一个建设工程项目而言，采用何种合同形式不是固定的，即使在同一个工程项目中，各个不同的工程部分或不同阶段，也可以采用不同类型的合同。在划分标段、进行合同策划时，应根据实际情况，综合考虑各种因素后再做出决策。

一般而言，合同工期在一年以内且施工图设计文件已通过审查的建设工程，可选择总价合同；紧急抢修、救援、救灾等建设工程，可选择成本加酬金合同；其他情形的建设工程，均宜选择单价合同。

二、建设工程施工合同示范文本

（一）建设工程施工合同文件的组成

1. 协议书

协议书是建设工程施工合同的总纲性法律文件，经过双方当事人签字盖章后合同即成立。标准化的协议书文字量不大，需要结合承包工程特点填写。其主要内容包括工程概况、工程承包范围、合同工期、质量标准、合同价款、合同生效时间，以及对双方当事人均有约束力的合同文件。

建设工程施工合同文件包括：

（1）施工合同协议书；

（2）中标通知书；

（3）投标书及其附件；

（4）施工合同专用条款；

（5）施工合同通用条款；

（6）标准、规范及有关技术文件；

（7）图纸；

（8）工程量清单；

（9）工程报价单或预算书。

在合同履行过程中，双方有关工程的洽商、变更等书面协议或文件也构成对双方有约束力的合同文件，将其视为协议书的组成部分。

上述合同文件应能够互相解释、互相说明。当合同文件中出现不一致时，上面的顺序就是合同的优先解释顺序。当合同文件出现含糊不清或者当事人有不同理解时，按照合同争议的解决方式处理。

2. 通用条款

通用条款的内容包括：词语定义及合同文件；双方一般权利和义务；施工组织设计和工期；质量与检验；安全施工；合同价款与支付；材料设备供应；工程变更；竣工验收与结算；违约、索赔和争议；其他，共 11 部分 47 条。通用条款基本适用于各类建设工程，在具体使用时不作任何改动。

3. 专用条款

考虑到具体实施的建设工程的内容各不相同，工期、造价也随之变动，承包人、发包人各自的能力、施工现场和外部环境条件也各异，通用条款不能完全适用于各个具体工程。为反映发包工程的具体特点和要求，配之以专用条款对通用条款进行必要的修改或补充，使通用条款和专用条款成为当事人双方统一意愿的体现。专用条款只为合同当事人提供合同内容的编制指南，具体内容需要当事人根据发包工程的实际情况进行细化。

（二）建设工程施工合同中有关造价的条款

1. 合同的价款及调整

（1）合同价款。合同价款是按有关规定和协议条款约定的各种取费标准计算、用以支付承包人按照合同要求完成工程内容时的价款。招标工程的合同价款由发包人、承包人依据中标通知书中的中标价格在协议书内约定。非招标工程的合同价款由发包

人、承包人依据工程预算书在协议书内约定。合同价款在协议书内约定后，任何一方不得擅自改变。

（2）合同价款的确定方式。通用条款中规定了3种确定合同价款的方式：固定价格合同、可调价格合同和成本加酬金合同，发包人、承包人可在专用条款内约定采用其中的一种。

①固定价格合同是指在约定的风险范围内价款不再调整的合同。双方需在专用条款中约定合同价款包含的风险范围、风险费用的计算方法及承保风险范围以外的合同价款调整方法。

②可调价格合同通常用于工期较长的工程。其计价方式与固定价格合同的计价方式基本相同，只是需要增加可调价的条款，双方在专用条款中约定合同价款调整方法。

③成本加酬金合同。合同价款包括成本和酬金两部分，双方在专用条款中约定成本构成和酬金的计算方法。

（3）合同价款的调整因素。在可调价格合同中，合同价款的调整因素包括：

①法律、行政法规和国家有关政策变化影响合同价款；

②工程造价管理部门公布的价格调整；

③一周内非承包人原因停水、停电、停气造成停工累计超过8小时；

④双方约定的其他因素。

（4）合同价款的调整。通用条款规定，承包人应当在合同价款的调整因素发生后14天内，将调整原因、金额以书面形式通知工程师，工程师确认调整金额后作为追加合同价款，与工程款同期支付。工程师收到承包人通知后14天内不予以确认也不提出修改意见，视为已经同意该项调整。这里的工程师，在实行工程监理的情况下，是指工程监理单位委派到本工程的总监理工程师；在不实行工程监理的情况下，是指发包人派驻施工场地履行合同的代表。

2. 工程预付款

工程预付款是发包人为了帮助承包人解决工程施工前期资金紧张的困难而提前给付的一笔款项。工程是否实行预付款，取决于工程性质、承包工程量的大小及发包人在招标文件中的规定。

通用条款规定，工程实行预付款的双方应当在专用条款内约定发包人向承包人预付工程款的时间和数额。开工后按约定的时间和比例逐次扣回。预付时间应不迟于约定的开工日期前7天。发包人不按约定预付，承包人在约定预付时间7天后向发包人发出要求预付的通知，发包人收到通知后仍不能按要求预付，承包人可在发出通知后7天停止施工，发包人应从约定应付之日起向承包人支付应付款的贷款利息，并承担违约责任。

3. 工程量的确认

对承包人已完成工程量的核实确认，是发包人支付工程款的前提。通用条款规定，承包人应按专用条款约定的时间，向工程师提交已完工程量的报告。工程师接到报告后7天内按设计图纸核实已完工程量（以下称计量），并在计量前24小时通知承包人，承包人为计量提供便利条件并派人参加。承包人收到通知后不参加计量，计量结果有效，作为工程价款支付的依据。

工程师收到报告后7天内未进行计量，从第8天起，承包人报告中开列的工程量即视为被确认，作为工程价款支付的依据。工程师不按约定时间通知承包人，致使承包人未能参加计量，计量结果无效。

对承包人超出设计图纸范围和因承包人原因造成返工的工程量，工程师不予计量。

4. 工程款（进度款）支付

在确认计量结果后14天内，发包人应向承包人支付工程款（进度款）。按约定时间发包人应扣回的预付款，与工程款（进度款）同期结算。按约定需要调整的合同价款、设计变更调整的合同价款及追加的合同价款，也应与工程款（进度款）同期调整支付。

发包人超过约定的支付时间不支付工程款（进度款），承包人可向发包人发出要求付款的通知，发包人收到承包人通知后仍不能按要求付款，可与承包人协商签订延期付款协议，经承包人同意后可延期支付。协议应明确延期支付的时间和从计量结果确认后第15天起计算应付款的贷款利息。

发包人不按合同约定支付工程款（进度款），双方又未达成延期付款协议，导致施工无法进行，承包人可停止施工，由发包人承担违约责任。

5. 竣工结算

（1）竣工结算程序。工程竣工验收报告经发包人认可后28天内，承包人向发包人递交竣工结算报告及完整的结算资料，双方按照协议书约定的合同价款及专用条款约定的合同价款调整内容，进行工程竣工结算。

发包人收到承包人递交的竣工结算报告及结算资料后28天内进行核实，给予确认或者提出修改意见。发包人确认竣工结算报告后通知经办银行向承包人支付工程竣工结算价款。承包人收到竣工结算价款后14天内将竣工工程交付发包人。

（2）竣工结算的违约责任。

①发包人的违约责任。发包人收到竣工结算报告及结算资料后28天内无正当理由不支付工程竣工结算价款，从第29天起按承包人同期向银行贷款利率支付拖欠工程价款的利息，并承担违约责任。

发包人收到竣工结算报告及结算资料后28天内不支付工程竣工结算价款，承包

人可以催告发包人支付结算价款。发包人在收到竣工结算报告及结算资料后56天内仍不支付的，承包人可以与发包人协议将该工程折价，也可以由承包人申请人民法院将该工程依法拍卖，承包人就该工程折价或者拍卖的价款优先受偿。

②承包人的违约责任。工程验收报告经发包人认可后28天内，承包人未能向发包人递交竣工结算报告及完整的结算资料，造成工程竣工结算不能正常进行或工程竣工结算价款不能及时支付，发包人要求交付工程的，承包人应当交付；发包人不要求交付工程的，承包人承担保管责任。

6. 质量保修金

承包人应在工程竣工验收之前，与发包人签订质量保修书，作为施工合同的附件。质量保修书的内容包括质量保修项目内容及范围、质量保修期、质量保修责任、质量保修金的支付方法。

工程质量保修金一般不超过施工合同价款的3%，具体比例及金额由双方在工程质量保修书中约定。发包人应当在质量保修期满后14天内，将剩余保修金和按约定利率计算的利息返还承包人。

三、建设工程施工合同争议的解决办法

（1）发包人、承包人在履行合同时发生争议，可以和解或者要求有关主管部门调解。当事人不愿和解、调解或者和解、调解不成的，双方可以在专用条款内约定以下一种方式解决争议：

第一种解决方式：双方达成仲裁协议，向约定的仲裁委员会申请仲裁；

第二种解决方式：向有管辖权的人民法院起诉。

（2）发生争议后，在一般情况下，双方都应继续履行合同，保持施工连续，保护好已完工程。当出现下列情况时，可以停止履行合同：

①单方违约导致合同确已无法履行，双方协议停止施工；

②调解要求停止施工，且为双方接受；

③仲裁机构要求停止施工；

④法院要求停止施工。

第三节　建设工程总承包合同及分包合同的管理

一、建设工程总承包合同管理

EPC总承包是最典型和最全面的工程总承包方式，业主仅面对一家承包商，由该承包商负责一个完整工程的设计、施工、设备供应等工作。EPC总承包还可将承包范围内的一些设计、施工或设备供应等工作分包给相应的分包单位去完成，自己负责进行相应的管理工作。

（一）EPC承包合同的订立

1.合同的订立过程

（1）招标。业主在工程项目立项后即开始招标。业主通常需要委托工程咨询公司按照项目任务书起草招标文件。招标文件的内容包括投标人须知、合同条件、“业主要求”和投标书格式文件。

“业主要求”作为合同文件的组成部分，是承包商报价和工程实施的重要依据。“业主要求”主要包括业主对工程项目目标、合同工作范围、设计和其他技术标准、进度计划的说明，以及对承包商的实施方案的具体要求。

（2）投标。承包商根据招标文件提出投标文件。投标文件一般包括投标书、承包商的项目建议书（通常包括工程总体目标和范围的描述、工程的方案设计和实施计划、项目管理组织计划等）、工程估价文件等。

（3）签订合同。业主确定中标后，通过合同谈判达成一致后便与承包商签订EPC承包合同。

2.合同文件的组成

EPC总承包合同文件包括的内容及执行的优先次序如下：

（1）合同协议书；

（2）合同专用条件；

（3）合同通用条件；

（4）业主要求；

（5）投标书，指包含在合同中的由承包商提交并被中标函接受的工程报价书及其附件。

作为合同文件组成部分的可能还有：

①与投标书同时提交，作为合同文件组成部分的数据资料，如工程量清单、数据、

费率或价格等；

②付款计划表或作为付款申请组成部分的报表；

③与投标书同时递交的方案设计文件等。

（二）EPC合同的履行管理

1. 业主的主要权利和义务

（1）选择和任命业主代表。业主代表由业主在合同中指定或按照合同约定任命。业主代表的地位和作用类似于施工合同中的工程师。业主代表负责管理工程，下达指令，行使业主的权利。除非合同条件中明确说明，业主代表无权修改合同、解除合同规定的承包商的任何权利和义务。

（2）负责工程勘察。业主应按合同规定的日期，向承包商提供工程勘察所取得的现场水文及地表以下的资料。除合同明确规定业主应负责的情况以外，业主对这些资料的准确性、充分性和完整性不承担责任。

在通常情况下，EPC承包合同中不包括地质勘察。即使业主要求承包商承担勘察工作，一般也需要通过签订另一份合同予以解决。

（3）工程变更。业主代表有权指令或批准变更。与施工合同相比，总承包工程的变更主要是指经业主指示或批准的对业主要求或工程的改变。对施工文件的修改或对不符合合同的工程进行纠正通常不构成变更。

（4）施工文件的审查。业主有权检查与审核承包商的施工文件，包括承包商绘制的竣工图纸。竣工图纸的尺寸、参照系及其他有关细节必须经业主代表认可。

2. 承包商的主要责任

与施工合同相比，总承包合同中承包商的工程责任更大。

（1）设计责任。承包商应使自己的设计人员和设计分包商符合业主要求中规定的标准。承包商应完全理解业主要求，并将业主要求中出现的任何错误、失误、缺陷通知业主代表。除合同明确规定业主应负责的部分外，承包商应对业主要求（包括设计标准和计算）的正确性负责。

承包商应以合理的技能进行设计，达到预定的要求，保证工程项目的安全可靠性和经济适用性。

（2）承包商文件。承包商文件应足够详细，并经业主代表同意或批准后使用。承包商文件应由承包商保存和照管，直到被业主接收为止。承包商若修改已获批准的承包商文件，应通知业主代表，并提交修改后的文件供其审核。在业主要求不变的情况下，对承包商文件的任何修改不属于工程变更。

（3）施工文件。承包商应编制足够详细的施工文件，符合业主代表的要求，并对施工文件的完备性、正确性负责。

（4）工程协调。承包商应负责工程的协调，负责与业主要求中指明的其他承包商的协调，负责安排自己及其分包商、业主的其他承包商在现场的工作场所和材料存放地。

（5）除非合同专用条件中另有规定，承包商应负责工程需要的所有货物和其他物品的包装、装货、运输、接收、卸货、存储和保护，并及时将任何工程设备或其他主要货物即将运到现场的日期通知业主。

3. 合同价款及其支付

（1）合同价款。总承包合同通常为总价合同，支付以总价为基础。如果合同价格要随劳务、货物和其他工程费用的变化进行调整，应在合同专用条件中约定。如果发生任何未预见到的困难和费用，合同价格不予调整。

承包商应支付其为完成合同义务所引起的关税和税收，合同价格不因此类费用变化进行调整，但因法律、行政法规变更的除外。

当然，在总价合同中也可能有按照实际完成的工程量和单价支付的分项，即采用单价计价方式。有关计量和估价方法可以在合同专用条件中约定。

（2）合同价格的期中支付。合同价格可以采用按月支付或分期（工程阶段）支付方式。如果采用分期支付方式，合同应包括一份支付表，列明合同价款分期支付的详细情况。

对拟用于工程但尚未运到现场的生产设备和材料，如果根据合同规定承包商有权获得期中付款，则必须具备下列条件之一：

①相关生产设备和材料在工程所在国，并已按业主的指示，标明是业主的财产；

②承包商已向业主提交保险的证据和符合业主要求的与该项付款等额的银行保函。

二、建设工程分包合同管理

（一）建设工程施工专业分包合同管理

1. 专业分包合同的订立

（1）专业分包合同的内容。专业分包合同的内容包括协议书、通用条款和专用条款3部分。通用条款包括：词语定义及合同文件，双方一般权利和义务，工期，质量与安全，合同价款与支付，工程变更，竣工验收及结算，违约、索赔及争议，保障、保险及担保，其他，共10部分38条。

（2）专业分包合同文件的组成。专业分包合同的当事人是承包人和分包人。对承包人和分包人具有约束力的合同由下列文件组成：

①合同协议书；

②中标通知书（如有时）；

③分包人的投标函或报价书；

④除总包合同价款之外的总承包合同文件；

⑤合同专用条款；

⑥合同通用条款；

⑦合同工程建设标准、图纸；

⑧合同履行过程中承包人、分包人协商一致的其他书面文件。

从合同文件组成来看，专业分包合同（从合同）与主合同（建设工程施工合同）的区别，主要表现在除主合同中承包人向发包人提交的报价书之外，主合同的其他文件也构成专业分包合同的有效文件。

（3）承包人的义务。在签订合同过程中，为使分包人合理预计专业分包工程施工中可能承担的风险，以及保证分包工程的施工能够满足主合同的要求顺利进行，承包人应使分包人充分了解其在分包合同中应履行的义务。为此，承包人应提供主合同供分包人查阅。此外，如果分包人提出，承包人应当提出一份不包括报价书的主合同副本或复印件，使分包人全面了解主合同的各项内容。

（4）合同价款。合同价款来源于承包人接受的、分包人承诺的投标函或报价书所注明的金额，并在中标函和协议书中进一步明确。承包人将主合同中的部分工作转交给分包人实施，并不是简单地将主合同中该部分的合同价款转移给分包人，因为主合同中分包工程的价格是承包人合理预计风险后，在自己的施工组织方案基础上对发包人进行的报价，而分包人则应根据其对分包工程的理解向承包人报价。此外，承包人在主合同中对该部分的报价，还包括分包管理费。因此，通用条款明确规定，分包合同价款与总包合同相应部分价款无任何连带关系。

分包合同的计价方式，应与主合同中对该部分工程的约定相一致，可以采用固定价格合同、可调价格合同或成本加酬金合同中的一种。

（5）合同工期。与合同价款一样，合同工期也来源于分包人投标书中承诺的工期，作为判定分包人是否按期履行合同义务的标准，也应在合同协议书中注明。

2. 专业分包合同的履行管理

（1）开工。分包人应当按照协议书约定的日期开工。分包人不能按时开工，应在约定开工日期前 5 天向承包人提出延期开工要求，并陈述理由。承包人接到请求后的 48 小时内给予同意或否决的答复，超过规定时间未予答复，则视为同意分包人延期开工的要求。

因非分包人的原因而使分包工程不能按期开工，承包人应以书面形式通知分包人推迟开工日期，并赔偿分包人延期开工造成的损失，合同工期相应顺延。

（2）支付管理。分包人在合同约定的时间内，向承包人报送该阶段已完工作的工程量报告。接到分包人的报告后，承包人应首先对照分包合同工程量清单中的工作项目、单价或价格复核取费的合理性和计算的正确性，以核准该阶段应付给分包人的金额。分包工程进度款的内容包括已完成工程量的实际价值、变更导致的合同价款调整、市场价格浮动的价格调整、获得索赔的价款，以及依据分包合同的约定应扣除的预付款、承包人对分包施工支援的实际应收款项、分包管理费等。承包人计量后，将其列入主合同的支付报表内一并提交工程师。承包人应在专业分包合同约定的时间内支付分包工程款，逾期支付要计算拖期利息。

（3）变更管理。承包人接到工程师依据主合同发布的涉及分包工程变更指令后，以书面确认方式通知分包人。同时，承包人也有权根据工程的实际进展情况自主发布有关变更指令。

分包人执行了工程师发布的变更指令，进行变更工程量计量及对变更工程进行估价时，应请分包人参加，以便合理确定分包人应获得的补偿款额和工期延长时间。承包人依据分包合同单独发布的变更指令大多与主合同没有关系，如增加或减少分包合同规定的部分工作内容；为了整个合同工程的顺利实施，改变分包人原定的施工方法、作业程序或时间等。如果工程变更不属于分包人的责任，承包人应给予分包人相应的费用补偿或顺延分包合同工期。如果工期不能顺延，则要考虑支付赶工措施费用。

进行变更工程估价时，应参考分包合同工程量表中相同或类似工作的费率来核定。如果没有可参考项目或表中的价格不适用已变更工程时，应通过协商确定一个公平合理的费用加到分包合同价内。

（4）竣工验收。专业分包工程具备竣工验收条件时，分包人应向承包人提供完整的竣工资料和竣工验收报告。若约定由分包人提供竣工图，应按专用条款约定的时间和份数提交。

如果分包工程属于主合同规定的分部移交工程，则在分包人与承包人进行相关的检查和检验后，提请发包人按主合同规定的程序进行竣工验收。若根据主合同无需由发包人验收的部分，承包人按照主合同规定的验收程序与分包人共同验收。

无论是发包人组织的验收还是承包人组织的验收，只要验收合格，竣工日期为分包人提交竣工验收报告之日；竣工验收发现存在质量缺陷需要修理、改正的，竣工日期则为分包人提交修复后的竣工报告之日。

（二）建设工程施工劳务分包合同管理

1. 劳务分包合同的内容及订立

（1）劳务分包合同的内容。

①劳务分包人资质情况，劳务分包工作对象及提供劳务内容，分包工作期限，质

量标准，合同文件及解释顺序，标准规范，总（分）包合同，图纸，项目经理，工程承包人义务，劳务分包人义务，安全施工与检查，安全防护，事故处理，保险，材料、设备供应，劳务报酬，工时及工程量的确认，劳务报酬的中间支付，施工机具、周转材料的供应，施工变更，施工验收，施工配合，劳务报酬最终支付，违约责任，索赔，争议，禁止转包或再分包，不可抗力，文物和地下障碍物，合同解除，合同终止，合同份数，补充条款和合同生效，共35条。

②附件，包括“工程承包人供应材料、设备、构配件计划”“工程承包人提供施工机具、设备一览表”“工程承包人提供周转、低值易耗材料一览表”3个标准化格式的表格。

（2）劳务分包合同的订立。劳务分包合同的发包方可以是施工合同的承包人或承担专业工程施工的分包人。劳务分包合同的主要内容包括工作内容、质量要求、工期、承包人应向分包人提供的图纸和相关资料、承包人委托分包人采购的低值易耗材料、劳务报酬和支付方法、违约责任的处置方式、最终解决合同争议的方式，以及3个附表等。

2. 劳务分包合同的履行管理

（1）施工管理。由于劳务分包人仅负责部分工种的施工任务，因此，承包人负责工程的施工管理，承担主合同规定的义务。承包人负责编制施工组织设计，统一制定各项管理目标，并监督分包人的施工。

劳务分包人应派遣合格的人员上岗施工，遵守安全、环保、文明施工的有关规定，保证施工质量，接受承包人对施工的监督。承包人负责工程的测量定位、沉降观测；劳务分包人按照图纸和承包人的指示施工。

劳务分包人施工完毕，承包人和劳务分包人共同进行验收，无需请工程师参加，也不必等主合同工程全部竣工后再验收。但承包人与发包人按照主合同对隐蔽工程验收和竣工验收时，如果发现劳务合同分包人的施工质量不合格，劳务分包人应负责无偿修复。全部工程验收合格后（包括劳务分包人工作），劳务分包人对其分包的劳务作业施工质量不再承担责任，质量保修期内的保修责任由承包人承担。

（2）劳务报酬。劳务分包合同中支付劳务分包人报酬的方式可以约定为以下3种之一，须在合同中明确约定：

①固定劳务报酬方式。在包工不包料承包中，分包工作完成后按承包总价结算。由于劳务分包人不承担施工风险，如果分包合同履行期间出现施工变更，分包人有权获得增加工作量的报酬和工期顺延。反之，由于施工变更导致工作量减少，也应相应减少约定的报酬及减少合同工期。

②按工时计算劳务报酬方式。承包人依据劳务分包人投入工作的人员和天数支付

分包人的劳务报酬。分包人每天应提供当日投入劳务工作的人数报表，由承包人确认后作为支付的依据。

③按工程量计算劳务报酬方式。合同中应约定分包工作内容中各项单位工程量的单价。分包人按月（或旬、日）将完成的工程量报送承包人，经过承包人与分包人共同计量确认后，按实际完成的工程量支付报酬。对于分包人未经承包人认可，超出设计图纸范围和由于分包人的原因返工的工程量不予计量。

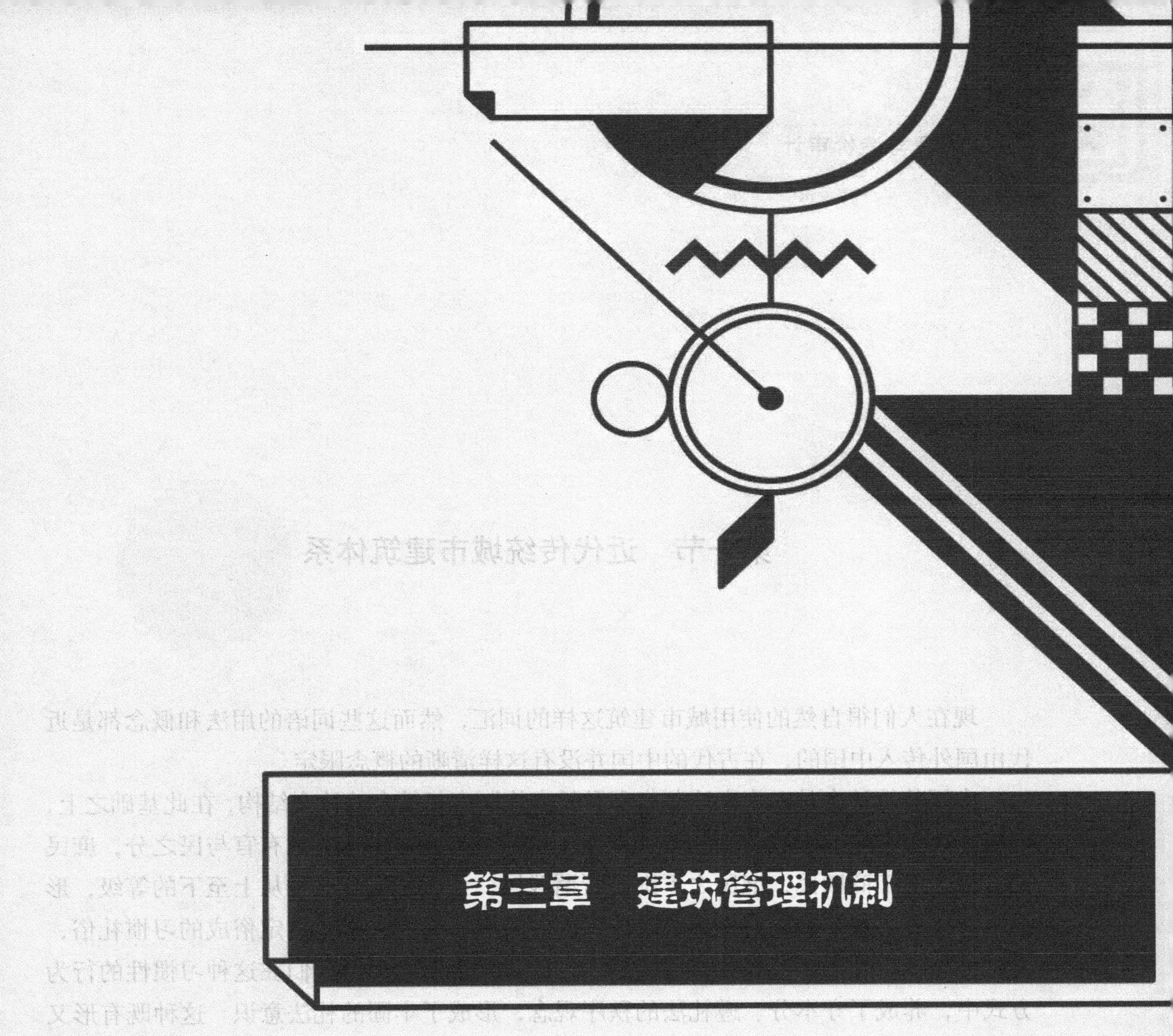

第三章　建筑管理机制

第一节　近代传统城市建筑体系

现在人们很自然的使用城市建筑这样的词汇，然而这些词语的用法和概念都是近代由国外传入中国的，在古代的中国并没有这样清晰的概念限定。

中国传统社会是一个宗法制度和君长官僚制度相结合的社会结构，在此基础之上，形成了尊卑有序、贵贱有别的等级制度。皇帝君临天下，天下则有官与民之分，庶民又分为士农工商四民，庶民之下则是所谓贱民。天下之人依这种从上至下的等级，形成上下尊卑各有其分的身份等级次序，同时又有一系列礼法及约定俗成的习惯礼俗，将这种等级区别予以形式化，落实到人们的日常生活之中。人们在这种习惯性的行为方式中，养成了守本分、遵礼法的秩序观念，形成了牢固的礼法意识。这种既有形又无形的“礼制”体系，控制着广大民众生活的各个方面，维系着社会秩序的稳定协调，进而有力地支撑着皇权。到了明清时期，这已经形成了一套严格、细密、明确的制度规则，稍有逾越便会被视为违礼逾制的行为，会受到社会的惩罚和舆论的谴责。

在一个传统礼制至上的社会中，是不可能存在今天我们意义上的城市建筑观念的，事实上我国古代并没有一个类似我们今天建筑学这样的专门学科的存在。“建筑”这个词语的组织方式在古代汉语中虽然存在，但它是作为两个动词的叠加而存在的。今天意义上的“建筑”一词是作为名词来使用的，这一用法来源于日文对于“architecture”翻译的转译。这一问题很多学者都做过研究，徐苏斌在《近代中国建筑学的诞生》一书中更是对中国传统文献中的“建筑”两字的运用做了系统的梳理，此处不再细说。

在我国古代，与建筑相关的词语有土木、工匠、营造、百王、营建、考工、建筑、栋梁、大工、匠人、建设、造家、筑建、造营、美术、美学等。徐苏斌通过对古代文献的目录学分类梳理研究，考察了古代人们对于建筑活动的认知，给了我们很大的启发。我国古代对于书籍的分类方法分为四分法和七分法。七分法开始于西汉刘向的《韦略》,其后有郑樵的《通志艺文略》。四分法开端于魏秘书郎郑默所编的宫廷藏书目录《中经》(又称《魏中经簿》),后来《四库全书》所用的“经史子集”四分法开始于《隋志》。

到了清代的中国,城市建筑事务是一个什么样的认知呢?清代成书于1782年的《四库全书》是古代四分法走向鼎盛的成果,而《四库全书/史部/政书类》中出现了专口的与城市建筑活动关系密切的“考工”的分类。“政书”一词出现于清代,记载制度和法令等“典章制度”的书就是政书。《史部/政书类》由通制、典礼、邦计、军政、法令、考工六类构成。无论政书中的哪一种,和建筑相关的记载都和“礼”密切相关,也就是说,虽然目录分类从叫由七分法演变到四分法,但对建筑的认识并没有发生根本的变化,都是作为服务于礼制制度构建的一部分。中国古代将考工列为政书类,是将其视为一种“典章制度”,而非今天的工学或者艺术。

本书在讨论中国传统建筑活动时,最常使用的一组概念就是“道”和“器”,形而之上为之“道”,形而之下为之“器”。古代建筑从事建筑营造活动的多为工匠技师,从来不把建筑作为一种学术,技术由师徒相传,以实地操作心传口授为主。基于这种看问题的角度,在讨论到建筑属性时,人们大多认为古代建筑为一种工匠的“器”的层面。实则不然,本书认为“器”载“道”才是中国古代建筑的真正属性,而中国古代建筑的发展脉络,也是沿着这一主线发展的。朱熹曾专门讲述了理、器、道、形的关联。道是道理,事事物物皆有个道理;器是形迹,事事物物皆有个形迹。有道须有器,有器须有道,有物必有则。

一、传统的国家管理机制

中国从汉武帝“罢黜百家,独尊儒术”开始,儒家学说一直是官方的意识形态。作为社会与国家共同的意识形态,儒学主张“内圣外王”,即由个人的“修身”到社会的“齐家”,再到国家的“治国”。“内圣外王”的目的是“平天下”,即达到个人、社会与国家的和谐统一。由此形成的管理机制,就必然是伦理观念的灌输和行政事务的处理相统一的管理体制。儒学从本质上讲并不是一种站在国家立场、依靠国家机器的力量对社会进行高压统治的学说。而是立足于乡族社会所固有的社会关系,尤其是人们之间的血缘关系,并主张维持这种社会关系和由这种社会关系所形成的社会秩序的学说。由于它是从社会的人际关系出发而形成的社会理论,因此在国家的教化下较为容易形成广泛的社会基础。传统的六部制中央政府体制的管理效率的来源,也就是这种社会秩序学说的广泛接受和教化。

清代国家政事机构的设置沿用了皇帝为核心的中央集权的院部制度,即古代的吏、户、礼、兵、刑、工六部再辅以监察政治得失的都察院(明代前称为“御史台”)。

然而这种国家管理机构的设置，之所以能够在封建社会中成为一种完美的结构，并不仅仅是因为它的行政职能分工能够很好地处理国家中的各种事务，而是因为六部制很好地结合了中国当时的意识形态的需求。政治的分工结合国家对于民众的教化，实现了较少的行政投入，实现了中华帝国的稳定。基于传统中国封建社会中央行政体系的构成，国家对于意识形态的控制和引导显得极为重要。这样的国家社会互动结构实在令许多研究中世纪及近现代史的西方学者羡慕不已，他们评价说："中国的国家制度是牢固的，其权威性来自坚不可摧的意识形态基础和长期积累起来的历史先例，世界上没有任何一种政府体制能像它那样经得起时间的考验。"

二、传统的城市建筑管理机制

作为中国传统管理体制中的一个分支，城市建筑事务的管理是从属于整个国家管理体系的，采用的是类似示范性为主的管理机制。封建社会以皇权为中心的等级制度的存在，决定了官方建筑和民间建筑必然会有两种不同的管理思路。皇家、官方的相关体制的城市建筑活动，是一种正统的体现国家理念的典范，影响着民间的相关城市建筑活动。

同时，城市建筑活动作为"体制"而存在的认知，还进一步限定了只有中央政府才有权力和能力来进行城市建筑事务的管理和计划，地方政府在这一领域中并无过多的话语权和作为。中国传统古代社会中，实施的是城乡统一的管理机制。对于城市建筑活动的非事务性的认知，直接导致了没有专门的城市政府管理部门。所以，本章在讨论传统社会中的城市建筑管理时，围绕着中央政府的构架设立而展开。

三、官方的工官管理机制

官方建筑，尤其是皇家建筑大都规模宏大，结构复杂，建筑业主又是帝王本身或者官僚，工程费用涉及国库的开支，因而对官式建筑的建造管理历来各朝都颇为重视。我国古代的官方建筑种类主要有城垣、宫殿、公廨、祠宇、陵寝、营房和府第等。工官体系在传统中国六部制的中央管理体制之中，有专门的工部存在，是国家对于城市建筑事务进行管理的主要机构。

清朝的建筑工程管理在组织机构上延续了明代的相关工官体制，并进一步将其完善，达到了封建工官体制的最高水平。这一制度是中国古代中央集权与官本位体制结合的产物。工官是城市建设和建筑营造的具体掌管者和实施者，对古代建筑的发展有重要影响。工官集制定法令法规、规划设计、征集工匠、采办材料、组织施工于一身，实行一揽子领导与管理。

四、民间的运行机制

封建传统的匠役制度解体之后，工匠自由支配生产的时间增加，个体手工业和家庭手工业呈现良好的的增长趋势，专门从事建筑营造活动的作坊也开始产生。一批建筑工匠便通过缴纳赋税来换取经营活动的自由，明嘉靖年间水木作坊开始出现。这种以师徒或家族、同乡为主体的施工组织者称为“作头”。张南来，上海有文字记载的建筑史上最早“作头”身份记载的人，清代道光六年（1836年）他承接被火焚毁的稷王庙戏台重建，他负责设计又指挥工匠，仅用半年时间就完成了装饰精致的古戏台。

我国古代民间的营造活动，除了自觉按照官方建筑典范执行相应的礼制等级规定外，政府主动干预和介入较少。民间项目很少存在严格的规程和流程，业主决定出资兴建房屋，项目便随之开始。而项目过程中很少有专门的建筑设计过程，虽偶有业主有图样的比对过程，但始终不是民间建筑营造的主流。虽然很多民间工匠都善于绘画，并且这种技能有时能够决定项目的成败，甚至能够决定其能否脱离工匠进入官场，但是事实上民间一般百姓建房，更多采用的是以下两种工作模式：一种工作模式是，业主会找来一个匠师头儿，告诉他是怎样一个工程，然后由他和其他匠师头儿合计工料、工时，和主人商定后约人、备料、开工，最后按大工小工领取工钱；另一种工作模式是，作头从东家处承包来工程，然后雇佣工匠伙计完成，工伙是作坊的雇工，而作头是老板。这两种模式甚至在今天的广大农村建房之时也常常采用，应该说是民间建筑活动的主流。工匠群体承担了从设计、施工到装修的全套工作，房东也全程参与从基地选择、进料、预算控制、工程进度与质量监督直至验收的建筑营造过程。上述两类人群构成了中国传统民间建筑营造的主体。

民间建筑活动的分散性和自由性，决定了传统封建国家的整体管理思路不转化为积极的介入机制之前，国家是不可能对其进行有效的强制管理的。中国传统的政权构成中，并不存在这种深度介入城市居民日常生活的架构。匠役制度解体之后，民间城市建筑活动日趋繁荣，而国家对于传统工匠的教化管理却相对减弱，这种渐变为在清末传统礼制的衰退中全新的城市建筑示范体系的建立埋下了伏笔。

五、官方与民间的示范关系——工官选拔机制

由于官方建筑体系和民间建筑是相对独立的两种管理体制，与官方建筑严格的建设流程规制相比，民间建筑活动显得自主性要多得多。国家通过对典范的褒奖、认可，来推动民间社会认知的变化是一种重要的方式。科举制度的创立就具有强大的这一功效，学而优则仕的引导，使人的思想被国家的主流意识形态牢牢地控制着。他们会自觉地认可当时的社会秩序，忠诚于当时的帝王朝廷，简而言之，就是将自己的思想、言行主动地规范于当时的国家意识形态之内，成为当时统治秩序的自觉维护者。在官

方和民间两种机制之间的工官与工匠的关系构成了一个重要的示范体系，从某种意义上讲起到了类似于科举意味的作用。

第二节　近代全新的示范机制

近代中国是一个风云突变的历史时期，政权更替频繁，外辱内乱形成了异常复杂的社会政治局面，这些成为城市建筑管理机制变迁的复杂历史背景。中国近代城市建筑管理机制从封建传统六部制工官体系与匠役的结合模式，转为资产阶级统治下的技术官僚管理模式。社会政治格局的剧烈变革，每每推动着城市建筑管理机制的变迁发展。

推动中国近代城市建筑管理机制的变迁的动力，来自内部和外部两个方面。外力的作用来自西方，它们更多的表现为一种先进性的示范作用，租界和殖民地城市的先进管理经验，成为租界之外地区学习和借鉴的内容。当然，来自西方的外部力量，也有直接介入华界城市建筑事务管理的时候，庚子事变后，八国联军占领天津之后，占了领军政府——“天津都统衙门”，直接对中国的重要城市进行管理。无论是主观认识，还是被动接受，在后来中国政府接管之后的城市建筑管理中，相关的管理章程、规则等，客观上成为一种经验被采用。

城市建筑管理机制的变迁属于制度变迁的一种。制度作为一个专门的研究对象，在西方属于经济学的范畴，并在20世纪取得了非常重要的研究成果。制度变迁的模式主要有两种：

一种受利益驱使的，自下而上、由内到外、诱发性的制度变迁，指的是对现行制度的替代，或另行创造新的制度，是由制度内的人员或团体，为了创造更高的利益，所产生的自发性的倡导组织和实行。诱发性变迁具有渐进性、自发性、自主性的特征，新制度的产生只是针对制度需求面的自然反应。另一种是自下而上、由外而内的强制性制度的变迁，它由国家强制推行。强制性变迁产生于制度竞争的需求，有其自身的突发性、强制性、被动性，政府主导单位是新制度安排的引进者而非原创者，通常是要改变现存的根本制度，也就是实现制度的转轨。中国近代城市建筑管理机制的变迁是两者结合的产物，不同的阶段、不同的城市具有不同的变迁方式。

清末民初，南京国民政府建立之前，中央政府既无能力也无意愿，在全国推进统一的城市建筑管理制度变迁。清末朝廷外扰内乱格局下的地方实力派自重和北洋政府治理下的军阀割据混战的局面，都使得不同地区呈现出地方性很强的城市管理方式。北京、天津城市建筑管理机制的建立，是在警察制度的建立过程中进行的。

1926年~1928年间发生的国民革命军北伐，由国民革命军北进讨伐北洋政府。完成了北伐，实现了全国相对的政令统一。通过城市建设带动经济发展的构思，极大地提升了政府对于城市建筑事务的关注度。代表新兴政权的统一的城市建筑建设成为需求，政府推动的自上而下的强制性变迁成为这一时期城市建筑管理机制变迁的主流。

在中国近代清末民初的这个历史时期，管理机制中的各个要素都是从传统体制中延续和发展而来的，因此这是一个逐步变迁的过程，很好地结合了中国传统管理机制的特点。而南京国民政府时期，由于大量留学人员的回归，在中央政府专家治国的理念下，形成了鲜明的技术官僚体系，加之与民间技术精英团体的结合，形成一个跳跃式的发展，这成为中国近代城市建筑管理机制转型的一个重要特点。

第三节　官方城市建筑认知的重建

建筑行业作为国民经济中的重要行业，一直被政府所关注。相对于国外的建筑管理来说，我国的建筑管理无论从水平、范围和专业人员上都存在一定差距。

目前，人们逐渐认识到了建筑管理的重要性。首先，我国的建筑管理政府管理仍处占较大的比例，对于我国现在的市场经济来讲，政府的过多干预会一定程度地阻碍建筑行业的正常发展。政府对于建筑行业的管理仍未从管制的方式中摆脱出来，进入监管机制，进而无法明确政府对于建筑工程管理的性质、特征、工作内容甚至作用。其次，我国建筑行业的管理水平较低。在一些工程项目中，企业的管理方式存在很多问题，如管理项目人才的缺乏、管理方式落后、效率不高、安全存在隐患等。其中监理部门作用薄弱也成为管理的一个大问题，监理本是对于工程项目的监督者，但是我国个别企业及项目中仍出现管理部门与建立部门暗中勾结，玩忽职守的类似事件，这对于我国的建筑管理机制极为不利。再次，建筑承包方管理方式单一落后。大量项目工程的开工，我国的大部分承包商都是简单地提供传统的承包方式，管理上不仅缺乏专业的技术人才，而且对于安全和质量等方面的重视程度也不够。对于先进的管理模式，如管理咨询模式、管理总承包模式及设计施工一体化模式等均不了解。最后，我国建筑管理专业人才的缺乏仍是我国建筑管理机制改革的重要问题。我国建筑管理类院校增多的同时，大量建筑人才涌入社会，但是对于这些初涉建筑行业的大学生来说，经验才是管理的关键。同时，大量农民工人进入建筑行业，素质在一定程度上达不到管理层面，建筑管理人才出现了断层现象。专职的项目管理人员虽然存在，但是无论在质量还是数量上都难以达到社会的需求。这些管理方面的问题对于我国目前全面小康社会的实现存在很大的隐患，所以我们应在管理机制上彻底改变我国目前管理现状。

一、政府转变职能

我国政府一直以来将企业建筑项目当做管理对象，对于企业来说略有束缚，应向监管的职能进行转变，放开手脚。但是政府的放开手脚并不意味着放松监管，更应该在宏观角度上掌握我国建筑行业的发展状况，而不是具体的管理，对于出现的问题及时与企业联系，实施政府监督企业管理的模式。同时，对于政府退出市场管理方面，完善“退出机制”，做到权力正常交接，避免出现转变职能之时的管理不善及双重管理等问题。

二、完善市场机制，提高企业管理水平

对于企业的行业管理问题，传统的思维和管理方式已经制约了市场经济的发展，资源配置难以满足市场对于建筑行业的要求。对于现代工程项目的管理方式，无论在规模、结构和技术上都出现了很大的改进；此外，一些新的建筑管理方法也不断运用到实践工程中，如设计施工一体化模式、伙伴模式、管理总承包模式等新承包模式的运用。同时，对于管理机构的设置也应做一些相应的改变，如大部分企业对于施工技术及进度的要求过于偏执，而对于安全及其他方面注意程度相应减少，甚至某些部门只有一名员工，达不到好的工作效果。对于安全方面及质量方面都必须加强管理，成为企业建筑管理的一个重要部分。

三、提高建筑管理人员素质

对于我国项目管理人才的缺乏状况，不仅政府要重视对于项目管理人员的考核，企业单位也要加强专业管理人员培训，从工作中锻炼人才，培养人才。高校对于建筑管理专业的毕业生不仅应加强考核制度，更应加强实践锻炼机会。对于建筑管理专业来说，实际经验与书本知识的结合才能锻造出杰出的人才。同时，及时加盟国际项目，加强国际交流，吸取国际建筑管理的经验对于人才素质的提高帮助甚大。对于在实际

的建筑行业之中，对于设计图纸的理解及施工技术把关上的技术人员素质仍存在不过关人员，管理人员素质也有待提高。

第四节 现代城市建筑的机制

随着市场经济的发展，建设领域中最突出的变化是市场主体的多元化和市场行为的多样化，这种新形势下的复杂背景对建筑管理提出了很多新的要求。加入 WTO 后，国外的资本、项目、技术管理的涌入，给我们带来了发展经济的机遇。这一切要求政府管理必须符合国际惯例，必须与目前国际通用的运行规则接轨，必须建立一种新型的公开、高效、服务型的管理模式，这是当前政府主管部门所面临的最大的、最主要的课题。

多年来，建设领域市场主体从投资到生产、到各个要素、到消费的分配，完全由国家集中控制。这些年来，随着改革制度的加快，市场投资主体已经发生了根本性变化，非国有和以非国有控股为主的经济已成为市场的主导成分。建设主体，尤其是施工主体通过加快改制，多种经济成分、非国有控股的比例在不断上升，消费主体已完全市场化。而政府计划体制下包揽式的管理已明显不适应新时期管理工作的需要，主要表现在以下两个方面：第一个方面是审批过多。建筑产品对公共利益、对国家利益关系重大，具有单项产品规模大、周期长、投资额大、不可移动等特点，这些决定了它的管理有一定的特殊性。由于我们的管理是完全建立在计划体制基础上的，与这种特殊性相比，一个最突出的问题就是审批过多，社会各界包括外商一提起建设领域，最大的感触就是无数个审批、无数个环节、盖无数个图章。政府管理中的“错位”“越位”现象较多，政府管了很多应当在市场背景下由市场自行调节的事情，干预了市场的运行，过多地包揽了一些企业应该做的事情，也就是说，管了很多不应该管也管不了、管不好的事情。由于审批过多，政府部门在具体事务性工作中牵扯的精力太多，事务管理太过于精细，无法腾出精力来研究客观性、战略性、前瞻性的问题，忙忙碌碌不超脱，没有站在应有的高度上来考虑和研究问题。由于审批过多，产生了一些对审批、对管理认识上的错位。甚至出现政府主管部门离开了审批，就不知道如何去工作，一个部门的调协和职能被错误地理解为工作就是审批，审批就是工作，一提到精减审批，

就找不到感觉，没有审批就不知道怎么工作。第二个方面是封闭行政。建设领域的政务公开透明度相比较而言是比较弱的，大量的工作是在内部运行，它的标准、程序、承诺与上下级环节之间的关系外人不知道，我们自己也不是十分清楚，各领域、各环节太封闭，使我们的服务意识长期得不到真正的梳理，使我们与市场主体，与社会的距离始终比较远。由于封闭行政，缺乏监督，使我们从源头上治理腐败，改善行业风气的工作受到了较大的影响。

在讨论中国的现代化过程中马敏先生指出，“中国的现代化进程，基本上是一个自上而下的过程，是一个被政府力量所牢牢控制的过程。民间社会力量则处于从属、被动的地位，缺乏自下而上的回应。”

在城市建筑管理机制的近代化历程中，民间力量的上行和官方力量的下行这两种变化是同时进行的。早期官方授权下的自治机构相对独立，民间社会的活力和创造力充分展现，城市建筑活动中官方与社会民众相对和谐。南京国民政府时期城市建筑管理机制的转型变迁过程中，传统民间团体的转变、新的技术型团体的出现，都没能很好地延续传统中国社会民间领域的存在。虽然，一定程度上官方权力的拓展对民间社会的挤压形成了“大政府、小社会”的格局，传统民间团体的社会影响力下降，使得城市建筑活动中的活力下降，但是，在当时国家“专家治国”的理念下，新兴的技术精英团体仍然具有一定的活动空间和社会影响力，同时还与技术官僚体系有着很好的对接。这种良好的对接关系，也成为当时的建筑活动能够留存一大批优秀成果的重要因素。

今天的城市建筑管理中，政府如何正确地对城市建筑事务进行干预，平衡其与社会之间的关系，成为一个重要的思考内容。我们应该倡导的是一个“强政府、强社会”的局面，政府与民间各司其职，政府的引导有利于城市建筑空间的宏观把握，而相对独立的民间机制的存在又保障了来自社会的活力和创造性。我们应该纠正国民政府时期形成的不断强化政府职能输出，进而控制和影响城市建筑事务，最终形成的弱化市民社会介入的发展趋势。这种介于国家权利和社会个体之间的社会自我组织力量，是近代社会活力的来源，也是城市建筑事务中活力的来源。

“市民社会”是建立在市场经济基础上的社团和组织的集合体，具有自立、自主和自律的特性。市场经济需求的是一个有限的政府，而不是无所不为的无限政府。今天的我们应该努力培育介于国家权力与社会个体之间的“市民社会”，而建筑师学会等民间团体应该进一步发挥其社会自组织的理性力量，更多地介入城化建筑事务的处理之中，而非纯粹作为政府介入社会的工具。

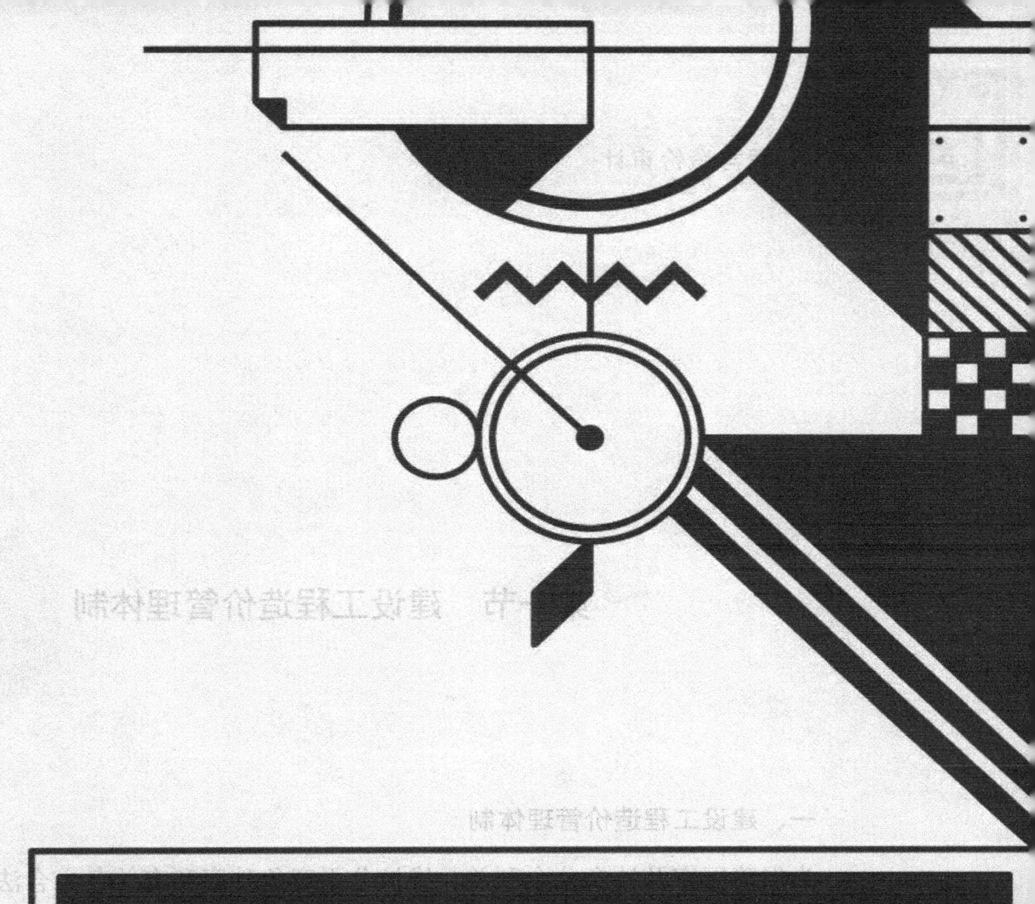

第四章 建设工程造价管理制度

第一节　建设工程造价管理体制

一、建设工程造价管理体制

为保障国家及社会公众利益，维护公平竞争秩序和有关各方合法权益，各企事业单位及从业人员要贯彻执行国家的宏观经济政策和产业政策，遵守国家和地方的法律、法规及有关规定，自觉遵守工程造价咨询行业自律组织的各项制度和规定，并接受工程造价咨询行业自律组织的业务指导。

（一）政府部门的行政管理

政府设置了多层管理机构，明确了管理权限和职责范围，形成了一个严密的建设工程造价宏观管理组织系统。国务院建设主管部门在全国范围内行使建设管理职能，在建设工程造价管理方面的主要职能包括：

1. 组织制定建设工程造价管理有关法规、规章并监督其实施；
2. 组织制定全国统一经济定额并监督指导其实施；
3. 制定工程造价咨询企业的资质标准并监督其执行；
4. 负责全国工程造价咨询企业资质管理工作，审定甲级工程造价咨询企业的资质；
5. 制定工程造价管理专业技术人员执业资格标准并监督其执行；
6. 监督管理建设工程造价管理的有关行为。

各省、自治区、直辖市和国务院其他主管部门的建设管理机构在其管辖范围内行使相应的管理职能；省辖市和地区的建设管理部门在所辖地区行使相应的管理职能。

（二）行业协会的自律管理

中国建设工程造价管理协会是我国建设工程造价管理的行业协会。此外，在全国各省、自治区、直辖市及一些大中城市，也先后成立了建设工程造价管理协会，对工程造价咨询工作及造价工程师的执业活动实行行业服务和自律管理。

中国建设工程造价管理协会作为建设工程造价咨询行业的自律性组织，其行业管理的主要职能包括：

（1）研究工程造价咨询与管理改革和发展的理论、方针、政策，参与相关法律法规、行业政策及行业标准规范的研究制定；

（2）制定并组织实施工程造价咨询行业的规章制度、职业道德准则、咨询业务操作规程等行规行约，推动工程造价行业诚信建设，开展工程造价咨询成果文件质量检查等活动，建立和完善工程造价行业自律机制；

（3）研究和探讨工程造价行业改革与发展中的热点、难点问题，开展行业的调查研究工作，倾听会员的呼声，向政府有关部门反映行业和会员的建议和诉求，维护会员的合法权益，发挥联系政府与企业间的桥梁和纽带作用；

（4）接受政府部门委托，协助开展工程造价咨询行业的日常管理工作，开展注册造价工程师考试、注册及继续教育、造价员队伍建设等具体工作；

（5）组织行业培训，开展业务交流，推广工程造价咨询与管理方面的先进经验，开展工程造价先进单位会员、优秀个人会员及优秀工程造价咨询成果评选和推介等活动；

（6）办好协会的网站，出版《工程造价管理》期刊，组织出版有关工程造价专业和教育培训等书籍，开展行业宣传和信息咨询服务；

（7）维护行业的社会形象和会员的合法权益，协调会员和行业内外关系，受理工程造价咨询行业中执业违规的投诉，对违规者实行行业惩戒或提请政府主管部门进行行政处罚；

（8）代表中国工程造价咨询行业和中国注册造价工程师与国际组织及各国同行建立联系，履行相关国际组织成员应尽的职责和义务，为会员开展国际交流与合作提供服务；

（9）指导中国建设工程造价管理协会各专业委员会和各地方造价协会的业务工作；

（10）完成政府及其部门委托或授权开展的其他工作。

地方建设工程造价管理协会作为建设工程造价咨询行业管理的地方性组织，在业务上接受中国建设工程造价管理协会的指导，协助地方政府建设主管部门和中国建设工程造价管理协会进行本地区建设工程造价咨询行业的自律管

第二节　建设工程造价咨询企业管理

工程造价咨询企业是指接受委托，对建设项目投资、工程造价的确定与控制提供专业咨询服务的企业。工程造价咨询企业从事工程造价咨询活动，应当遵循独立、客观、公证、诚实信用的原则，不得损害社会公共利益和他人的合法权益。

一、工程造价咨询企业资质等级标准

工程造价咨询企业资质等级分为甲级、乙级。

（一）甲级资质标准

（1）已取得乙级工程造价咨询企业资质证书满3年。

（2）企业出资人中，注册造价工程师人数不低于出资人总人数的60%，且其出资额不低于企业注册资本总额的60%。

（3）技术负责人已取得造价工程师注册证书，并具有工程或工程经济类高级专业技术职称，且从事工程造价专业工作15年以上。

（4）专职从事工程造价专业工作的人员（以下简称专职专业人员）不少于20人。其中，具有工程或者工程经济类中级以上专业技术职称的人员不少于16人，取得造价工程师注册证书的人员不少于10人，其他人员具有从事工程造价专业工作的经历。

（5）企业与专职专业人员签订劳动合同，且专职专业人员符合国家规定的职业年龄（出资人除外）。

（6）专职专业人员人事档案关系由国家认可的人事代理机构代为管理。

（7）企业注册资本不少于人民币100万元。

（8）企业近3年工程造价咨询营业收入累计不低于人民币500万元。

（9）具有固定的办公场所，人均办公建筑面积不少于10㎡。

（10）技术档案管理制度、质量控制制度、财务管理制度齐全。

（11）企业为本单位专职专业人员办理的社会基本养老保险手续齐全。

（12）在申请核定资质等级之日前3年内无违规行为。

（二）乙级资质标准

（1）企业出资人中，注册造价工程师人数不低于出资人总人数的60%，且其出资额不低于注册资本总额的60%。

（2）技术负责人已取得造价工程师注册证书，并具有工程或工程经济类高级专业技术职称，且从事工程造价专业工作10年以上。

（3）专职专业人员不少于12人，其中，具有工程或者工程经济类中级以上专业技术职称的人员不少于8人，取得造价工程师注册证书的人员不少于6人，其他人员具有从事工程造价专业工作的经历。

（4）企业与专职专业人员签订劳动合同，且专职专业人员符合国家规定的职业年龄（出资人除外）。

（5）专职专业人员人事档案关系由国家认可的人事代理机构代为管理。

（6）企业注册资本不少于人民币50万元。

（7）具有固定的办公场所，人均办公建筑面积不少于10㎡。

（8）技术档案管理制度、质量控制制度、财务管理制度齐全。

（9）企业为本单位专职专业人员办理的社会基本养老保障手续齐全。

（10）暂定期内工程造价咨询营业收入累计不低于人民币50万元。

（11）在申请核定资质等级之日前3年内无违规行为。

二、工程造价咨询企业的业务承接

工程造价咨询企业应当依法取得工程造价咨询企业资质，并在其资质等级许可的范围内从事工程造价咨询活动。工程造价咨询企业依法从事工程造价咨询活动，不受行政区域限制。甲级工程造价咨询企业可以从事各类建设项目的工程造价咨询业务。乙级工程造价咨询企业可以从事工程造价5000万元人民币以下的各类建设项目的工程造价咨询业务。

（一）业务范围

工程造价咨询业务范围包括：

（1）建设项目建议书及可行性研究投资估算、项目经济评价报告的编制和审核；

（2）建设项目预算的编制与审核，并配合设计方案比选、优化设计、限额设计等工作进行工程造价分析与控制；

（3）建设项目合同价款的确定（包括招标工程工程量清单和标底、投标报价的编制和审核）、合同价款的签订与调整（包括工程变更、工程洽商和索赔费用的计算）与工程款支付、工程结算及竣工结（决）算报告的编制与审核等；

（4）工程造价经济纠纷的鉴定和仲裁的咨询；

（5）提供工程造价信息服务等。

工程造价咨询企业可以对建设项目的组织实施进行全过程或者若干阶段的管理和服务。

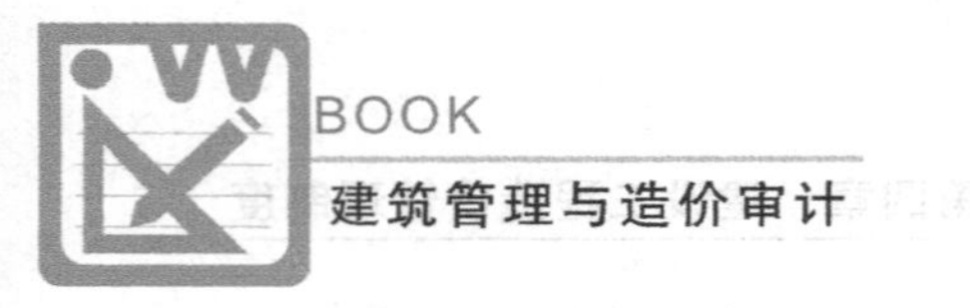

（二）执业

1. 咨询合同及其履行

工程造价咨询企业在承接各类建设项目的工程造价咨询业务时，可以参照《建设工程造价咨询合同（示范文本）》与委托人签订书面工程造价咨询合同。

工程造价咨询企业从事工程造价咨询业务，应当按照有关规定的要求出具工程造价成果文件。工程造价成果文件应当由工程造价咨询企业加盖有企业名称、资质等级及证书编号的执业印章，并由执行咨询业务的注册造价工程师签字，加盖执业印章。

2. 执业行为准则

工程造价咨询企业在执业活动中应遵循下列执业行为准则：

（1）执行国家的宏观经济政策和产业政策，遵守国家和地方的法律、法规及有关规定，维护国家和人民的利益。

（2）接受工程造价咨询行业自律组织业务指导，自觉遵守本行业的规定和各项制度，积极参加本行业组织的业务活动。

（3）按照工程造价咨询单位资质证书规定的资质等级和服务范围开展业务，只承担能够胜任的工作。

（4）具有独立执业的能力和工作条件，竭诚为客户服务，以高质量的咨询成果和优良服务，获得客户的信任和好评。

（5）按照公平、公正和诚信的原则开展业务，认真履行合同，依法独立自主开展经营活动，努力提高经济效益。

（6）靠质量、靠信誉参加市场竞争，杜绝无序和恶性竞争；不得利用与行政机关、社会团体以及其他经济组织的特殊关系搞业务垄断。

（7）以人为本，鼓励员工更新知识，掌握先进的技术手段和业务知识，采取有效措施组织、督促员工接受继续教育。

（8）不得在解决经济纠纷的鉴证咨询业务中分别接受双方当事人的委托。

（9）不得阻挠委托人委托其他工程造价咨询单位参与咨询服务；共同提供服务的工程造价咨询单位之间应分工明确，密切协作，不得损害其他单位的利益和名誉。

（10）保守客户的技术和商务秘密，客户事先允许和国家另有规定的除外。

3. 企业分支机构

工程造价咨询企业设立分支机构的，应当自领取分支机构营业执照之日起30日内，持下列材料到分支机构工商注册所在地省、自治区、直辖市人民政府建设主管部门备案：

（1）分支机构营业执照复印件；

（2）工程造价咨询企业资质证书复印件；

（3）拟在分支机构执业的不少于3名注册造价工程师的注册证书复印件；

（4）分支机构固定办公场所的租赁合同或产权证明。

省、自治区、直辖市人民政府建设主管部门应当在接受备案之日起20日内，报国务院建设主管部门备案。

分支机构从事工程造价咨询业务，应当由设立该分支机构的工程造价咨询企业负责承接工程造价咨询业务、订立工程造价咨询合同、出具工程造价成果文件。分支机构不得以自己的名义承接工程造价咨询业务、订立工程造价咨询合同、出具工程造价成果文件。

（四）跨省区承接业务

工程造价咨询企业跨省、自治区、直辖市承接工程造价咨询业务的，应当自承接业务之日起30日内到建设工程所在地省、自治区、直辖市人民政府建设主管部门备案。

三、工程造价咨询企业的法律责任

（一）资质申请或取得的违规责任

申请人隐瞒有关情况或者提供虚假材料申请工程造价咨询企业资质的，不予受理或者不予资质许可，并给予警告，申请人在1年内不得再次申请工程造价咨询企业资质。

以欺骗、贿赂等不正当手段取得工程造价咨询企业资质的，由县级以上地方人民政府建设主管部门或者有关专业部门给予警告，并处1万元以上3万元以下的罚款，申请人3年内不得再次申请工程造价咨询企业资质。

（二）经营违规的责任

未取得工程造价咨询企业资质从事工程造价咨询活动或者超越资质等级承接工程造价咨询业务的，出具的工程造价成果文件无效，由县级以上地方人民政府建设主管部门或者有关专业部门给予警告，责令限期改正，并处1万元以上3万元以下的罚款。

工程造价咨询企业不及时办理资质证书变更手续的，由资质许可机关责令限期办理；逾期不办理的，可处以1万元以下的罚款。

有下列行为之一的，由县级以上地方人民政府建设主管部门或者有关专业部门给予警告，责令限期改正，逾期未改正的，可处以5000元以上2万元以下的罚款：新设立的分支机构不备案的；跨省、自治区、直辖市承接业务不备案的。

（三）其他违规责任

工程造价咨询企业有下列行为之一的，由县级以上地方人民政府建设主管部门或者有关专业部门给予警告，责令限期改正，并处以1万元以上3万元以下的罚款：

（1）涂改、倒卖、出租、出借资质证书，或者以其他形式非法转让资质证书；

（2）超越资质等级业务范围承接工程造价咨询业务；

（3）同时接受招标人和投标人或两个以上投标人对同一工程项目的工程造价咨询业务；

（4）以给予回扣、恶意压低收费等方式进行不正当竞争；

（5）转包承接的工程造价咨询业务；

（6）法律、法规禁止的其他行为。

第三节　建设工程造价专业人员资格管理

在我国建设工程造价管理活动中，从事建设工程造价管理的专业人员可以分为两个级别，即注册造价工程师和建设工程造价员（简称造价员）。

一、注册造价工程师执业资格制度

注册造价工程师是指通过全国造价工程师执业资格统一考试或者资格认定、资格互认，取得中华人民共和国造价工程师执业资格，并注册取得中华人民共和国造价工程师注册执业证书和执业印章，从事工程造价活动的专业人员。未取得注册证书和执业印章的人员，不得以注册造价工程师的名义从事工程造价活动。

（一）资格考试

注册造价工程师执业资格考试实行全国统一大纲、统一命题、统一组织的办法。原则每年举行1次。

1. 报考条件

凡中华人民共和国公民，工程造价或相关专业大专及其以上学历，从事工程造价业务工作一定年限后，均可参加注册造价工程师执业资格考试。

2. 考试科目

造价工程师执业资格考试分为4个科目：工程造价管理基础理论与相关法规、工程造价计价与控制、建设工程技术与计量（土建工程或安装工程）和工程造价案例分析”。

对于长期从事工程造价管理业务工作的技术人员，符合一定的学历和专业年限条件的，可免试工程造价管理基础理论与相关法规和建设工程技术与计量2个科目，只参加工程造价计价与控制和工程造价案例分析2个科目的考试。

4个科目分别单独考试、单独计分。参加全部科目考试的人员，须在连续的2个考试年度通过；参加免试部分考试科目的人员，须在1个考试年度内通过应试科目。

3. 证书取得

注册造价工程师执业资格考试合格者，由省、自治区、直辖市人事部门颁发国务院人事主管部门统一印制、国务院人事主管部门和建设主管部门统一用印的造价工程师执业资格证书，该证书全国范围内有效，并作为造价工程师注册的凭证。

（二）注册

注册造价工程师实行注册执业管理制度。取得造价工程师执业资格的人员，经过注册方能以注册造价工程师的名义执业。

1. 初始注册

取得注册造价工程师执业资格证书的人员，受聘于一个工程造价咨询企业或者工程建设领域的建设、勘察设计、施工、招标代理、工程监理、工程造价管理等单位，可自执业资格证书签发之日起1年内向聘用单位工商注册所在地的省、自治区、直辖市人民政府建设主管部门或者国务院有关部门提出注册申请。申请初始注册的，应当提交下列材料：

（1）初始注册申请表；

（2）执业资格证件和身份证件复印件；

（3）与聘用单位签订的劳动合同复印件；

（4）工程造价岗位工作证明。

受聘于具有工程造价咨询资质的中介机构的，应当提供聘用单位为其交纳的社会基本养老保险凭证、人事代理合同复印件，或者劳动、人事部门颁发的离退休证复印件。外国人应当提供外国人就业许可证书，中国台港澳提供人员就业证书复印件。

逾期未申请注册的，须符合继续教育的要求后方可申请初始注册。初始注册的有效期为4年。

2. 延续注册

造价工程师注册有效期满需继续执业的，应当在注册有效期满30日前，按照规定的程序申请延续注册。延续注册的有效期为4年。申请延续注册的，应当提交下列材料：延续注册申请表、注册证书、与聘用单位签订的劳动合同复印件、前一个注册期内的工作业绩证明、继续教育合格证明。

3. 变更注册

在注册有效期内，注册造价工程师变更执业单位的，应当与原聘用单位解除劳动合同，并按照规定的程序办理变更注册手续。变更注册后延续原注册有效期。申请变更注册的，应当提交下列材料：变更注册申请表、注册证书、与新聘用单位签订的劳动合同复印件、与原聘用单位解除劳动合同的证明文件。

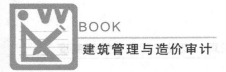

受聘于具有工程造价咨询资质的中介机构的，应当提供聘用单位为其交纳的社会基本养老保险凭证、人事代理合同复印件，或者劳动、人事部门颁发的离退休证复印件。外国人应当提供外国人就业许可证书，中国台港澳人员提供就业证书复印件。

4. 不予注册的情形

有下列情形之一的，不予注册：

①不具有完全民事行为能力的；

②申请在 2 个或者 2 个以上单位注册的；

③未达到造价工程师继续教育合格标准的；

④前一个注册期内工作业绩达不到规定标准或未办理暂停执业手续而脱离工程造价业务岗位的；

⑤受刑事处罚，刑事处罚尚未执行完毕的；

⑥因工程造价业务活动受刑事处罚，自刑事处罚执行完毕之日起至申请注册之日止不满 5 年的；

⑦因前项规定以外原因受刑事处罚，自处罚决定之日起至申请注册之日止不满 3 年的；

⑧被吊销注册证书，自被处罚决定之日起至申请注册之日止不满 3 年的；

⑨以欺骗、贿赂等不正当手段获准注册被撤销，自被撤销注册之日起至申请注册之日止不满 3 年的；

⑩法律、法规规定不予注册的其他情形。

（三）执业

1. 执业范围

注册造价工程师的执业范围包括：

①建设项目建议书、可行性研究投资估算的编制和审核，项目经济评价，工程概算、预算、结算、竣工结（决）算的编制和审核；

②工程量清单、标底（或者控制价）、投标报价的编制和审核，工程合同价款的签订及变更、调整，工程款支付与工程索赔费用的计算；

③建设项目管理过程中设计方案的优化、限额设计等工程造价分析与控制，工程保险理赔的核查；

④工程经济纠纷的鉴定。

注册造价工程师应当在本人承担的工程造价成果文件上签字并盖章。修改经注册造价工程师签字盖章的工程造价成果文件，应当由签字盖章的注册造价工程师本人进行；注册造价工程师本人因特殊情况不能进行修改的，应当由其他注册造价工程师修改，并签字盖章；修改工程造价成果文件的注册造价工程师对修改部分承担相应的法律责任。

2. 权利和义务。

（1）注册造价工程师享有下列权利：

①使用注册造价工程师名称；

②依法独立执行工程造价业务；

③在本人执业活动中形成的工程造价成果文件上签字并加盖执业印章；

④发起设立工程造价咨询企业；

⑤保管和使用本人的注册证书和执业印章；

⑥参加继续教育。

（2）注册造价工程师应当履行下列义务：

①遵守法律、法规、有关管理规定，恪守职业道德；

②保证执业活动成果的质量；

③接受继续教育，提高执业水平；

④执行工程造价计价标准和计价方法；

⑤与当事人有利害关系的，应当主动回避；

⑥保守在执业中知悉的国家秘密和他人的商业、技术秘密。

（四）继续教育

注册造价工程师在每一注册期内应当达到注册机关规定的继续教育要求。注册造价工程师继续教育分为必修课和选修课，每一注册有效期各为 60 学时。经继续教育达到合格标准的，颁发继续教育合格证明。注册造价工程师继续教育由中国建设工程造价管理协会负责组织。

二、造价员从业资格制度

造价员是指通过考试，取得全国建设工程造价员资格证书，从事工程造价业务的人员。

（一）资格考试

造价员资格考试实行全国统一考试大纲、通用专业和考试科目，各造价管理协会或归口管理机构（简称管理机构）和中国建设工程造价管理协会专业委员会（简称专业委员会）负责组织命题和考试。通用专业分土建工程和安装工程两个专业，通用考试科目包括工程造价基础知识和土建工程或安装工程（可任选一门）。其他专业和考试科目由各管理机构、专业委员会根据本地区、本行业的需要设置，并报中国建设工

程造价管理协会备案。

1. 报考条件

凡遵守国家法律、法规，恪守职业道德，具备下列条件之一者，均可申请参加造价员的资格考试：①工程造价专业中专及以上学历；②其他专业中专及以上学历，工作满 1 年。

工程造价专业大专及以上应届毕业生，可向管理机构或专业委员会申请免试工程造价基础知识。

2. 资格证书的颁发

造价员资格考试合格者，由各管理机构、专业委员会颁发由中国建设工程造价管理协会统一印制的全国建设工程造价员资格证书及专用章。全国建设工程造价员资格证书是造价员从事工程造价业务的资格证明。

（二）从业

造价员可以从事与本人取得的全国建设工程造价员资格证书专业相符合的建设工程造价工作。造价员应在本人承担的工程造价业务文件上签字，加盖专用章，并承担相应的岗位责任。

造价员跨地区或行业变动工作，并继续从事建设工程造价工作的，应持调出手续、全国建设工程造价员资格证书和专用章，到调入所在地管理机构或专业委员会申请办理变更手续，换发资格证书和专用章。

造价员不得同时受聘于两个或两个以上单位。

（三）资格证书的管理

1. 证书的检验

全国建设工程造价员资格证书原则上每 3 年检验一次，由各管理机构和各专业委员会负责具体实施。验证的内容为本人从事工程造价工作的业绩、继续教育情况、职业道德等。

2. 验证不合格或注销资格证书和专用章的情形

有下列情形之一者，验证不合格或注销全国建设工程造价员资格证书和专用章：

（1）无工作业绩的；

（2）脱离工程造价业务岗位的；

（3）未按规定参加继续教育的；

（4）以不正当手段取得全国建设工程造价员资格证书的；

（5）在建设工程造价活动中有不良记录的；

（6）涂改全国建设工程造价员资格证书和转借专用章的；

（7）在两个或两个以上单位以造价员名义从业的。

（四）继续教育

造价员每3年参加继续教育的时间原则上不得小于30小时，各管理机构和各专业委员会可根据需要进行调整。各地区、行业继续教育的教材编写及培训组织工作由各管理机构、专业委员会分别负责。

（五）自律管理

中国建设工程造价管理协会负责全国建设工程造价员的行业自律管理工作。各地区管理机构在本地区建设行政主管部门的指导和监督下，负责本地区造价员的自律管理工作。各专业委员会负责本行业造价员的自律管理工作。全国建设工程造价员行业自律工作受建设部标准定额司指导和监督。

造价员职业道德准则包括：

（1）应遵守国家法律、法规，维护国家和社会公共利益，忠于职守，恪守职业道德，自觉抵制商业贿赂；

（2）应遵守工程造价行业的技术规范和规程，保证工程造价业务文件的质量；

（3）应保守委托人的商业秘密；

（4）不准许他人以自己的名义执业；

（5）与委托人有利害关系时，应当主动回避；

（6）接受继续教育，提高专业技术水平；

（7）对违反国家法律、法规的计价行为，有权向国家有关部门举报。

各管理机构和各专业委员会应建立造价员信息管理系统和信用评价体系，并向社会公众开放查询造价员资格、信用记录等信息。

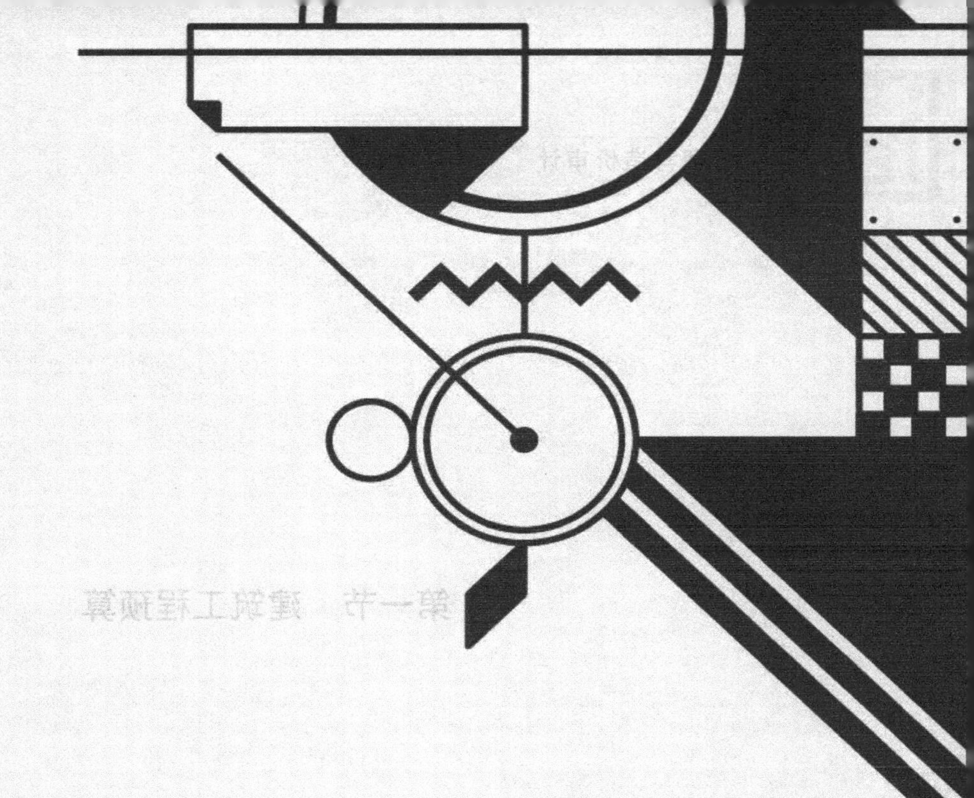

第五章　建设经济管理

第一节 建筑工程预算

一、建筑工程预算在工程造价控制中的重要性

在我国的经济发展中，建筑业的发展起着至关重要的作用，是与我国经济命脉息息相关的重要产业。在建筑工程中，开展施工和管理工作时，建筑企业取得的经济效益、工程建造成本的高低都与工程中的造价预算和成本控制工作密切相关。因此，相关建筑企业必须长期重视研究建筑工程预算在工程造价控制中的重要性，这样才可以更好地使建筑工程预算在整个项目中发挥出作用。

（一）建筑工程预算概述

建筑工程的预算是指在整个项目的施工过程中，遵守国家法律法规，按建筑工程的施工规程和标准，科学、准确地评估建筑施工中各个项目所需资金，合理分配整个工程不同时期的资金投入量。其合理性与科学性决定着整个建筑工程是否能按时按量完工，是否有效保障建筑成本。工程预算是工程造价的起点，好的建筑工程预算不仅可以给施工图纸的设计提供极为重要的参考依据，保证工程投资的合理性，大大有助于建筑施工方案的编制，而且还可使建筑工程不同阶段的成本造价得到有效控制，从而增强工程施工的合理性、科学性，促使建筑企业最大化实现经济效益。

（二）工程预算在工程造价控制中的重要性

1. 加强了工程造价控制的科学性

在进行建筑工程造价的控制工作时，工程预算是工程造价控制的首端，只有计算和评价等阶段完成以后，才能把它编制为工程文件。等编制的建筑工程预算通过相关部门的认可之后，才可以将其制作成所需要的工程计划投资文件，建筑企业合同的签订、贷款等提供主要依据。还有，认真严谨的建筑工程造价预算使建筑施工工作有更强的科学性，使资金周转、材料购进，以及工程施工等各项工作具有充分合理的依据。

2. 有效控制了建筑工程的成本

工程造价的控制和管理主要在建筑施工企业内工程预算的基础上，根据施工图纸，结合资金投入等工程施工消费以实现对建筑工程所有费用的控制。施工预算就是在进行建筑工程施工起价时，对其所需要的物力、人力和设备损耗等情况进行精确的计算，且把施工图纸作为核心依据，结合工程的设计工作，这样才能大大提高工程建筑成本预算的针对性、可靠性和高效性，让工程预算工作变得更有据可依，能使建筑工程造价控制工作更加顺利地进行。

3. 建筑工程设计和决策阶段提供重要依据

建筑施工项目的首要环节就是工程的设计和决策阶段，因此科学地对这一阶段的工程造价进行预算和必要控制具有极其重要的意义。通过加强设计人员的专业水平以及完善设计奖惩制度等方式，使建筑工程的设计和决策阶段的造价成本得到控制。①提高建筑设计人员的专业技术水平，如要求建筑图纸设计人员充分掌握本专业的预算技能、建筑行业材料设备的价格等；②使用限额设计法，就是在保证设计质量的前提条件下，大力降低成本，减少资源投入，使技术和经济高度统一；③制定完善的设计奖惩制度，对优秀的建筑工程设计者进行大力奖励和表扬，反之则进行相应的惩罚。

4. 工程预算在建筑工程施工中的作用

建筑工程项目的核心阶段就是建筑施工阶段，此阶段直接影响着建筑物的可靠性、牢固性及安全性，并且是资金投入较大的环节之一，必须控制好此阶段的工程造价，因为其对相关建筑企业的效益有着无比巨大的影响。①对建筑工程的整个成本造价控制系统要不断地补充和完善，只有在具备比较完善的控制系统的条件上，才能充分实现对建筑工程的统筹管理和控制，从而更好地进行建筑工程造价控制的工作；②必须重视工程合同，严格管理好所有的合同，减少工程合同的更改次数，尽力避免因工程合同的变动而导致资金投入量的增加；③工程资金严格规范管理，对资金进行专人专户管理，从而有效地实现对工程造价的控制。

5. 工程预算在工程竣工结算时的作用

整个工程竣工后，各个阶段的所有工程预算应逐一进行检查，避免有误，然后统一汇总、存档，并对其加以控制。①要收集所有与建筑工程造价有关联的资料并放到一起，认真整理，将其存入计算机信息系统，做好备份防止其丢失，对日后的数据和资料的查询工作提供了大大的便利，节省了时间，也满足了对工程造价的总体控制需要；②必须严格把控好工程竣工时的各个结算环节，要求所有人员必须对每一项造价项目进行仔细、认真地核实和审查，防止出现实际支出与工程造价存在重大的出入和不符的情况，一旦发现有问题，应及时有效解决，否则会严重影响到建筑工程的总造价和成本控制。

（三）加强建筑工程预算在工程造价中重要性的途径

1. 重视工程造价管理人员的专业技能

工程造价控制管理是一项有着较高的专业性、知识性和实用的地工作，因此对工程造价管理人员也要有相应比较高的专业素质。工程造价控制工作具有许多目标，为了按要求及时完成这些目标，需要做到以下几点：

（1）保证相关管理人员具备良好的专业技能和强烈的职业责任感。

（2）要求相关人员对建筑工程预算的常用专业知识、建筑行业市场和国家的各项法律法规有充分的了解。例如，定期开展工程预算、造价控制等方面的培训讲座，并把参加培训讲座也作为绩效考核之一，给大家提供丰富的交流及学习提升的机会。

（3）建立一套完备的竞争淘汰机制，这样就可以使相关的建筑工程管理人员在内心深处时刻认识到提升自身技能和素养的重要性，不仅促使了管理工作者提高了自身的专业能力和技术水平，而且对企业本身的实力和经济效益也非常有利。

2. 加强控制工程施工设计阶段的造价

建筑工程的施工设计是指从最开始的设计构想到设计制订详细计划的实施过程。在开展建筑工程施工设计工作的时候，首先就是要把握好施工设计的标准、规范和尺度，并有机结合相关经济指标与施工设计要求，才能更好地把工程造价的控制工作做好。

（1）在建筑工程施工期间，尽可能地不要变更施工图纸或一定要减少施工图纸变更频率。一旦施工设计的图纸发生变更，就会对建筑工程预算产生极为恶劣的影响，对科学控制工程造价造成不便。事实证明，在建筑项目施工过程中的设计图纸变更越多，相应的就会增加工程的成本造价。所以在施工之前一定要充分论证，做好各项调查分析工作，保证施工设计图纸的完善性，更好地降低工程的成本投入。

（2）建立完善的竞争淘汰机制，仔细考虑各种情况，选择最合适的方案。建筑工程的方案设计基本是靠专业的建筑行业设计院进行设计的，在工程建设中，完善方案设计竞争制度对设计成本的控制能起到非常重要的作用。

3. 加强对建筑工程预算的审核监管

必须对建筑工程进行严格的审核和监督，这样才能确保建筑工程预算的科学性、合理性和高效性，要想真正发挥出建筑工程预算的重要作用，就必须严格审核建筑工程，加强对相关单位和相关管理人员的监管。

（1）在进行工程预算审核的工作时，建立一套科学的审核方法和切实可行的规章制度出来，明确相关单位的角色和承担的权责，一旦出现问题，根据所属权责追究相应单位个人的责任。

（2）建筑企业的审计部门应当时刻注意审核各种弄虚作假行为和超预算现象，如套价、工程量和材料价差等容易出问题的方面。

（3）建议一套完备的工程预算监督标准，规范预算管理工作者的预算工作，提高建筑工程预算的质量，这样才能坚实地控制工程造价工作，促进企业实现经济效益最大化。

二、建筑工程预算存在的问题及对策

建筑工程预算是指建筑工程执行单位就建筑工程的设计图纸，遵循国家或者各地方关于工程各类费用标准，如工程各项工序材料定额、材料造价等，做好建筑工程每道工序所要用的投资金额计划预算，以便建筑工程能够按照规定要求完成建设。建筑工程预算的目的就是能对工程进行有效控制，以便合理地使用建设建筑款项。同时，建筑工程作为工程建设的不可缺少的重要工序，它不仅是对工程建筑投资金额的事先规划，而且也是作为建筑工程执行单位开展招投标、确定施工合同及结算工程款项的重要凭证。所以，科学合理地做好建筑工程预算，对确保建筑工程造价及控制工程开支都是极为重要的。

（一）目前我国建筑工程预算存在的问题

随着我国建筑业的蓬勃发展，建筑工程所存在的问题日渐凸显，如烂尾楼越来越多、工程质量粗劣等，这些问题很大程度上都与建筑工程预算有关。工程预算不合理，不可避免地会造成工程建设执行过程不严谨。

1. 建筑工程整体统筹预算体系不完善

目前，我国建筑工程评估单位在进行建筑工程预算时，绝大部分使用的方法都是定额预算。这种工程定额预算比较固定化，动性不足，弹性小，且工程定额预算是不分区域性的。但是，我们的工程建筑是有地域性的，如工程所需的材料、人工物价水平、工程建设设备造价、工程基建建设造价等，它们的造价存在很大差异性。在不同的区域环境下，使用建筑工程定额预算，一概而论地就按照统一的工程定额进行预算，这样的建筑工程预算是极其不合理的，且脱离实际的区域造价，只会让工程造价错误百出。

2. 整体专业技术水平不高

对于工程预算，建筑工程执行单位通常不是交给正规的工程造价评估单位进行制定工程预算，而是临时的组建一个工程预算团队进行工程预算。临时组建预算管理团队，往往没有特别专业的工程预算技术水平，对于工程预算各项工序并不能合理地评估，有时可能会扩大预算规模或者缩减预算定额，甚至有时候，某些建筑工程执行单位采取先施工后预算，这些做法都不能对工程预算进行合理规划。此外，由于缺乏正

规化的管理，临时组建的工程预算管理团队，并没有建立有效的激励体制以激励预算管理人员积极工作。对于这样既无高超专业的预算技术水平，又无有效的激励机制的预算团队，显然是做不好工程预算的。

3. 缺乏对全阶段工程预算管理意识

全阶段建筑工程预算管理所涉及的部门是很多的，如工程设计单位、银行、工程建设单位、施工单位及各行政部门。预算管理部门要想做好工程预算，必须要与上述单位进行有效的沟通。但是，预算管理部门在进行工程预算时往往都是阶段性的，这种全阶段性沟通管理预算意识并不强，沟通并没有做好，预算的有效沟通不足，使得预算信息不健全，导致预算管理部门在计划工程预算时不准确、不合理。

（二）优化建筑工程预算管理的对策

1. 改变建筑工程预算的定额管理体系

动态管理机制让预算系统更加具有弹性，切合市场需求。建筑工程预算管理单位在制定工程预算时，一方面要把预算置身于当地的工程建设市场中，参照当地的工程原材料价格、物价人工费、设备管理费等具体价格科学合理地规划工程预算，切不可一概而论地以某一个工程预算定额来做为限定的预算。另一方面，工程预算要实行动态预算管理，既根据当地基本物价水平制定工程预算定额，又要考虑到每个时间段市场物价水平浮动，以进行实时的调整工程预算定额。这样的动态预算管理，能在保持工程预算基本稳定的基础上，不断根据市场及工程施工进展调整预算，这就合理规划了工程预算造价，保证了工程预算的准确定性和真实性。

2. 建立一套完整统一的建筑工程预算体系

建筑工程预算管理单位，要想把建筑工程预算计划做得既准确又合理，闭门造车是不可能的，必须与建筑预算有关联的单位进行有效的沟通，如工程设计单位、建设单位、施工单位、银行系统及各部级行政单位，这些单位是直接或者间接的与建筑工程预算有联系。工程预算管理单位只有跟上述单位进行全面的沟通，了解完整的工程预算信息，才能制定出一套准确合理的工程预算。与众多部门进行有效沟通联系，这就需要一套完整的预算管理体系，促进各部门的沟通无障碍。例如，建筑工程行政单位，要健全各项有关法律法规，使得工程预算有法可依；设计单位要按照国家建筑标准进行设计；建设单位，要设立专门的项目预算管理及工程监督部门；施工单位，要严格执行预算，杜绝资源的浪费。总而言之，这一套完整的工程预算体系，就是为了促进工程预算顺利实行。

3. 提高建筑工程预算管理人员专业水平

建筑工程预算管理部门在进行制定工程预算计划时，一方面可以把建筑工程预算交由专业的建筑工程造价单位进行制定预算；另一方面，也可以整合预算专业人员资源，以具有高超工程专业技能水平为选人标准，组建工程预算管理小组，制定工程预算计划，这样就能保证工程预算的专业性、准确性、合理性。此外，建筑工程预算管理单位根据实际情况，制定有效的奖罚制度，增强预算人员的工作责任心，调动人员的工作积极性，提高工作的热情。这些措施都能有效促进工程预算的正规运转。

三、保证建筑工程预算准确性的措施

（一）现行建筑工程预算准确性的状况

1. 施工单位不重视工程预算

由于建筑工程项目进行的建设时间长，同时需要合作工作的部门多，这就在客观上导致建筑工程预算具有各种复杂的特征。在实际操作中，很多建筑单位为了节省不必要的麻烦和资金，他们常常在建筑项目开始前忽略工程预算这项重要的步骤而直接开展工程建设，结果就导致项目在建设期间因为资金不足而不得已停工，这不仅延长了完工的期限，也浪费了大量的劳动资源。因此，我们对建筑工程预算问题的分析应该分层次、分阶段地展开，这就需要对建设工程项目的各个阶段进行预算控制。

2. 建筑工程预算失误多

在建筑工程进行过程中，技术人员时常根据具体的需要对工程图纸进行不断的更新变化来适应工程进度，对不足的地方进行及时补救来确保工程项目的顺利开展。面对这样的变化，我们的工程预算人员常常由于各方面的限制无法及时更新预算，这样就在间接层面上造成了工程预算的失误；还有就是预算人员自身由于对工程预算知识掌握的不牢固及缺乏一定的实战经验，对工程图纸的解读也不够精细准确，进而导致计算失误，这就降低了工程预算的准确性。

3. 建筑工程预算不科学

工程项目的实施阶段是建筑施工企业所面临的最重要的环节，它也是确保工程顺利进行的关键阶段。由于在具体的实施过程中会遇到各种各样意想不到的问题，因此在此过程中要加大工程预算工作的开展。但在我国建筑工程的管理中，很多建筑施工企业单位忽视并且违反正确的工程预算流程，导致施工现场混乱，甚至时常有不好的事情发生，严重影响了工程的进度，某些人被经济利益所驱使，开始悄悄利用职务之便从中获取利益。

（二）保证建筑工程预算准确性的措施

在上述描述中，我们可以清楚地了解到我国建筑施工企业在工程预算方面存在的问题，更加清楚地知道加强工程预算对于建筑企业工程项目的顺利实施的重要性。为改变这种不理想的现状，我们就应该采取合理有效的措施加以管理。

1. 重视建筑工程预算

我们常说观念会改变一个人，在做一件事情时也是如此。想要提升工程预算的准确性并让它在建筑工程项目中发挥它应有的作用，我们应该利用各大宣传媒体对它进行有效的宣传，逐渐改变建筑人员的观念，让他们清楚地意识到工程预算在开展项目过程中所占据的重要地位。

2. 制定建筑工程预算的管理制度

一项建筑工程的进行涉及多方面的项目，难免会出现有些施工单位为了牟取利益而丧失道德操守，降低材料的质量要求，很多的建筑安全事故就是在此情况下发生的。这就要求建筑施工企业采取合理方法去处理工程进展、工程质量与工程预算的关系，不能只关心其中一方而忽略了其他，而是想方设法将他们有机结合，实现企业经济效益的最大化。

3. 加强创新，提升科学性

对于建筑工程预算准确性的提升，我们要求工作人员对项目的设计图纸有一个充分的理解和认识，只有在此基础上才能做好工程项目的预算，才能确保工程项目的顺利进行。不仅要贯彻落实我国的各项方针政策、规章制度及法律法规等，顺应工程项目施工工艺的规定要求，不断满足我国构建社会主义及改革开放的发展需求，而且也要能及时加入新时代的新技术，以实现预算措施的创新。

四、加强建筑工程预算管理

（一）工程预算在建筑企业运用管理中有一定的必要性

1. 加强建筑工程施工企业招商投标的竞争力

现在的建筑行业竞争颇为激烈，而大部分建筑工程对施工企业的招商投资都比较看重工程预算这部分，一个好的预算评估可以大大提升投标的可能性，而投标的成功也是一个工程顺利开展的关键性因素。在招商投标过程中可以参考前人积累的经验把握好招商目标并对项目方案进行专业的分析，加大对资金投入的管理和掌控，这样才能有效地加大企业自身的竞争力。

2. 分配建筑工程企业开展中的资金投入

在工程开展之前，施工企业可以通过对招商公司、企业的投标协议和项目资金投入情况进行一定的了解，收益点和亏损点必须清楚明了。此外，抓住企业工程运算管理中的核心部分，工程的计量和量化，环节的变化和更改，工程的隐秘性和新技术材料、设备的引进等。这样一来，依照项目方案中对预算资金的合理分配，加大对核心内容的监控，以免造成资金流失、不正规调用、资金不足等问题，这对施工企业最终所得的利益多少有重要影响。

（二）施工企业在工程预算管理中存在的一系列问题

1. 对于预算管理的关注不够高

现在的施工企业中的确设置了很多类似于工程预算管理的部门，但是对于预算管理概念不了解，不清楚预算管理对于企业本身和施工项目的重要意义，缺乏对预算管理的关注和重视。在实际应用中，预算管理不能准确有效地发挥其本身的作用，更严重的是会妨碍工作进展的顺利进行，施工企业的运转速度和效率也受到极大影响。

2. 预算的定额分配体系还是有一定不足

新技术的出现给传统工艺技术带来了一定的冲击，无论在形式和内容上都有很大的差异，这就造成了预算额度分配的困难。然而实际运用中，预算额度体系中还没有明确的分配设置，因此使工程预算定额无法运行。同时，加上地区的不同和类型的不同，会存在不同的预算方案编排，这些都是正常现象，可能会对施工企业造成诸多的不利影响。

3. 预算管理的责任分担不够明确

目前建筑企业工程中较为混乱的责任分担造成各阶级对自身责任不能明确地了解，大量的权职交叉混乱，缺乏一致的职责标准，如若预算管理权力涣散，那么就算预算项目计划方案是完整的，也很难被最大程度地利用。工程建设过程中的一些问题无法有效地完成审查和督促，这对企业的长远发展目标颇为不利。

4. 预算管理目标不够明确

为了保证工程预算管理的可施展性，在预算管理前必须先确定一个合理的目标来确保合理性。然而在实际确立目标的时候，可能会偏低或者偏高，偏低无法激起工人的斗志，工人会缺乏积极性；偏高会偏离了工程运转实际，过高的利润无法达到。因此在设定预算管理目标时，施工企业要结合此项工程的主开发单位、合作单位、部门的责任分配，审查通过率、资源配置等等。明确合理的目标是保证企业正常运转的前提条件，促进企业良好健康发展是我们的共同目标。

（三）施工企业在工程预算管理中应该采取的措施

1. 提高管理人员的素质和收集预算

提高施工工程预算的质量，可以根据预算计划从管理员的素质水平。资料的采集和运用等方面着手。管理员的素质水平对预算的好坏起着决定性作用，因此对管理员进行综合素质培训是有必要的。可以开辅导班对管理人员进行专业知识的讲解，让管理人员对工程的图纸、相关技术、工程造价等有更加深入的了解。此外，如经济和法律法规等有关的工程知识都是保证工程预算合理完善的重要因素。定额分配、清单计算等都具有一定的专业技巧性，对企业收益有一定的确保性。一个有良好质量保障的预算管理需要有丰富完整的相关资料，如招商协议文件，工程的设计图纸和现场实地

勘察、工程造价、技术支持、资源配置、经济市场价格波动、相关施工材料的比对和校核、资金投入方向等一系列内容。

2. 工程投标预算的收益控制必须做好

对工程利益的控制、获得更大的利润才是一项工程的最终目标，投标预算的汇总评估和具体化的工程管理在很大程度上体现了投标的利益控制。这要求施工企业能够准确无误地计算并判断出项目方案中清单的工程数目计算，核对清单工程数目的真实性，同时对设计图纸进行审核和计算。若发现工程计算有误，不能随意对它更改，要利用不平衡的报价方法以求获得更大利益，工程后期再向施工单位索要赔偿等。

3. 对工程预算进行信息化技术管理

超出预算和超出额度是建筑施工企业资金分配方面常常出现的问题，相关信息传递不准时往往会造成资金使用状况的不明了，资金用在哪，如何使用不得而知。因此，加大对资金的信息技术性管理来保证资金有明确的投入和使用去向，从而具有一定的完善性和时效性，在确保预算计划的正常开展下及时有效地防止资金流失和乱用的情况，大大提升工程预算管理的技术水平。

4. 加强对工程预算的审查和检阅

审查和检阅也是提高工程预算管理准确性的重要方法之一，是工程预算过程中必不可少的过程。严格地依据相关规定对各阶段资金使用情况进行及时有效地审核和检阅，避免谎报、欺瞒的不良现象出现，这对确保整个工程顺利开展和工程预算有重要影响作用。

五、创新建筑管理机制

（一）大幅度地削减审批项目

创新监管机制必须从削减审批开始，如果不能大幅度从根本上精减审批，我们就无法把提高政府行政效率落到实处。首先，我们从市建委分管领导自身开始，把建委领导自身手中的权力精减下去，对精减方式我们逐步论证，采取了不同形式，按照法律法规，可以废止的全部废止，能够消弱和弱化的改为备案；能够交给市场的交给市场；能够下放给行业协会的下放给协会。市建委原有的 118 项审批目前削减到 31 项，建委只保留了 8 项，另外 23 项下放给建管局。在精简压缩后，我们把保留下来的项目又率先进行了工作流程的统一和规范。在数量压缩后，我们认为，在本身的环节上，为克服人为因素、不规范因素、不定性因素的影响，我们规定了工作流程，所有审批事项和工作必须通过 4 个环节进行：①受理简复；②资料审查；③审批结果公示；④发放审批凭证。为强化政务公开，更好地服务于企业和基层，市区可以建立“建设工程信息网”，将市建委所有的审批项目在网上公示及时，发布国内外最新动态信息，通过互联网在政府和市场主体之间架起一道桥梁。

（二）设立了建设工程报建服务大厅

本着公开政务行为，使政府管理处于社会和群众的监督之下的思路，结合机构改革和职能调整，应该把建委审批事项的内容、程序、要求、时限和监督等行政行为，全部向社会进行公布，实现政务公开的制度化和规范化。并要再在建管局建立集管理、服务、监督、信息、行政收费五项功能为一体的工程建设报建服务大厅，赋予“服务大厅”四个功能：

1. 信息完备

建设领域涉及到的信息量、咨询量非常丰富，各建设、施工、建材等市场主体，很需要在一个规范的场所获得所需要的各种信息，如政府的法律法规、标准、规范、办事程序、市场动态、企业情况、相互关系等。建立大厅的初衷首先就是让来办事的市场主体能够比较方便地获得各种信息。为此，要在大厅设置了大型电子显示屏、触摸屏、公示栏，以及随时可以取阅的文件架、服务指南，让群众都能通过大厅获得他们想知道的，为他们提供最大的方便。

2. 服务完善

要使办事人员感到“被人尊重”，彻底改变到政府办事就像到衙门的印象，要创造一个好的氛围，努力使办事人员进入大厅就能体验到“尊重”两个字，处处受到尊重。

3. 手续便捷

主要体现在以下方面：一是要采用一站式、一厅式。设立一站式、一厅式，把建委、建管局所有办事部门集中到一个点上，在大厅里设置了多个个窗口，把涉及到建委和建委之外的白蚁防治、散装水泥、保险等都纳入到大厅之中，极大地方便了办事人员，二是要通过一站式、一厅式整合了许多手续。实现了批办环节的有机联动，每一个审查环节相互衔接流转，前面审查过的内容，后面不再审查，从而简化了一大批手续。三是要采取了即收即办制度，杜绝了柜台人员形同虚设、最终审批权还在部门的现象，对即办件，只要符合标准和手续，处长要先行授权，实现了由人治向标准靠拢；对限办件，需要上报，不能当场办理的限定时间，承诺完成时限，大厅工作人员工作时间不应该空岗，不能因为哪一个岗位的缺岗影响整个环节，这些做法都对提高效率有非常明显的效果。

4. 监督科学

大厅设立之后，我们逐步完善了有关的监督机制。

（1）实行公示制度，全面公开办事依据、内容、程序、时限，特别是对招标投标、资质评审、各类评优三项建设领域较为敏感的内容进行公示，这项制度解决了过去人为的掌握标准问题，消除了社会以前对我们的误解；

（2）健全社会监督制度，我们分别聘请了人大、政协及社会各个层面人员任监督员，不同形式收集反馈意见，参与我们的活动，如纪检、公证，包括监察单位，都不同形式地进驻服务大厅，对我们的工作运行进行公开的监督；

（3）建立举报奖励制度，把奖金分为若干等级，对查实的举报案件，根据案件重要程度和举报人贡献大小，给予奖励，最高奖金可达一万元。

第二节 工程招标投标

一、国内外建设工程招标投标的发展现状

（一）国外招投标的通行做法及准则

从总体上讲，世界各地委托的主要方式可以分为4种，即世界银行推行的做法、英联邦地区的做法、法语地区的做法、独联体成员国的做法。本书之中我们只介绍世界银行推行的做法和英联邦地区的做法，如下：

1. 世界银行推行的做法

世界银行作为一个权威性的国际多边援助机构，具有雄厚的资本和丰富的组织工程承发包经验，世界银行以其处理事务公平合理和组织实施项目强调经济实效而享有良好的信誉和绝对的权威。世界银行已积累了多年的投资与工程招投标经验，制订了一套完整而系统的有关工程承发包的规定，且被许多多边援助机构尤其是国际工业发展组织和许多金融机构，以及一些国家政府援助机构视为模式，世界银行规定的招标方式适用于所有由世界银行参与投资或贷款的项目。

世界银行推行的招标方式主要突出3个基本观点：①项目实施必须强调经济效益；②对所有会员国，以及瑞士和中国台湾地区的所有合格企业给予同等的竞争机会；③通过在招标和签署合同时采取优惠措施鼓励借款发展本国制造上和承包商（评标时，借款国的承包商享有7.5%的优惠）。

凡有世界银行参与投资或提供优惠贷款的项目，通常采用以下方式发包：国际竞争性招标，也称国际公开招标；国际有限招标，包括特邀招标；国内竞争性招标；国际或国内选购；直接采购；政府承包或自营方式。

世界银行推行的国际竞争性招标要求业主方面公正表述拟建工程的技术要求，以保证不同国家的合格企业能够广泛参与投标，如引用的设备、材料必须符合业主的国家标准，在技术说明书中必须陈述也可以接受其他相等的标准，这样可以消除一些国家的保护主义给招标工程笼罩的阴影。此外，技术说明书必须以实施的要求为依据。世界银行作为招标工程的资助者，从项目的选择直至整个实施过程都有权参与意见，在许多关键问题上如招标条件、采用的招标方式、遵循的工程管理条款等都享有决定性发言权。

凡按世界银行规定的方式进行国际竞争性招标的工程，必须以国际咨询工程师联合会制定的合同条件为管理项目指导原则，而且承发包方还要执行由世界银行颁发的3个文件，即世界银行采购指南、国际土木工程施工合同条件、世界银行监理指南。世界银行推行的做法已被大多数国家奉为模式，无论是世界银行贷款的项目，还是非世界银行贷款的项目，也越来越广泛地效仿这种模式。

除了推行国际竞争性招标方式外，在有充足理由或特殊原因情况下，世界银行也同意甚至主张受援国政府采用国际有限招标方式委托实施工程。这种招标方式主要适用于工程额度不大、投标商数目有限或其他不采用国际竞争性招标理由的情况，但要求招标人必须接受足够多的承包商的投标报价以保证有竞争力的价格。另外，对于某些大而复杂的工业项目，如石油化工项目，可能的投标者很少，准备投标的成本很高，为了节省时间，又能取得较好的报价，同样可以采取国际有限招标。

除了上述两种国际性招标外，有些不宜或毋须进行国际招标的工程，世界银行也同意采用国内竞争性招标、国际或国内选购、直接采购、政府承包或自营等方式。

2. 英联邦地区的做法

英联邦地区包括原为英属殖民地的国家的许多涉外工程的承包，基本上按照英国做法。

从经济发展角度看，大部分英联邦成员国属于发展中国家，这些国家的大型工程通常求援于世界银行或国际多边援助机构，也就是说要按世界银行的做法发包工程，但是他们始终保留英联邦地区的传统特色，即以改良的方式实行国际竞争性招标。他们在发行招标文件时，通常将已发给文件的承包商数目通知投标人，使其心中有数，避免盲目投标。英国土木工程师学会合同条件常设委员会认为国际竞争性招标浪费时间和资金，效率低下，常常以无结果而告终，导致很多承包商白白浪费钱财和人力。他们不欣赏这种公开的招标，相比之下，选择性招标即国际有限招标则在各方面都能产生最高效益和经济效益。因此，英联邦地区所实行的主要招标方式是国际有限招标。

国际有限招标通常按以下步骤进行：

（1）对承包商进行资格预审，以编制一份有资格接受邀请书的公司名单。被邀请参加预审的公司提交其适用该类工程所在地区周围环境的有关经验的详情，尤其是承包商的财务状况、技术和组织能力及一般经验和履行合同的记录。

（2）招标部门保留一份常备的经批准的承包商名单。这份常备名单并非一成不变，通过实践对新老承包商的了解不断加深，进行调整更新，使业主在拟定委托项目时心中有数。

（3）规定预选投标者的数目，一般情况下，被邀请的投标者数目为一家。项目规模越大，邀请的投标者越少，在投标竞争中强调完全公平的原则。

（4）初步调查。在发出标书之前，先对保留在名单上的拟邀请的承包商进行调查，一旦发现某家承包商无意投标，立即换上名单中的另一家代替，以保证所要求投标者的数目。英国土木工程师协会认为承包商谢绝邀请是负责的表现，这一举动并不影响其将来的投标机会。在初步调查过程中，招标单位应对工程进行详细介绍，使可能的投标人能够了解工程的规模和估算造价概算，所提供的信息应包括场地位置、工程性质、预期开工日、主要工程量，并提供所有的具体特征的细节。

（二）我国招投标的发展和现状

1. 我国招投标的发展历程

以招标方式在我国的变化为依据，整个招标投标的发展过程可以划分为 3 个发展阶段。

（1）第一阶段：招标投标制度初步建立。

① 20 世纪 80 年代，我国招标投标经历了试行—推广—兴起的发展过程，招标投标主要侧重在宣传和实践，还处于社会主义计划经济体制下的一种探索。

② 20 世纪 80 年代中期，招标管理机构在全国各地陆续成立。有关招标投标方面的法规建设开始起步，国务院颁布暂行规定，提出改变行政手段分配建设任务，实行招标投标，大力推行工程招标承包制。同时，原城乡建设环境保护部印发了建筑安装工程施工和设计招标投标的试行办法。根据这些规定，各地也相继制定出台了适合本地区的招标管理办法，开始探索我国的招标投标管理和操作程序。

③招标方式基本以议标为主，在纳入招标管理项目中约 90% 是采用议标方式发包的，工程交易活动比较分散，没有固定场所，这种招标方式很大程度上违背了招标投标的宗旨，不能充分体现竞争机制。招标投标很大程度上还流于形式，招标的公正性得不到有效监督，工程大多形成私下交易，暗箱操作，缺乏公开公平竞争。

（2）第二阶段：招标投标制度规范发展。

20 世纪 90 年代初期到中后期，全国各地普遍加强对招标投标的管理和规范工作，相继出台一系列法规和规章，招标方式已经从以议标为主转变到以邀请招标为主。这一阶段是我国招标投标发展史上最重要的阶段，招标投标制度得到了长足的发展，招标投标管理体系基本形成，为今后进一步完善招标投标制度打下了坚实的基础。

①全国各省、自治区、直辖市、地级以上城市和大部分县级市相继成立了招标投标监督管理机构，工程招标投标专职管理人员不断壮大，全国已初步形成招标投标监督管理网络，招标投标监督管理水平也不断地提高。

②招标投标法制建设步入正轨，从1992年建设部第23号令的发布到1998年正式正式施行《建筑法》，从部分省的《建筑市场管理条例》和《工程建设招标投标管理条例》到各市制定的有关招标投标的政府令，都对规范建设工程招标投标行为和制度起到了极大的推动作用，特别是有关招标投标程序的管理细则也陆续出台，为招标投标在公开、公平、公正前提下的顺利开展提供了有力保障。

③ 1995年起全国部分地区建立建设工程交易中心，其主要职能是把管理和服务有效地结合起来，初步形成以招标投标为龙头，相关职能部门相互协作的具有“一站式”管理和“一条龙”服务特点的建筑市场监督管理新模式，为招标投标制度的进一步发展和完善开辟了新的道路。工程交易活动已由无形转为有形，隐蔽转为公开，信息的公开化和招标程序的规范化有效遏制了工程建设领域的腐败行为，为在全国推行公开招标创造了有利条件。

（3）第三阶段：招标投标制度不断完善。

随着建设工程交易中心的有序运行和健康发展，全国各地开始推行建设工程项目的公开招标。《招标投标法》根据我国投资主体的特点已明确规定我国的招标方式不再包括议标方式，这是一个重大的转变，它标志着我国的招标投标的发展进入了全新的历史阶段。

①招标投标法律、法规和规章不断完善和细化，招标程序不断规范，必须招标和必须公开招标范围得到了明确，招标覆盖面进一步扩大和延伸，工程招标已从单一的土建安装延伸到道桥、装潢、建筑设备和工程监理等。

②全国范围内开展的整顿和规范建设市场工作和加大对工程建设领域违法违纪行为的查处力度，为进一步规范招标投标提供了有力保障。

③工程质量和优良品率呈逐年上升态势，同时涌现出一大批优秀企业和优秀项目经理，企业正沿着围绕市场和竞争，强化质量和信誉，突出科学管理的道路迈进。

④招标投标管理全面纳入建设市场管理体系，其管理的手段和水平得到全面提高，正在逐步形成建设市场管理的“五结合”，一是专业人员监督管理与计算机辅助管理相结合；二是建筑现场管理与交易市场管理相结合；三是工程评优治劣与评标定标相结合；四是管理与服务相结合；五是规范市场与执法监督相结合。

⑤公开招标的全面实施在节约国有资金、保障国有资金有效使用以及从源头防止腐败滋生等方面起到了积极作用。目前我国的市场在一定程度上还存在着政企不分，

行政干预多、部门和地方保护、市场和招标操作程序不统一规范、市场主体的守法意识较差、过度竞争、中介组织不健全等现象。《招标投标法》正是国家通过法律手段来推行招标投标制度，以达到规范招标投标活动，保护国家和公共利益，提高公共采购效益和质量的目的。它的颁布是我国工程招标投标管理逐步走上法制化轨道的重要里程碑，必将对当前乃至今后一段时期的建设市场管理产生深远的影响，并指导着招标投标制度向深度和广度发展。

依照《招标投标法》第10条的规定，我国建设工程施工招标方式分为公开招标和邀请招标。

（1）公开招标及其程序。公开招标是指招标单位通过报刊等发布招标通告，有意投标的承包商均可参加资格审查，审查合格后的承包商可购买招标文件，进行投标的招标方式。公开招标的优点是有较多的承包商参与竞争，业主选择余地大，有利于保证工程质量、缩短工期和降低工程造价。但公开招标也存在招标工作量大，组织工作复杂，招标过程所需时间较长，投入人力和物力较多等缺点。公开招标方式主要适用于较大型且工艺和结构较复杂的建设项目。

（2）邀请招标及其程序。邀请招标是由招标单位向符合其工程承包资质要求，且工程质量及企业信誉都较好的建筑施工企业发出招标邀请函，约请被邀单位参加工程施工投标。邀请招标的工程通常是有特殊要求或保密的工程，所邀请的投标企业不得少于3家。招标单位发出招标邀请书后，被邀请的施工单位可以不参加投标。招标单位不得以任何借口拒绝被邀请单位参加投标，否则招标单位应承担由此引起的一切责任和损失。邀请招标的程序基本上与公开招标相同，其不同之处只在于没有资格预审，但增加了发出投标邀请函的步骤。

2.我国建设工程施工招标投标程序

这里主要介绍建设工程施工公开招标的程序，共有16个环节：

（1）建设工程项目报建。建设工程项目报建内容主要包括工程名称、建设地点、投资规模、资金来源、当年投资额、工程规模、结构类型、发包方式、计划竣工日期、工程筹建情况等。

（2）审查建设单位资质。

（3）招标申请。凡招标单位有上级主管部门的，需经该主管部门批准同意后方可进行招标。

（4）资格预审文件、招标文件编制与送审。公开招标采用资格预审时，只有资格合格的施工单位才可以参加投标。不采用资格预审的公开招标应进行资格后审，即在开标后进行资格审查。资格预审文件和招标文件须报招标管理机构审查，审查同意后可刊登资格预审通告、招标通告。

（5）工程标底价格的编制。

（6）刊登资格预审通告、招标通告。我国《招标投标法》指出，招标人采用公开招标方式的，应当发布招标公告。

（7）资格预审。《招标投标法》规定招标人可以根据招标项目本身的要求，在招标公告或投标邀请书中，要求投标人提供有关资质证明文件和业绩情况，并对潜在投标人进行资格审查。国家对投标人的资格条件有规定，依照其规定，招标人不得以不合理的条件限制或者排斥潜在投标人，不得对潜在投标人实行歧视待遇。资格预审审查的主要内容包括投标单位组织与机构和企业概况，近年完成工程的情况，目前正在履行的合同在财务、管理、技术、劳力、设备等方面的情况，其他资料等。

（8）发放招标文件。

（9）勘察现场。

（10）投标预备会。投标单位在领取招标文件、图纸和有关技术资料及勘察现场时提出的疑问、问题，招标单位可通过投标预备会进行解答。

（11）投标文件的编制与递交。

（12）工程标底价格的报审。

（13）开标。

（14）评标。

（15）中标。

（16）合同签订。

3. 我国建设工程施工招标投标的现状

我国的经济制度基础是生产资料公有制，整个经济体制正处于向完善的社会主义市场经济体制过渡时期，因此我国的招标投标制与世界上许多国家相比，具有一些突出的特点。

（1）具有中国特色的招标范围和管理机构

由于我国是生产资料公有制为主体的国家，政府和公有制企事业单位投资占全社会固定资产投资的绝大多数，因此我国强制招标的范围较大，主要包括政府和公有制企事业单位投资的限额以上建设工程。招标方式分为公开招标、邀请招标和议标，其中公开招标和邀请招标属于竞争性招标，得到政府的大力提倡；议标属于特殊形式的招标，受到严格限制。

我国对招标投标的日常监督管理主要通过全国各级建设工程招标投标管理办公室进行，该管理办公室属于政府授权管理建设工程招标投标的事业单位，其基本管理职能是工程报建、招标投标、建设单位资格管理、工程合同管理、发承包代理单位管理和市场行为的检查监督，以及工程发包承包全过程的监督管理。目前全国绝大多数地

级以上城市建立了招标投标管理办公室，部分省市的县市、区成立了招标投标管理机构，工作人员配备齐全，为推动我国招标投标工作起了关键性的作用。

（2）全国性法规和地方性法规互为补充的招标投标法规体系

目前全国多数省、自治区、直辖市人大颁发了《建筑市场管理条例》，这些市场管理条例都把招标投标列为重要内容；有部分省、自治区、直辖市颁发了《建设工程招标投标管理条例》。在这些地方性法规出台后，很多地方还制定了与之配套的规章和规范性文件，包括报建、招标代理、招标申报、招标文件及标底管理审查，开标、评标、定标、百分制评标等方面的管理规定。这些法规和规范性文件的颁布执行，构筑起各地招标投标的基本框架。

（3）以标底为中心的投标报价体系

标底是依据全国统一工程量计算规则、预算定额和计价办法计算出来的工程造价，是投资者对建设工程预算的期望值，也是评标的中准价。设立标底是针对我国目前建设市场发育状况和国情而采取的措施，是具有中国特色的招标投标制的具体表现。标底需要经过招标办的审查，以保证其准确性和权威性。开标前标底是保密的，任何人不得泄露标底。为减少标底泄密现象的发生，招标投标管理机构审定标底的时间是在投标截止之后，开标之前。标底有一定的上下浮动范围，在浮动范围内投标报价有效，超出浮动范围的投标报价无效。采取这些措施的目的是制止盲目压价，保护招标投标双方的合法权益，保证工程质量。

（4）以百分制为主体的评标定标办法

我国大部分地区采用的是百分制评标办法，即设立造价、质量、工期、信誉若干指标，赋予每项指标一定的分值，逐项打分，得分最高者中标。考虑到项目经理是工程的具体实施者，在项目实施过程中有着举足轻重的作用，招标投标管理工作在强化对投标企业管理的同时，还建立项目经理档案，考核项目经理的业绩，并将业绩量化记分带入百分制评标中，直接影响企业能否中标。考核项目经理的做法，从根本上解决了项目层层转包、多头挂靠的混乱现象，也促使项目经理不断提高综合素质和工程建设管理水平。除百分制评标法外，我国部分地区在技术简单、利润高的建设工程中实行合理低标中标法，取得了初步成功。评标主要由建设单位和评标专家完成，评标专家由技术、经济专家组成，在评标前一天从评标专家库里随机抽取。评标专家必须公平、公正地进行评标，否则将被取消评标资格。

（5）逐步建立工程交易中心

为加强招标投标管理，方便发包方与承包方办理各种开工前手续，从1995年起，全国一些大中城市陆续开始建立建设工程交易中心，北京、天津、上海、长春、济南、厦门、郑州、抚顺等地级以上城市建立了建设工程交易中心。交易中心公开发布招标信息，集中有关管理部门统一办理报建、建设单位资格审查、招标投标、合同审查、质量监督、开工许可等手续，一张支票结清开工阶段的所有费用。

（6）扶植发展招标投标中介服务机构

在加强政府监督管理的同时，政府还注意推动招标投标代理机构的发展。上海、天津、河北、江苏、辽宁等省、直辖市，本着从严管理的原则，陆续发展了一批招投标代理机构。这些招投标代理机构不仅规范了市场行为，提高了招投标工作质量，而且扩大了招投标覆盖面，强化了市场的统一管理。

二、发达国家和地区招标投标制度的分析

（一）美国的招标投标制度

美国的招标投标制度是国际上较有影响的制度之一，其主要有以下几个特点。

1. 实行多渠道的工程招标制度和管理办法

美国在传统上属于普通法系国家，但美国在工程招标投标方面实行的是多渠道的制度和管理办法，其中应用得较普遍、影响较深远的合同条款主要有：美国建筑师学会（American Institute of Architects，AIA）制定的不同种类的合同条款（AIA 合同条款）、美国承包商总会（Associated General Contractors of America，AGCA）发布的建筑工程分包合同标准格式（AGCA 合同文件第 600 号）、美国仲裁协会（American Arbitration Association,AAA）制定的建筑业仲裁规则（AAA 仲裁规则）；美国工程师合同文件联合会（EJCDC，The Engineer’s Joint Contract Document Committee）制定的建筑合同标准通用条款（合同条款）美国联邦政府发布的联邦政府标准合同格式（SF-23A 合同条款）。美国各洲都有工程招标的法律规定，执法很严。

2. 招标人组织多元化

大、中型工程要实行招标，小工程也实行招标。例如，1 ~ 2 万美元的政府出资工程也都实行招标，但对私人公司的招标事宜，政府通过日常办公机构加以管理。政府工程均设立由设计师、建筑师或委托顾问公司等组成的完整机构，进行公开招标策划和实施；其他均由投标人委托顾问机构或自行请建筑师、设计师和项目管理者进行招标和策划。以上组织机构一旦形成，负责项目的前期可行性研究，项目的招标选择承包商，项目实施过程中的修改指导、监督等，整个项目基本上由顾问公司或聘请取得专业资格认可的技术人员完成。

3. 招标单位的资格、信誉和报价

招标由业主出面，对投标公司无名额限制，但投标单位的资格、信誉、报价研究等均相互制约。承包工程量超过 5 万美元以上的投标，必须通过资格预审。承包商的公司级别由专门确认信用的公司进行资格审查，承包商只能承担相应级别的工程，特

别情况只允许超过工作量的10%。有下列情形之一的，业主有权拒绝通过投标人资格审查或拒绝接受投标文件：①资格预审有任何一项不合格的；②没有支付前一项工程的账单或有过工程欠款的；③前一项工程还未完工，不宜再接新工程的；④对承包商以前或目前正在进行的施工不满意的；⑤有任何一项违约记录的；⑥对承包人行为道德有疑虑的。

4. 评标、定标原则

通常是投标报价最低的投标人中标，在某些个别情况下也有例外，如以投票得票最多的投标人中标。一般根据总价合同还是总单价合同的模式确定评标原则，在评标过程中，标价过高或过低均不选用，注重投标人在投标函中的方案，特别留意投标函中是否设有陷井，如低价中标、高价索赔的现象。在美国的招标投标实践中，对涉及面广，内容复杂，历时较长的大型项目，常常采用《招标采购进度表》这种作业方式。其具体做法主要是：

（1）将国际招标分为若干个步骤。

（2）明确每个步骤中的职责范围和完成时间，并制成表格印发给每一位相关人员。

（3）每完成一个步骤后，负责人员要对该步骤积累的有关资料进行存储，对该步骤的有关工作进行了结，以便使不同阶段的工作上下衔接。在关键步骤完成后，还要出示一张同负责人员签名的保证书，用以说明已经历过步骤程序合法、资料属实。

（二）中国香港特别行政区的招标投标制度

中国香港是世界各国建筑承包商云集和自由参与竞争的地方。业主在香港投资建设一个工程项目，多数是委托顾问公司代理。因此，标书的编制工作通常是由顾问公司来完成的。中国香港工程招标投标基本是依照英国的做法，没有政府定的定额和单位估价表，只有标准的工程量计算规则，当地称为“香港建筑工程标准量度法”，英文名为“HongKong Standard MetNod Of Measurement Of Building Works”。中国香港的调价做法，由中国香港统计署每月公布一次建筑工程人工报价、材料报价、波动指数，承包商根据中国香港统计署每月公布的人工、材料物价波动指数，结合自己签约合同有关条款的数值和波动计算公式计算调价分数。因此，中国香港投标报价完全是公司或个人行为，根据公司和个人经验和平时积累的资料，结合当时市场的人工、材料价格编制标底（底标）或报价。中国香港工程建设项目的招标公告都登载在每星期五出版的晚报上，根据晚报上报载的工程，自己根据工务列署批准的承包商牌照选择参加投标。

中国香港投标人对建设项目前期研究主要包括：仔细阅读招标文件的每一条款、图纸资料，如有不清楚的地方或缺少图纸资料，可以到顾问公司和有关部门去查看；同时也可去地盘实地查看，了解地盘周围的环境，以及施工条件，水、电供应，交通道路，工程地质等。总之，投标人应事先将一切问题弄清，否则投标造成的损失业主概不负责，也不能索赔。

中国香港招标投标活动中的报价特点是，业主需提供标书，内含图纸和工程清单。投标人根据业主提供的工程量清单项目填报所有单价和各种费用（包括利润、税金和保险等）。报价即报出价格，因为没有统一定额、单价和取费标准，所以参与投标的承包商才能有竞争，招标人根据业主或顾问公司提供的工程量清单和招标文件资料自组价报价投标。其特点在于没有条条框框，由投标人自己组价报价，实际投标人在投标报价中通过联络分包商和供应商为其提供资料及价格，经过分析比较提出自己的报价。

（三）法语地区的招标投标模式

法语地区推行的招标投标模式的主要特点是，项目发包通常采用询价式招标（AppendOffers）和拍卖式招标（Adjudication）。询价式招标是法语地区工程招标发包的主要方式，其具体做法与世界银行所推行的竞争性招标类似。询价式招标的主要特点如下：

（1）招标广告的内容与国际通行的做法不同，主要是允许投标人根据招标细则的要求提出或推荐若干种方案，招标人选择余地较大。

（2）开标方式是秘密的。法语地区招标在招标前，成立投标人接纳委员会，其招标组织以委员会形式构建。评标时投标人或招标人接纳委员会一般转为评判委员会。例如，在有限拍卖式招标的基本程序中，第一，评标时投标人或投标人接纳委员会一般转为评判委员会；第二，业主发出招标通知，要求愿意投标的承包商提出投标申请，并递交有关文件资料；第三，由招标人接纳委员会在招标通知规定的期限内，对要求投标的承包商进行资格审查；第四，被认可的承包商进行投标报价；第五，判标委员会分开判标，临时授标，对投标报价进行复审。

法语地区的招标模式约束了招标和投标中的不规范行为，尤其投标人在特定的招标模式下进行投标报价，在取得投标资格的投标人的报价低于招标人规定的标底价条件下，以其中报价最低的中标。例如，拍卖式招标的主要特点如下：

（1）投标人可以报总价，也可报单价。标底一般可分为总价标底和单价标底。总价标底是招标人根据工程各种因素计算出的能够接受的最高工程总价；单价标底是招标人要求的以某特定行业价目表或单价为基础的投标报价的最小降低数或百分比，或在招标人确定工程量不规定基础价的情况下业主能够接受的投标报价的最高单价。

（2）对各投标人的报价必须分开宣布。

（3）至少有一家投标报价低于标底的就必须宣布中标结果（自动判标）；如报价全部超过标底的20%的，即为招标失败，招标人可对原招标条件做适当修改后重新组织招标。以上这种招标方式的特点避免了不规范操作的现象。

法语地区采用询价式招标和拍卖式招标，评标和定标的程序相当简洁，在标书审查委员会当众开标后，即向最低报价者宣布临时授标。如没有一家报价低于可接受报价时，判标委员会可以要求投标人当场进行一次重新报价；如仍没有产生低于可接受极限的报价的，则判标工作结果，宣布本次招标失败，另行重新组织招标议标。但判标委员会对投标报价进行复审的时间在10天左右，有充足的时间进行反复研究投标文件和投标报价。

（四）英联邦地区招标投标的做法

英联邦地区推行的招标投标法主要源于英国的做法。从经济发展角度看，大部分英联邦成员国属于发展中国家，这些国家的大型工程通常求援于世界银行或国际援助机构。因此，他们在承发包工程时首先必须遵循援助机构的要求，即按世界银行的例行做法发包工程，但是他们始终保留英联邦地区的传统特色，即以改良的方式实行国际竞争性招标。他们在发行招标文件时，通常将已发给文件的承包商数目通知投标人，使其心里有数，避免盲目投标。英国土木工程师协会合同条款常设委员会认为：国际竞争性招标浪费时间和资金，效率低下，常常以无结果而告终，导致很多承包商白白浪费钱财和人才。因此，英联邦地区所实行的主要招标方式是国际有限招标。

英国土木工程师协会、咨询工程师协会和土木工程承包商联合会的设立，对规范发包方、承包商在招标投标的活动中起了指南作用，发包只需按其格式化的程序进行招标组织的构建，招标组织在各协会的指导下进行各阶段的工作，运作极其规范。如招标文件至少发两份，包括两套图纸，其一份划价的工程量清单随同标书返还。

英国土木工程师协会通常给投标人的投标期较长，一般至少为4个星期的投标期，如果大的或者复杂的工程还需要多些时间。投标人具有充足的时间进行投标各阶段的研究、分析和制定方案。英国土木工程师协会还规定了一个招标组织接受投标询问的时间限制，并且要发给全体投标者一份收到的询问及其答复的一览表。招标组织首先规定减少对附加限制条件的标书的要求，约束了投标过程中易出现的不规范行为。

英联邦地区招标投标评标定标的特点如下：

（1）允许投标人在正式授标以前的任何时候撤回其标书。

（2）如发现有错误，可根据投标单价算出的金额总和来评定总标价。变更原递交的总价，应通知投标者，单价不得改变，投标者如不愿意保持错误的单价，可撤回其标书。

（3）评标后选低价两三家进行如下方面的讨论：澄清问题、资源的可靠性、拟议的现场和总管处的组织、设想的施工方法、第三方、限制条件，从而进行综合比较分析选择中标人。

4. 决标的结果尽快通知全体投标者，安排未成功的投标者退还招标文件。

5. 发出授标函，列出自发出招标文件以来达成协议的一切条件或附加条款，并指示承包商与工程师进行的一切合同和联系信件。

三、建设工程投标规范化管理

（一）建立完善的建筑市场体系

建立完善的建筑市场体系对建设项目投标活动具有促进作用，建筑市场由工程建设业主、工程承包商和买卖的商品－建筑产品3个基本要素组成，其中工程承包商是在建筑市场体系中最活跃的一个主体。建立了完善的建筑市场体系，工程建设业主要通过中标、投标制度，选择其投标活动中最为规范的、且各种投标指标符合评标要求的承包商中标。因此，建筑市场的三大基本要素都必须坚持招标投标公开、公平、公正原则，都进入有形平等竞争，择优落实，消除投标发展不平衡现象，这样才能使建筑市场体系中的承包者在投标活动中规范、有序地发展。

（二）改革和完善企业资质管理

资质管理是政府调控队伍规模、监管市场的行为。应将违法违规行为列作企业资质审查和年检内容，作为施工企业资质管理改革的一个重大突破，作为规范和制约施工企业行为的一个重要措施。通过资质管理，不断促进企业对综合管理水平和技术素质的提高，所以企业进入建筑市场投标的质量也就得到了保证。

（三）加强投标人自身素质建设

目前施工企业的水平参差不齐。有一些施工企业在投标时，对投标的程序和技术要求、报价策略不甚了解，甚至投标书的编制也不规范，而这种施工企业在市场上还极活跃，想方设法取得中标项目。这种情况将使建设工程投标市场得不到发展。所以，必须提高投标人自身素质，通过引进人才、进修培训、参观学习，不断提高承包人投标的整体素质，使承包人在投标时均能有序地、规范地运作。

（四）建立健全各项规章制度

进一步完善投标活动的有效管理，通过建立完善的投标管理秩序来提高投标市场的效能，加速转变政府职能。一是建立完善的招标制度，规范企业行为；二是进行有力的执法监督，保证市场正常运行；三是建立严格的建设项目发包，建筑产品的质量、安全监控体系。

（五）注重与国际惯例对接

国际上许多国家和地区均采用较规范的土木工程项目类标准和计量标准，指定了国际通用土木工程施工合同条件，并得到世界上许多国家和地区的承认和采用。因此，我国的投标获取承包工程应与国际惯例相衔接，向国际惯例靠拢。

第三节 建筑工程施工

一、项目风险管理

（一）项目风险管理的定义

项目风险管理是指负责项目的管理人员通过风险分析、风险识别、风险归类、风险评价等方式对该项目在未来运行过程中可能遇到的风险做定性与定量研究，基于此，探讨出有效应对项目风险的方法和对策，重视项目风险的应对以及尽量避免该项目今后可能遭遇的不利后果，通过最低的成本消耗来实现项目的最终目标，确保项目的顺利完工。项目风险管理是对现代社会工程施工项目与高新技术投入项目高效结合的一个门类，并逐渐发展最终确立的边缘理论。确切地说，项目风险管理不但是项目管理理论的一项重要学术分支，而且还是一门较新的科学管理理论，还是项目管理者必须掌握的一项和企业经营息息相关的决策本领。

（二）项目风险管理的特征

学术界将项目风险管理的特点归结为以下 4 点：

（1）项目风险发生的时间是有期限的。项目分类不同，可能遇到的风险也不同，并且风险只是发生在工程施工项目运营过程中的某一个时期，所以，项目对应的风险承担者同样也一般是在一个特定的阶段才有风险责任。

（2）项目风险管理处于不断变化中。当一个项目的工作计划、开工时间、最终目标以及所用费用各项内容都已经明确以后，此项目涉及的风险管理规划也必须一同处理完毕。在项目运营的不同环节，倘若项目的开工时间及费用消耗等条件发生改变，与其对应的风险同样也要发生改变，因此，必须重新对其进行相关评价。

（3）项目风险管理要耗费一定的成本。项目风险管理主要的环节有风险分析、风险识别、风险归类、风险评价及风险控制等，这些环节均是要以一定成本为基础，并且项目风险管理的主要目的是缩减或是消除项目未来有可能遇到的不利于或者是阻碍项目顺利发展的问题，因此，项目风险管理的获益只有在未来甚至是到项目完工后才能够体现。

（4）项目风险管理的用途就是估算与预测。项目风险管理的用途并不在于项目风险发生之后来抱怨或是推卸相关责任的，而是一个需要相互依托、相互信任、相互帮助的团队通过共同努力来解决项目发展过程遇到的风险问题。

（三）项目风险管理的目标

项目风险管理的目标是对项目风险进行预防、规避、处理、控制或是消除，缩减风险对项目的顺利完成造成的不利因素，通过最小化的费用消耗来获得对项目的可靠性问题的保障，确保该项目的顺利高效完成。项目风险管理的系统目标一般有两个，一个是问题产生之前设定的目标，另一个是问题发生以后设定的目标。项目风险管理的基本工作是对项目的各环节涉及的相关资料进行分析、调查、探讨，甚至是进行数据搜集。其中，需要重点关注的是应将项目与发生项目的环境之间相互作用的关系考虑在内，风险主要发生的根源就是项目和环境之间产生的摩擦，进而产生的一系列不确定性。

二、建筑工程安全评价指标体系的构建

安全评价是安全管理和安全决策的基础，是依靠现代科学技术知识预防事故的一种有效手段。判别一个建筑施工项目是否能满足安全生产的要求，需要建立一套科学有效的评价方法。现有的建筑施工安全生产评价体系还不够完整，不能给出全面的评价结果。

第四节　组织管理工作

施工项目管理组织形式是指在施工项目管理组织中处理管理层次、管理跨度、部门设置和上下级关系的组织结构的类型。其主要管理组织形式有工作队式、部门控制式、矩阵制式、事业部制式等。

一、工作队式项目组织

（一）特征

（1）按照特定对象原则，由企业各职能部门抽调人员组建项目管理组织机构（工作队），不打乱企业原建制。

（2）项目管理组织机构由项目经理领导，有较大独立性。在工程施工期间，项目组织成员与原单位中断领导与被领导关系，不受其干扰，但企业各职能部门可为之

提供业务指导。

（3）项目管理组织与项目施工同寿命。项目中标或确定项目承包后，即组建项目管理组织机构；企业任命项目经理；项目经理在企业内部选聘职能人员组成管理机构；竣工交付使用后，机构撤销，人员返回原单位。

（二）优点

（1）项目组织成员来自企业各职能部门和单位，熟悉业务，各有专长，可互补长短，协同工作，能充分发挥其作用。

（2）各专业人员集中现场办公，减少了扯皮和等待时间，工作效率高，解决问题快。

（3）项目经理权力集中，行政干预少，决策及时，指挥得力。

（4）由于这种组织形式弱化了项目与企业职能部门的结合，因项目经理便于协调关系而开展工作。

（三）缺点

（1）组建之初来自不同部门的人员彼此之间不够熟悉，可能配合不力。

（2）由于项目施工的一次性特点，有些人员可能存在临时观点。

（3）当人员配置不当时，专业人员不能在更大范围内调剂余缺，往往造成忙闲不均，人才浪费。

（4）对于企业来讲，专业人员分散在不同的项目上，相互交流困难，职能部门的优势难以发挥。

（四）适用范围

（1）大型施工项目。

（2）工期要求紧迫的施工项目。

（3）要求多工种、多部门密切配合的施工项目。

二、部门控制式项目组织

（一）特征

（1）按照职能原则建立项目管理组织。

（2）不打乱企业现行建制，即由企业将项目委托其下属某一专业部门或某一施工队。被委托的专业部门或施工队领导在本单位组织人员，并负责实施项目管理。

（3）项目竣工交付使用后，恢复原部门或施工队建制。

（二）优点

（1）利用企业下属的原有专业队伍承建项目，可迅速组建施工项目管理组织机构。

（2）人员熟悉，职责明确，业务熟练，关系容易协调，工作效率高。

（三）缺点

（1）不适应大型项目管理的需要。

（2）不利于精简机构。

（四）适用范围

（1）小型施工项目。

（2）专业性较强，不涉及众多部门的施工项目。

三、矩阵制式项目组织

（一）特征

（1）按照职能原则和项目原则结合起来建立的项目管理组织，既能发挥职能部门的纵向优势，又能发挥项目组织的横向优势，多个项目组织的横向系统与职能部门的纵向系统形成了矩阵结构。

（2）企业专业职能部门是相对长期稳定的，项目管理组织是临时性的。职能部门负责人对项目组织中本单位人员负有组织调配、业务指导、业绩考察责任。项目经理在各职能部门的支持下，将参与本项目组织的人员在横向上有效地组织在一起，为实现项目目标协同工作，项目经理对其有权控制和使用，在必要时可对其进行调换或辞退。

（3）矩阵中的成员接受原单位负责人和项目经理的双重领导，可根据需要和可能为一个或多个项目服务，并可在项目之间调配，充分发挥专业人员的作用。

（二）优点

（1）兼有部门控制式和工作队式两种项目组织形式的优点，将职能原则和项目原则结合融为一体，实现企业长期例行性管理和项目一次性管理的一致。

（2）能通过对人员的及时调配，以尽可能少的人力实现多个项目管理的高效率。

（3）项目组织具有弹性和应变能力。

（三）缺点

（1）矩阵制式项目组织的结合部多，组织内部的人际关系、业务关系、沟通渠道等都较复杂，容易造成信息量膨胀，引起信息流不畅或失真，需要依靠有力的组织措施和规章制度规范管理。若项目经理和职能部门负责人双方产生重大分歧难以统一，还需企业领导出面协调。

（2）项目组织成员接受原单位负责人和项目经理的双重领导，当领导之间发生矛盾，意见不一致时，当事人将无所适从，影响工作。在双重领导下，若组织成员过于受控于职能部门，将削弱其在项目上的凝聚力，影响项目组织作用的发挥。

（3）在项目施工高峰期，一些服务于多个项目的人员可能因应接不暇而顾此失彼。

（四）适用范围

（1）大型、复杂的施工项目需要多部门、多技术、多工种配合施工，在不同施工阶段，对不同人员有不同的数量和搭配需求，宜采用矩阵制式项目组织形式。

（2）企业同时承担多个施工项目时，各项目对专业技术人才和管理人员都有需求。在矩阵制式项目组织形式下，职能部门就可根据需要和可能将有关人员派到一个或多个项目上去工作，可充分利用有限的人才对多个项目进行管理。

四、事业部制式项目组织

（一）特征

（1）企业下设事业部，事业部可按地区设置，也可按建设工程类型或经营内容设置。相对于企业，事业部是一个职能部门，但对外享有相对独立经营权，可以是一个独立单位。

（2）事业部中的工程部或开发部，或对外工程公司的海外部下设项目经理部。项目经理由事业部委派，一般对事业部负责，经特殊授权时，也可直接对业主负责。

（二）优点

（1）事业部制式项目组织能充分调动发挥事业部的积极性和独立经营作用，便于延伸企业的经营职能，有利于开拓企业的经营业务领域。

（2）事业部制式项目组织形式能迅速适应环境变化，提高公司的应变能力。其既可以加强公司的经营战略管理，又可以加强项目管理。

（三）缺点

（1）企业对项目经理部的约束力减弱，协调指导机会减少，以致有时会造成企业结构松散。

（2）事业部的独立性强，企业的综合协调难度大，必须加强制度约束和规范化管理。

（四）适用范围

（1）适合大型经营型企业承包施工项目时采用。

（2）远离企业本部的施工项目、海外工程项目。

（3）适宜在一个地区有长期市场或有多种专业化施工力量的企业采用。

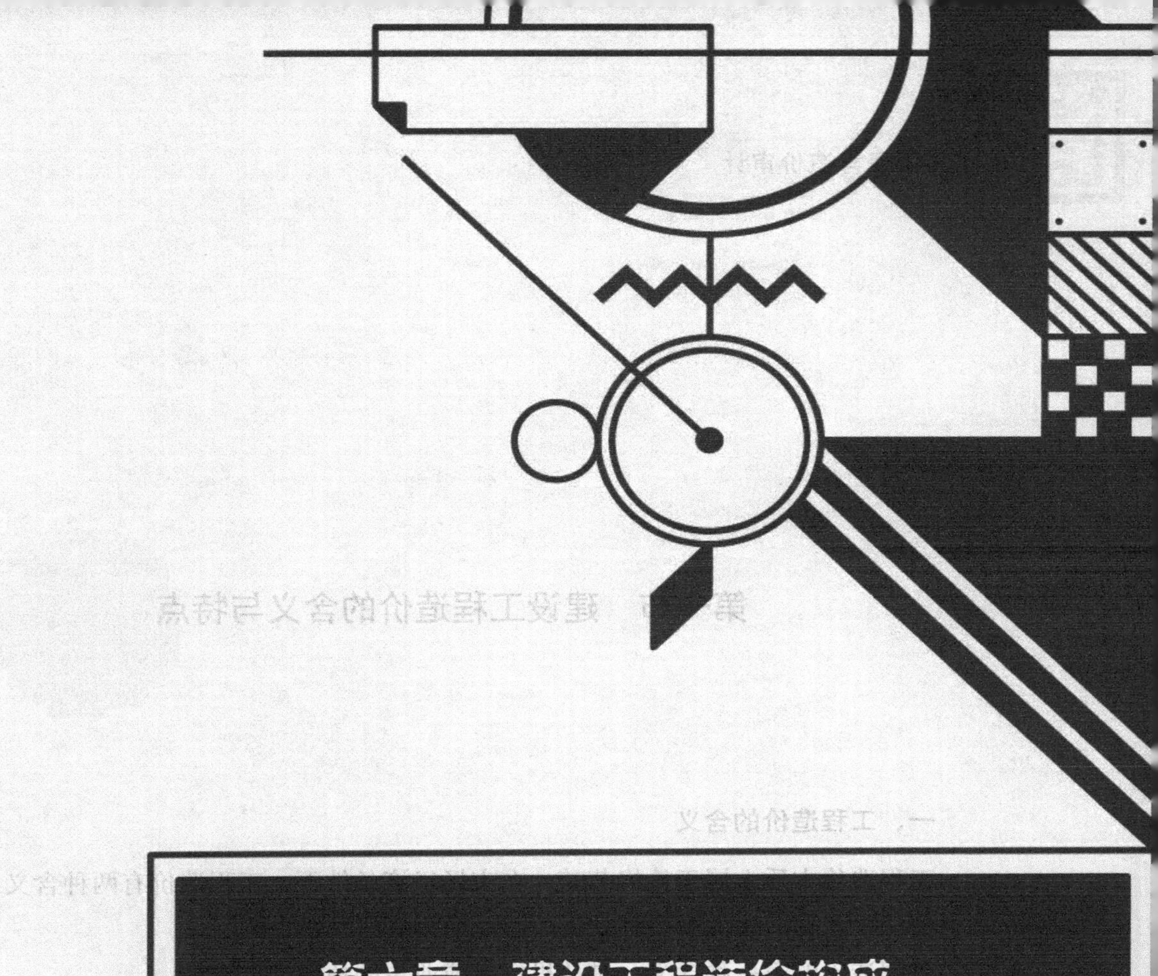

第六章　建设工程造价构成

第一节　建设工程造价的含义与特点

一、工程造价的含义

工程造价本质上属于价格范畴。在市场经济条件下，工程造价有两种含义。

（一）工程造价的第一种含义

工程造价的第一种含义，是从投资者或业主的角度来定义的。

建设工程造价是指有计划地建设某项工程，预期开支或实际开支的全部固定资产投资和流动资产投资的费用，即有计划地进行某建设工程项目的固定资产在生产建设，形成相应的固定资产、无形资产和铺底流动资金的一次性投资费的总和。

工程建设的范围不仅包括固定资产的新建、改建、扩建、恢复工程及与之连带的工程，而且还包括整体或局部性固定资产的恢复、迁移、补充、维修、装饰装修等内容。固定资产投资所形成的固定资产价值的内容包括建筑安装工程费，设备、工器具的购置费和工程建设其他费用等。

工程造价的第一种含义表明，投资者选定一个投资项目，为了获得预期的效益，就要通过项目评估后进行决策，然后进行设计、工程施工，直至竣工验收等一系列投资管理活动。在投资管理活动中，要支付与工程建造有关的全部费用，才能形成固定资产和无形资产。所有这些开支就构成了工程造价。从这个意义上说，工程造价就是工程投资费用。非生产性建设项目的工程总造价就是建设项目固定资产投资的总和，而生产性建设项目的总造价就是固定资产投资和铺底流动资金投资的总和。

（二）工程造价的第二种含义

工程造价的第二种含义，是从承包商、供应商、设计市场供给主体来定义的。

建设工程造价是指为建设某项工程，预计或实际在土地市场、设备市场、技术劳务市场、承包市场等交易活动中，形成的工程承发包（交易）价格。

工程造价的第二种含义是以市场经济为前提的，是以工程、设备、技术等特定商品形式作为交易对象，通过招投标或其他交易方式，在各方进行反复测算的基础上，最终由市场形成的价格。其交易的对象可以是一个建设项目、一个单项工程；也可以是建设的某一个阶段，如可行性研究报告阶段、设计工作阶段等；还可以是某个建设阶段的一个或几个组成部分，如建设前期的土地开发工程、安装工程、装饰工程、配套设施工程等。随着经济发展和技术进步、分工的细化和市场的完善，工程建设中的中间产品也会越来越多，商品交易会更加频繁，工程造价的种类和形式也会更为丰富。特别是投资体制的改革，投资主体多元化和资金来源的多渠道，使相当一部分建筑产品作为商品进入了流通。住宅作为商品已为人们所接受，普通工业厂房、仓库、写字楼、公寓、商业设施等建筑产品，一旦投资者将其推向市场就成为真实的商品而流通。无论是采取购买、抵押、拍卖、租赁，还是企业兼并形式，其性质都是相同的。

工程造价的第二种含义通常把工程造价认定为工程承发包价格，它是建筑市场通过招标，由需求主体投资者和供给主体建筑商共同认可的价格。建筑安装工程造价在项目固定资产投资中占有的份额是工程造价中最活跃的部分，也是建筑市场交易的主要对象之一。设备采购过程经过招投标形成的价格，土地使用权拍卖或设计招标等所形成的承包合同价，也属于第二种含义的工程造价的范围。

上述工程造价的两种含义，一种是从项目建设角度提出的建设项目工程造价，它是一个广义的概念；另一种是从工程交易或工程承包、设计范围角度提出的建筑安装工程造价，它是一个狭义的概念。

二、工程造价的特点

由于工程建设的特点，工程造价具有以下特点。

（一）大额性

任何一项建设工程，不仅实物形态庞大，而且造价高昂，需投资几百万元、几千万元甚至上亿元的资金。工程造价的大额性关系到多方面的经济利益，同时也对社会宏观经济产生重大影响。

（二）单个性

任何一项建设工程都有特殊的用途，其功能、用途各不相同。因而，每一项工程的结构、造型、平面布置、设备配置和内外装饰都有不同的要求。工程内容和实物形态的个别差异性决定了工程造价的单个性。

（三）动态性

任何一项建设工程从决策到竣工交付使用，都有一个较长的建设期。在这一期间，

如工程变更、材料价格、费率、利率、汇率等会发生变化。这种变化必然会影响工程造价的变动，直至竣工决算后才能最终确定工程实际造价，建设周期长，资金的时间价值突出。这体现了建设工程造价的动态性。

（四）层次性

一个建设项目往往含有多个单项工程，一个单项工程又由多个单位工程组成。与此相适应，工程造价也由 3 个层次相对应，即建设项目总造价、单项工程造价和单位工程造价。

（五）阶段性（多次性）

建设工程规模大、周期长、造价高，随着工程建设的进展需要在建设程序的各个阶段进行计价。多次性计价是一个逐步深化、逐步细化、逐步接近最终造价的过程。

三、各阶段工程造价的关系和控制

在建设工程的各个阶段，工程造价分别使用投资估算、设计概算、施工图预算、中标价、承包合同价、工程结算、竣工结算进行确定与控制。建设项目是一个从抽象到实际的建设过程，工程造价也从投资估算阶段的投资预计，到竣工决算的实际投资，形成最终的建设工程的实际造价。从估算到决算，工程造价的确定与控制存在着既相互独立，又相互关联的关系。

（一）工程建设各阶段工程造价的关系

建设工程项目从立项论证到竣工验收、交付使用的整个周期，是工程建设各阶段工程造价由表及里、由粗到精、逐步细化、最终形成的过程，它们之间相互联系、相互印证，具有密不可分的关系。

（二）工程建设各阶段工程造价的控制

工程造价控制就是在优化建设方案、设计方案的基础上，在建设程序的各个阶段，采用一定的方法和措施把工程造价控制在合理的范围和核定的造价限额以内。具体说，要用投资估算价控制设计方案的选择和初步设计概算造价，用概算造价控制技术设计和修正概算造价，用概算造价或修正概算造价控制施工图设计和预算造价，以求合理使用人力、物力和财力，取得较好的投资效益。控制造价在这里强调的是控制项目投资。

有效控制工程造价应体现以下原则。

1. 以设计阶段为重点的建设全过程造价控制

工程造价控制贯穿于项目建设全过程，但是必须重点突出。显然，工程造价控制的关键在于施工前的投资决策和设计阶段；而在项目做出投资决策后，控制工程造价的关键就在于设计阶段。建设工程全寿命费用包括工程造价和工程交付使用后的经常开支费用（含经营费用、日常维护修理费用、使用期内修理和局部更新费用）及该项目使用期满后的报废拆除费用等。据西方一些国家分析，设计费一般只相当于建设工程全寿命费用的1%以下，但正是这少于1%的费用对工程造价的影响度占75%以上。由此可见，设计质量对整个工程建设的效益是至关重要的。

长期以来，我国普遍忽视工程建设项目前期工作阶段的造价控制，而往往把控制工程造价的主要精力放在施工阶段审核施工图预算或竣工结算上。这样做尽管也有效果，但毕竟是“亡羊补牢”，事倍功半。要有效地控制工程造价，就要坚决地把控制重点转到建设前期阶段上来，尤其应抓住设计这个关键阶段，以取得事半功倍的效果。

2. 主动控制以取得令人满意的结果

一般说来，造价工程师的基本任务是对建设项目的建设工期、工程造价和工程质量进行有效的控制。因此，应根据业主的要求及建设的客观条件进行综合研究，实事求是地确定一套切合实际的衡量准则。只要造价控制的方案符合这套衡量准则，取得令人满意的结果，则应该说造价控制达到了预期的目标。

长时期来，人们一直把控制理解为目标值与实际值的比较，当实际值偏离目标值时，分析产生偏差的原因，并确定下一步的对策。在工程项目建设全过程进行这样的工程造价控制当然是有意义的。但问题在于，这种立足于“调查—分析—决策”基础之上的“偏离—纠偏—再偏离—再纠偏”的控制方法，只能发现偏离，不能使已产生的偏离消失，不能预防可能发生的偏离，因而只能说是被动控制。自20世纪70年代初人们将系统论和控制论研究成果运用于项目管理后，将控制立足于事先主动采取决策措施，以尽可能减少以至避免目标值与实际值的偏离，这是主动的、积极的控制方法，因此被称为主动控制。也就是说，我们的工程造价控制不仅要反映投资决策，反映设计、发包和施工，被动地控制工程造价，更要能动地影响投资决策，影响设计、发包和施工，主动地控制工程造价。

3. 技术与经济相结合是控制工程造价最有效的手段

要有效地控制工程造价，应从组织、技术、经济等多方面采取措施。从组织上采取的措施，包括明确项目组织结构，明确造价控制者及其任务，明确管理职能分工；从技术上采取措施，包括重视设计多方案选择，严格审查监督初步设计、技术设计、施工图设计、施工组织设计，深入技术领域研究节约投资的可能；从经济上采取措施，包括动态地比较造价的计划值和实际值，严格审核各项费用支出，采取对节约投资的有力奖励措施等。

应该看到，技术与经济相结合是控制工程造价最有效的手段。长期以来，在我国工程建设领域，技术与经济相分离。我国工程技术人员的技术水平、工作能力、知识面跟外国同行相比几乎不分上下，但缺乏经济观念，设计思想保守。国外的技术人员时刻考虑如何降低工程造价，而我国技术人员则把它看成与己无关，是财会人员的职责。而财会人员的主要责任是根据财务制度办事，他们往往不熟悉工程知识，也较少了解工程进展中的各种关系和问题，往往单纯地从财务制度角度审核费用开支，难以有效地控制工程造价。为此，迫切需要以提高工程投资效益为目的，在工程建设过程中把技术与经济有机结合，通过技术比较、经济分析和效果评价，正确处理技术先进与经济合理两者之间的对立统一关系，力求在技术先进条件下的经济合理，在经济合理基础上的技术先进，把控制工程造价观念渗透到各项设计和施工技术措施之中。

工程造价的确定和控制之间存在相互依存、相互制约的辩证关系。首先，工程造价的确定是工程造价控制的基础和载体。没有造价的确定，就没有造价的控制；没有造价的合理确定，也就没有造价的有效控制。其次，造价的控制寓于工程造价确定的全过程，造价的确定过程也就是造价的控制过程，只有通过逐项控制、层层控制才能最终合理确定造价。最后，确定造价和控制造价的最终目的是统一的，即合理使用建设资金，提高投资效益，遵守价值规律和市场运行机制，维护有关各方合理的经济利益。

（三）工程造价控制的主要内容

1. 各阶段的控制重点

（1）项目决策阶段。根据拟建项目的功能要求和使用要求，做出项目定义，包括项目投资定义，并按照项目规划的要求和内容，以及项目分析和研究的不断深入，逐步将投资估算的误差率控制在允许的范围之内。

（2）初步设计阶段。运用设计标准与标准设计、价值工程和限额设计方法等，以可行性研究报告中被批准的投资估算为工程造价目标书，控制和修改初步设计直至满足要求。

（3）施工图设计阶段。以被批准的设计概算为控制目标，应用限额设计、价值工程等方法，以设计概算为控制目标控制和修改施工图设计。通过对设计过程中所形成的工程造价层层限额设计，以实现工程项目设计阶段的工程造价控制目标。

（4）招标投标阶段。以工程设计文件（包括概算、预算）为依据，结合工程施工的具体情况，如现场条件、市场价格、业主的特殊要求等，按照招标文件的规定，编制招标工程的招标控制价，明确合同计价方式，初步确定工程的合同价。

（5）工程施工阶段。以工程合同价等为控制依据，通过工程计量、控制工程变更等方法，按照承包人实际完成的工程量，严格确定施工阶段实际发生的工程费用。以合同价为基础，考虑物价上涨、工程变更等因素，合理确定进度款和结算款，控制工程实际费用的支出。

（6）竣工验收阶段。全面汇总工程建设中的全部实际费用，编制竣工决算，如实体现建设项目的工程造价，并总结经验，积累技术经济数据和资料，不断提高工程造价管理水平。

2. 关键控制环节

从各阶段的控制重点可见，要有效控制工程造价，关键应把握以下 4 个环节：

（1）决策阶段做好投资估算。投资估算对工程造价起到指导性和总体控制的作用。在投资决策过程中，特别是从工程规划阶段开始，预先对工程投资额度进行估算，有助于业主对工程建设各项技术经济方案做出正确决策，从而对今后工程造价的控制起到决定性的作用。

（2）设计阶段强调限额设计。设计阶段是仅次于决策阶段影响投资的关键。为了避免浪费，采取限额设计是控制工程造价的有力措施。强调限额设计并不意味着一味追求节约资金，而是体现了尊重科学，实事求是，保证设计科学合理，确保投资估算真正起到工程造价控制的作用。经批准的投资估算作为工程造价控制的最高限额，是限额设计控制工程造价的主要依据。

（3）招标投标阶段重视施工招标。业主通过施工招标这一经济手段，择优选定承包商，不仅有利于确保工程质量和缩短工期，更有利于降低工程造价，是工程造价控制的重要手段。施工招标应根据工程建设的具体情况和条件，采用合适的招标形式，编制招标文件。招标文件应符合法律法规，内容齐全，前后一致，避免出错和遗漏。评标前要明确评标原则。招标工作最终结果，是实现工程承发包双方签订施工合同。

（4）施工阶段加强合同管理与事前控制。施工阶段是工程造价的执行和完成阶段。在施工中通过跟踪管理，对承发包双方的实际履约行为掌握第一手资料，经过动态纠偏，及时发现和解决施工中的问题，有效地控制工程质量、进度和造价。事前控制的工作重点是控制工程变更和防止发生索赔。施工过程要做好工程计量与结算，做好与工程造价相统一的质量、进度等各方面的事前、事中、事后控制。

第二节　工程造价的构成

一、建设项目工程造价的构成

建设项目总投资的概念存在不同的解释，在本书中，建设项目总投资指项目建设期用于项目的建设投资、建设期贷款利息、固定资产投资方向调节税和流动资金的总和。我们把建设投资、建设期贷款利息、固定资产投资方向调节税的总和称为建设项目工程造价。建设项目工程造价费用构成构成如下。

（一）建设投资

建设投资由工程费用（建筑工程费、设备购置费、安装工程费）、工程建设其他费用和预备费（基本预备费和价差预备费）组成。其中建筑工程费和安装工程费有时又统称为建筑安装工程费。

（二）建设期贷款利息

建设期贷款利息包括支付金融机构的贷款利息和为筹集资金而发生的融资费用。

（三）固定资产投资方向调节税

指国家对我国境内进行固定资产投资的单位和个人，就其固定资产投资的各种资金征收的一种税。

二、建筑安装工程造价的构成

为了加强工程建设的管理，有利于合理确定工程造价，提高基本建设投资效益，国家统一了建筑、安装工程造价划分的口径。这一做法使得工程建设各方在编制工程概预算、工程结算、工程招投标、计划统计、工程成本核算等方面的工作有了统一的标准。

（一）直接费

直接费由直接工程费和措施费组成。

1. 直接工程费

直接工程费指施工过程中耗费的构成工程实体的各项费用，包括人工费、材料费、施工机械使用费。

（1）人工费：直接从事建筑安装工程施工的生产工人开支的各项费用，内容包括：

①基本工资：发放给生产工人的基本工资。

②工资性补贴：按规定标准发放的物价补贴，煤、燃气补贴，交通补贴，住房补贴，流动施工津贴等。

③生产工人辅助工资：生产工人年有效施工天数以外非作业天数的工资，包括职工学习、培训期间的工资，调动工作、探亲、休假期间的工资，因气候影响的停工工资，女工哺乳时间的工资，病假在6个月以内的工资及产、婚、丧假期的工资。

④职工福利费：按规定标准计提的职工福利费。

⑤生产工人劳动保护费：按规定标准发放的劳动保护用品的购置费及修理费、徒工服装补贴、防暑降温费、在有碍身体健康环境中施工的保健费用等。

（2）材料费：施工过程中耗费的构成工程实体的原材料、辅助材料、构配件、零件、半成品的费用，内容包括：

①材料原价（或供应价格）。

②材料运杂费：是指材料自来源地运至工地仓库或指定堆放地点所发生的全部费用。

③运输损耗费：材料在运输装卸过程中不可避免的损耗。

④采购及保管费：为组织采购、供应和保管材料过程中所需要的各项费用。包括采购费、仓储费、工地保管费、仓储损耗。

⑤检验试验费：对建筑材料、构件和建筑安装物进行一般鉴定、检查所发生的费用，包括自设实验室进行试验所耗用的材料和化学药品等费用。不包括新结构、新材料的试验费和建设单位对具有出厂合格证明的材料进行检验，对构件做破坏性试验及其他特殊要求检验试验的费用。

（3）施工机械使用费：施工机械作业所发生的机械使用费，以及机械安拆费和场外运费。施工机械台班单价应由下列7项费用组成：

①折旧费：施工机械在规定的使用年限内，陆续收回其原值及购置资金的时间价值。

②大修理费：施工机械按规定的大修理间隔台班进行必要的大修理，以恢复其正常功能所需的费用。

③经常修理费：施工机械除大修理以外的各级保养和临时故障排除所需的费用，包括为保障机械正常运转所需替换设备与随机配备工具附具的摊销和维护费用、机械运转中日常保养所需润滑与擦拭的材料费用及机械停滞期间的维护和保养费用等。

④安拆费及场外运费：安拆费指施工机械在现场进行安装与拆卸所需的人工、材料、机械和试运转费用，以及机械辅助设施的折旧、搭设、拆除等费用；场外运费指施工机械整体或分体自停放地点运至施工现场或由一施工地点运至另一施工地点的运输、装卸、辅助材料及架线等费用。

⑤人工费：机上司机（司炉）和其他操作人员的工作日人工费及上述人员在施工机械规定的年工作台班以外的人工费。

⑥燃料动力费：施工机械在运转作业中所消耗的固体燃料（煤、木柴）、液体燃料（汽油、柴油）及水、电费等。

⑦养路费及车船使用税：施工机械按照国家规定和有关部门规定应缴纳的养路费、车船使用税、保险费及年检费等。

2. 措施费

措施费指为完成工程项目施工，发生于该工程施工前和施工过程中非工程实体项目的费用，包括环境保护费、文明施工费、安全施工费、临时设施费、夜间施工费、二次搬运费、大型机械设备进出场及安拆费、混凝土和钢筋混凝土模板及支架费、脚手架费、已完工程及设备保护费、施工排水和降水费等。

（1）环境保护费：施工现场为达到环保部门要求所需要的各项费用。

（2）文明施工费：施工现场文明施工所需要的各项费用。

（3）安全施工费：施工现场安全施工所需要的各项费用。

（4）临时设施费：施工企业为进行建筑工程施工所必须搭设的生活和生产用的临时建筑物、构筑物和其他临时设施费用等。临时设施包括临时宿舍、文化福利及公用事业房屋与构筑物、仓库、办公室、加工厂，以及规定范围内的道路、水、电、管线等临时设施和小型临时设施。临时设施费由以下部分组成：

①周转使用临建（如活动房屋）；

②一次性使用临建（如简易建筑）；

③其他临时设施（如临时管线）。

其他临时设施在临时设施费中所占比例可由各地区造价管理部门依据典型施工企业的成本资料经分析后综合确定。

（5）夜间施工费：因夜间施工所发生的夜班补助费、夜间施工降效、夜间施工照明设备摊销及照明用电等费用。

（6）二次搬运费：因施工场地狭小等特殊情况而发生的二次搬运费用。

（7）大型机械设备进出场及安拆费：机械整体或分体自停放场地运至施工现场或由一个施工地点运至另一个施工地点所发生的机械进出场运输转移费用及机械在施工现场进行安装、拆卸、所需的人工费、材料费、机械费、试运转费和安装所需的辅助设施的费用。

（8）混凝土和钢筋混凝土模板及支架费：混凝土施工过程中需要的各种钢模板、木模板、支架等的支、拆、运输费用及模板、支架的摊销（或租赁）费用。

（9）脚手架费：施工需要的各种脚手架搭、拆、运输费用及脚手架的摊销（或租赁）费用。

（10）已完工程及设备保护费：竣工验收前，对已完工程及设备进行保护所需费用。

（11）施工排水和降水费：为确保工程在正常条件下施工，采取各种排水、降水措施所发生的各种费用。

（二）间接费

间接费由规费和企业管理费组成。

1. 规费

规费指政府和有关权力部门规定必须缴纳的费用。包括工程排污费、工程定额测定费、养老保险费、失业保险费、医疗保险费、住房公积金、危险作业意外伤害保险。

（1）工程排污费：施工现场按规定缴纳的工程排污费；

（2）工程定额测定费：指按照规定支付工程造价（定额）管理部门的定额测定费，是规费的一种；

（3）社会保障费：养老保险费、失业保险费、医疗保险费；

（4）住房公积金：企业按规定标准为职工缴纳的住房公积金；

（5）危险作业意外伤害保险：按照建筑法规定，企业为从事危险作业的建筑安装施工人员支付的意外伤害保险费。

2. 企业管理费

企业管理费指施工企业为组织生产经营活动所发生的管理费用，包括管理人员工资、办公费、差旅交通费、固定资产使用费、工具用具使用费、劳动保险费、工会经费、职工教育经费、财产保险费、财务费、税金、其他。

（1）管理人员工资：管理人员的基本工资、工资性补贴、职工福利费、劳动保护费等；

（2）办公费：企业管理办公用的文具、纸张、账表、印刷、邮电、书报、会议、水电、烧水和集体取暖（包括现场临时宿舍取暖）用煤等费用；

（3）差旅交通费：职工因公出差、调动工作的差旅费、住勤补助费，市内交通费和误餐补助费，职工探亲路费，劳动力招募费，职工离退休、退职一次性路费，工伤人员就医路费，工地转移费，以及管理部门使用的交通工具的油料、燃料、养路费及牌照费；

（4）固定资产使用费：管理和试验部门及附属生产单位使用属于固定资产的房屋、设备仪器等的折旧、大修、维修或租赁费；

（5）工具用具使用费：管理使用的不属于固定资产的生产工具、器具、家具、交通工具和检验、试验、测绘、消防用具等的购置、维修和摊销费；

（6）劳动保险费：由企业支付离退休职工的易地安家补助费、职工退职金、六个月以上的病假人员工资、职工死亡丧葬补助费、抚恤费、按规定支付给离休干部的各项经费；

（7）工会经费：企业按职工工资总额计提的工会经费；

（8）职工教育经费：企业为职工学习先进技术和提高文化水平，按职工工资总额计提的费用；

（9）财产保险费：施工管理用财产、车辆保险；

（10）财务费：企业为筹集资金而发生的各种费用；

（11）税金：企业按规定缴纳的房产税、车船使用税、土地使用税、印花税等；

（12）其他：技术转让费、技术开发费、业务招待费、绿化费、广告费、公证费、

法律顾问费、审计费、咨询费等。

（三）利润

利润指施工企业完成所承包工程所获得的盈利。

（四）税金

税金指国家税法规定的应计入建筑安装工程造价内的营业税、城市维护建设税及教育费附加。

三、设备及工器具购置费的构成

设备及工器具购置费由设备购置费和工器具、生产家具购置费组成。它是固定资产投资中的组成部分。在生产性工程建设中，设备、工器具费用与资本的有机构成相联系。设备、工器具费用占工程造价比例的增大，意味着生产技术的进步和资本有机构成的提高。

（一）设备购置费的构成

设备购置费是指为建设项目购置或自制的达到固定资产标准的各种国产或进口设备、工具、器具的购置费用，由设备原价和设备运杂费构成。

1. 国产设备原价的构成及计算

国产设备原价一般指的是设备制造厂的交货价或订货合同价。它一般根据生产厂或供应商的询价、报价、合同价确定，或采用一定的方法计算确定。国产设备原价分为国产标准设备原价和国产非标准设备原价。

（1）国产标准设备原价。国产标准设备是指按照主管部门颁布的标准图纸和技术要求，由我国设备生产厂批量生产的、符合国家质量检测标准的设备。国产标准设备原价有两种，即带有备件的原价和不带有备件的原价。在计算时，一般采用带有备件的原价。

（2）国产非标准设备原价。国产非标准设备是指国家尚无定型标准，各设备生产厂不可能在工艺过程中采用批量生产，只能按一次订货，并根据具体的设计图纸制造的设备。非标准设备原价有多种不同的计算方法，如成本计算估价法、系列设备插入估价法、分部组合估价法、定额估价法等。但无论采用哪种方法都，应该使非标准设备计价接近实际出厂价，并且计算方法要简便。

2. 进口设备原价的构成及计算

进口设备原价是指进口设备的抵岸价，即抵达买方边境港口或边境车站，且交完关税等税费后形成的价格。进口设备原价的构成与进口设备的交货类别有关。

（1）进口设备的交货类别。进口设备的交货类别可分为内陆交货类、目的地交货类、装运港交货类。

①内陆交货类，即卖方在出口国内陆的某个地点交货。在交货地点，卖方及时提交合同规定的货物和有关凭证，并负担交货前的一切费用和风险；买方按时接受货物，交付货款，负担接货后的一切费用和风险，并自行办理出口手续和装运出口。货物的所有权也在交货后由卖方转移给买方。

②目的地交货类，即卖方在进口国的港口或内地交货，有目的港船上交货价、目的港船边交货价（FOS）和目的港码头交货价（关税已付）及完税后交货价（进口国的指定地点）等几种交货价。它们的特点是：买卖双方承担的责任、费用和风险以目的地约定交货点为分界线，只有当卖方在交货点将货物置于买方控制下才算交货，才能向买方收取货款。这种交货类别对卖方来说承担的风险较大，在国际贸易中卖方一般不愿采用。

③装运港交货类，即卖方在出口国装运港交货，主要有装运港船上交货价（FOB）；习惯称离岸价格；运费在内价（C&F）和运费、保险费在内价（CIF），习惯称到岸价格。它们的特点是：卖方按照约定的时间在装运港交货，只要卖方把合同规定的货物装船后提供货运单据便完成交货任务，可凭单据收回货款。

装运港船上交货价是我国进口设备采用最多的一种货价。采用船上交货价时卖方的责任是：在规定的期限内，负责在合同规定的装运港口将货物装上买方指定的船只，并及时通知买方；负担货物装船前的一切费用和风险，负责办理出口手续；提供出口国政府或有关方面签发的证件；负责提供有关装运单据。买方的责任是：负责租船或订舱，支付运费，并将船期、船名通知卖方；负担货物装船后的一切费用和风险；负责办理保险及支付保险费，办理在目的港的进口和收货手续；接受卖方提供的有关装运单据，并按合同规定支付货款。

（2）进口设备抵岸价的构成及计算。进口设备采用最多的是装运港船上交货价。

①货价，一般指装运港船上交货价。设备货价分为原币货价和人民币货价，原币货价一律折算为美元表示，人民币货价按原币货价乘以外汇市场美元兑换人民币中间价确定。进口设备货价按有关生产厂商询价、报价、订货合同价计算。

②国际运费，即从装运港（站）到达我国抵达港（站）的运费。我国进口设备大部分采用海洋运输，小部分采用铁路运输，个别采用航空运输。

③运输保险费。对外贸易货物运输保险由保险人（保险公司）与被保险人（出口人或进口人）订立保险契约，在被保险人交付议定的保险费后，保险人根据保险契约的规定对货物在运输过程中发生的承保责任范围内的损失给予经济上的补偿。这是一种财产保险。

④银行财务费，一般是指中国银行手续费。

⑤外贸手续费，指委托具有外贸经营权的经贸公司采购而发生的外贸手续费率计

取的费用，外贸手续费率一般取1.5%。

⑥关税，由海关对进出国境或关境的货物和物品征收的一种税。其中，到岸价格包括离岸价格、国际运费、运输保险费，它作为关税完税价格。进口关税税率分为优惠和普通两种。优惠税率适用于与我国签订关税互惠条款的贸易条约或协定的国家的进口设备；普通税率适用于与我国签订关税互惠条款的贸易条约或协定的国家的进口设备。进口关税税率按我国海关总署发布的进口关税税率计算。

⑦增值税，是对从事进口贸易的单位和个人在进口商品报关进口后征收的税种。我国增值税条例规定，进口应税产品均按组成计税价格和增值税税率直接计算应纳税额。

3. 设备运杂费的构成及计算

（1）设备运杂费的构成。设备运杂费通常由下列各项构成：

①运费和装卸费，包括国产设备由设备制造厂交货地点起至工地仓库（或施工组织设计指定的需要安装设备的堆放地点）止所发生的运费和装卸费；进口设备则由我国到岸港口或边境车站起至工地仓库（或施工组织设计指定的需安装设备的堆放地点）止所发生的运费和装卸费。

②包装费，指在设备原价中没有包含的，为运输而进行的包装支出的各种费用。

③设备供销部门的手续费按有关部门规定的统一费率计算。

④采购与仓库保管费，指采购、验收、保管和收发设备所发生的各种费用，包括设备采购人员、保管人员和管理人员的工资、工资附加费、办公费、差旅交通费，设备供应部门办公和仓库所占固定资产使用费、工具用具使用费、劳动保护费、检验试验费等。这些费用可按主管部门规定的采购与保管费费率计算。

（2）设备运杂费的计算。设备运杂费按设备原价乘以设备运杂费率计算。

（二）工器具及生产家具购置费的构成

工器具及生产家具购置费是指新建或扩建项目初步设计规定的，保证初期正常生产必须购置的没有达到固定资产标准的设备、仪器、工卡模具、器具、生产家具和备品备件等的购置费用。其一般以设备费为计算基数，按照部门或行业规定的工器具及生产家具费率计算。

四、工程建设其他费用的构成

工程建设其他费用是指从工程筹建起到工程竣工验收交付生产或使用止的整个建设期间，除建筑安装工程费用和设备及工器具购置费用以外的，为保证工程建设顺利完成和交付使用后能够正常发挥效益或效能而发生的各项费用。工程建设其他费用按资产属性分别形成固定资产、无形资产和其他资产（递延资产）。

（一）固定资产其他费用

1. 建设管理费

建设管理费是指建设单位从项目筹建开始直至工程竣工验收合格或交付使用为止发生的项目建设管理费用。费用内容包括：

（1）建设单位管理费：建设单位发生的管理性质的开支，包括工作人员工资、工资性补贴、施工现场津贴、职工福利费、住房基金、基本养老保险、基本医疗保险费、失业保险费、工伤保险费、办公费、差旅交通费、劳动保护费、工具用具使用费、固定资产使用费、必要的办公及生活用品购置费、必要的通信设备及交通工具购置费、零星固定资产购置费、招募生产工人费、技术图书资料费、业务招待费、设计审查费、工程招标费、合同契约公证费、法律顾问费、咨询费、完工清理费、竣工验收费、印花税和其他管理性质开支。

（2）工程监理费：建设单位委托工程监理单位实施工程监理的费用。

（3）工程质量监督费：工程质量监督检验部门检验工程质量而收取的费用。

（4）招标代理费：建设单位委托招标代理单位进行工程、设备材料和服务招标支付的服务费用。

（5）工程造价咨询费：建设单位委托具有相应资质的工程造价咨询企业代为进行工程建设项目的投资估算、设计概算、施工图预算、标底或招标控制价、工程结算等或进行工程建设全过程造价控制与管理所发生的费用。

2. 建设用地费

建设用地费是指按照《中华人民共和国土地管理法》等规定，建设项目征用土地或租用土地应支付的费用。

（1）土地征用及补偿费。经营性建设项目通过出让方式购置的土地使用权（或建设项目通过划拨方式取得无限期的土地使用权）而支付的土地补偿费、安置补偿费、地上附着物和青苗补偿费、余物迁建补偿费、土地登记管理费等；行政事业单位的建设项目通过出让方式取得土地使用权而支付的出让金；建设单位在建设过程中发生的土地复垦费用和土地损失补偿费用；建设期间临时占地补偿费。

（2）征用耕地按规定一次性缴纳的耕地占用税。征用城镇土地在建设期间按规定每年缴纳的城镇土地使用税；征用城市郊区菜地按规定缴纳的新菜地开发建设基金。

（3）建设单位租用建设项目土地使用权在建设期支付的租地费用。

3. 可行性研究费

可行性研究费是指在建设项目前期工作中，编制和评估项目建议书（或预可行性研究报告）、可行性研究报告所需的费用。

4. 研究试验费

研究试验费是指为本建设项目提供或验证设计数据、资料等进行必要的研究试验及按照设计规定在建设过程中必须进行试验、验证所需的费用。

5. 勘察设计费

勘察设计费是指委托勘察设计单位进行工程水文地质勘察、工程设计所发生的各项费用包括工程勘察费、初步设计费（基础设计费）、施工图设计费（详细设计费）、设计模型制作费。

6. 环境影响评价费

环境影响评价费是指按照《中华人民共和国环境保护法》《中华人民共和国环境影响评价法》等规定，为全面、详细评价本建设项目对环境可能产生的污染或造成的重大影响所需的费用，包括编制环境影响报告书（含大纲）、环境影响报告表和评估环境影响报告书（含大纲）、评估环境影响报告表等所需的费用。

7. 劳动安全卫生评价费

劳动安全卫生评价费是指按照劳动部《建设项目（工程）劳动安全卫生监察规定》和《建设项目（工程）劳动安全卫生预评价管理办法》的规定，为预测和分析建设项目存在的职业危险、危害因素的种类和危险危害程度，并提出先进、科学、合理可行的劳动安全卫生技术和管理对策所需的费用，包括编制建设项目劳动安全卫生预评价大纲和劳动安全卫生预评价报告书，以及为编制上述文件所进行的工程分析和环境现状调查等所需费用。

8. 场地准备及临时设施费

场地准备及临时设施费是指建设场地准备费和建设单位临时设施费。

（1）场地准备费：建设项目为达到工程开工条件所发生的场地平整和对建设场地余留的有碍于施工建设的设施进行拆除清理的费用；

（2）临时设施费：为满足施工建设需要而供应到场地界区的、未列入工程费用的临时水、电、路、通信、气等其他工程费用和建设单位的现场临时建（构）筑物的搭设、维修、拆除、摊销或建设期间租赁费用，以及施工期间专用公路养护费、维修费。

9. 场地准备及临时设施费

场地准备及临时设施费是指引进技术和设备发生的未计入设备费的费用，内容包括：

（1）引进项目图纸资料翻译复制费、备品备件测绘费；

（2）出国人员费用，包括买方人员出国设计联络、出国考察、联合设计、监造、培训等所发的旅费、生活费等；

（3）来华人员费用，包括卖方来华工程技术人员的现场办公费用、往返现场交通费用、接待费用等；

（4）银行担保及承诺费，包括引进项目由国内外金融机构出面承担风险和责任担保所发生的费用，以及支付贷款机构的承诺费用。

10. 工程保险费

工程保险费是指建设项目在建设期间根据需要对建筑工程、安装工程、机器设备和人身安全进行投保而发生的保险费用，包括建筑安装工程一切险、引进设备财产保险和人身意外伤害险等。

11. 联合试运转费

联合试运转费是指新建项目或新增加生产能力的工程，在交付生产前按照批准的设计文件所规定的工程质量标准和技术要求，进行整个生产线或装置的负荷联合试运转或局部联动试车所发生的费用净支出（试运转支出大于收入的差额部分费用）。试用转支出包括试运转所需原材料、燃料及动力消耗、低值易耗品、其他物料消耗、工具用具使用费、机械使用费、保险金、施工单位参加试运转人员工资以及专家指导费等；试运转收入包括试运转期间的产品销售收入和其他收入。

12. 特殊设备安全监督检验费

特殊设备安全监督检验费是指在施工现场组装的锅炉及压力容器、压力管道、消防设备、燃气设备、电梯等特殊设备和设施，由安全监察部门按照有关安全检查条例和实施细则及设计技术要求进行安全检验，应由建设项目支付的、向安全监察部门缴纳的费用。

13. 市政公用设施费

市政公用设施费是指使用市政公用设施的建设项目，按照项目所在地省一级人民政府有关规定建设或缴纳的市政公用设施建设配套费用，以及绿化工程补偿费用。

（二）无形资产其他费用

形成无形资产费用的有专利及专有技术使用费。费用内容包括：

（1）国外设计及技术资料费，引进有效专利、专有技术使用费和技术保密费；

（2）国内有效专利、专有技术使用费用；

（3）商标权、商誉和特许经营权费等。

（三）其他资产其他费用（递延资产）

形成其他资产费用（递延资产）的有生产准备及开办费，是指建设项目为保证正常生产（或营业、使用）而发生的人员培训费、提前进场费以及投产使用必备的生产办公、生活家具用具及工器具等购置费用，包括：

（1）人员培训费及提前进厂费，包括自行组织培训或委托其他单位培训的人员工资、工资性补贴、职工福利费、差旅交通费、劳动保护费、学习资料费等；

（2）为保证初期正常生产（或营业、使用）所必需的生产办公、生活家具用具购置费；

（3）为保证初期正常生产（或营业、使用）必需的第一套不够固定资产标准的生产工具、器具、用具购置费，不包括备品备件费。

一些具有明显行业特征的工程建设其他费用项目，如移民安置费、水资源费、水土保持评价费、地震安全性评价费、地质灾害危险性评价费、河道占用补偿费、超限设备运输特殊措施费、航道维护费、植被恢复费、种质检测费、引种测试费等，一般建设项目很少发生，各省（自治区、直辖市）、各部门有补充规定或具体项目发生时依据有关政策规定列入。

五、预备费、建设期贷款利息

除建筑安装工程费用、工程建设其他费用以外，在编制建设项目投资估算、设计总概算时，应计算预备费、建设期贷款利息和固定资产投资方向调节税。

（一）预备费

按我国现行规定，预备费包括基本预备费和价差预备费两种。

1. 基本预备费

基本预备费是指在投资估算或设计概算内难以预料的工程费用，费用内容包括：

（1）在批准的初步设计范围内，技术设计、施工图设计及施工过程中所增加的工程费用；设计变更、局部地基处理等增加的费用。

（2）一般自然灾害造成的损失和预防自然灾害所采取的措施费用。实行工程保险的工程项目费用应适当降低。

（3）竣工验收时为鉴定工程质量，对隐蔽工程进行必要的挖掘和修复费用。

（4）超长、超宽、超重引起的运输增加费用等。

基本预备费估算一般是以建设项目的工程费用和工程建设其他费用之和为基础，乘以基本预备费率进行计算。基本预备费率的大小应根据建设项目的设计阶段和具体的设计深度，以及在估算中所采用的各项估算指标与设计内容的贴近度、项目所属行业主管部门的具体规定确定。

2. 价差预备费

价差预备费是指建设项目建设期间，由于价格等变化引起工程造价变化的预测预留费用。价差预备费包括人工、设备、材料、施工机械的价差费，建筑安装工程费及工程建设其他费用调整、利率、汇率调整等增加的费用。

价差预备费的测算方法，一般根据国家规定的投资综合价格指数，以估算年份价格水平的投资额为基数，根据价格变动趋势，预测价值上涨率，采用复利方法计算。

（二）建设期贷款利息

建设期贷款利息指在项目建设期发生的支付银行贷款、出口信贷、债券等的借款利息和融资费用。大多数的建设项目都会利用贷款来解决自有资金的不足，以完成项目的建设，从而达到项目运行获取利润的目的。而且贷款之后，必须支付相应的利息和融资利息，这都属于建设投资的一部分，在建设期支付的贷款利息，也构成了项目投资的一部分。

建设期贷款利息的估算，根据建设期资金用款计划，可按当年借款在当年年中支用考虑，即当年借款按半年计息，上年借款按全年计息。利用国外贷款的利息计算，年利率应综合考虑贷款协议中向贷款方加收的手续费、管理费、承诺费，以及国内代理机构向贷款方收取的转贷费、担保费和管理费等。

（三）固定资产投资方向调节税

指国家对在我国境内进行固定资产投资的单位和个人，就其固定资产投资的各种资金征收的一种税。

1. 特点

（1）运用零税率制；

（2）实行多部门控管的方法；

（3）采用预征清缴的征收方法；

（4）计税依据与一般税种不同；

（5）税源无固定性。

2. 实施细则

（1）征税范围

固定资产投资方向调节税征税范围亦称固定资产投资方向调节税“课税范围”。凡在我国境内用于固定资产投资的各种资金，均属固定资产投资方向调节税的征税范围。

各种资金包括：国家预算资金、国内外贷款、借款、赠款、各种自有资金、自筹资金和其他资金。固定资产投资，是指全社会的固定资产投资，包括：基本建设投资座新改造投资，商品房投资和其他固定资产投资。

（2）纳税人

固定资产投资方向调节税纳税义务的承担者。包括在我国境内使用各种资金进行固定资产投资的各级政府、机关团体、部队、国有企事业单位、集体企事业单位、私营企业、个体工商户及其他单位和个人。外商投资企业和外国企业不纳此税。固定资产投资方向调节税由中国人民建设银行、中国工商银行、中国农业银行、中国银行、交通银行、其他金融机构和有关单位负责代扣代缴。

（3）计税依据

计算固定资产投资方向调节税应纳税额的根据。固定资产投资方向调节税计税依据为固定资产投资项目实际完成的投资额，其中更新改造投资项目为建筑工程实际完成的投资额。

（4）税目

征收固定资产投资方向调节税的具体项目。固定资产投资方向调节税的税目分为两大系列。

①基本建设项目系列：

A. 对国家急需发展的项目投资。列举规定的有农林、水利、能源、交通、邮电、原材料、科教、地质勘探、矿山开采等基础产业和薄弱环节的部分项目投资。对城乡个人修建和购置住宅的投资、外国政府赠款和其他国外赠款安排的投资，以及单纯设备购置投资等。

B. 对国家鼓励发展但受能源、交通等条件制约的项目投资。列举规定的有钢铁、有色金属、化工、石油化工、水泥等部分重要原材料，以及一些重要机械、电子、轻纺工业和新型建材、饲料加工等项目投资。

C. 对楼堂馆所以及国家严格限制发展的项目投资。

D. 对职工住宅（包括商品房）的建设投资。

E. 对一般的基地项目投资。

②更新改造项目系列：

A. 对国家急需发展的项目投资（与基本建设项目投资相同）。

B. 其他的更新改造项目投资。

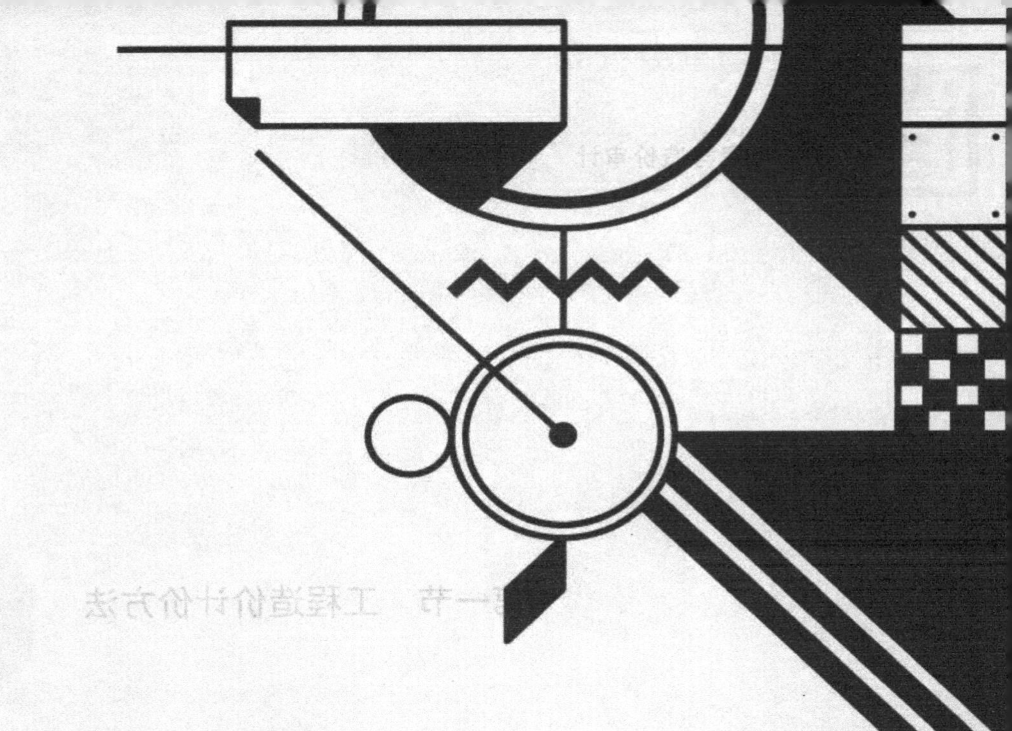

第七章　建设工程造价计价方法和依据

第一节　工程造价计价方法

从工程费用计算角度分析，工程造价计价的顺序是：工程项目单价—单位工程造价—单项工程造价—建设项目总造价。影响工程造价的主要因素有两个，即单位价格和实物工程数量，工程子项的单位价格高，工程造价就高；工程子项的实物工程数量大，工程造价也就大。

对工程子项的单位价格分析，可以有两种形式：

（1）直接费单价。如果工程项目单位价格仅考虑人工、材料、施工机械资源要素的消耗量和价格形成，即单位价格 = Σ（工程子项的资源要素消耗量 × 资源要素的价格），则该单位价格是直接费单价。人工、材料、机械资源要素消耗量定额是工程计价的重要依据，与劳动生产率、社会生产力水平、技术和管理水平密切相关。发包人工程估价的定额反映的是社会平均生产力水平，而承包人进行估价的定额反映的是该企业技术与管理水平。资源要素的价格是影响工程造价的关键因素。在市场经济体制下，工程计价时采用的资源要素的价格应该是市场价格。

（2）综合单价。如果在单位价格中还考虑直接费以外的其他费用，则构成的是综合单价。综合单价由完成工程量清单中一个规定计量单位项目所需的人工费、材料费、机械使用费、管理费和利润，以及一定范围的风险费用组成。而规费和税金，是在求出单位工程分部分项工程费、措施项目费和其他项目费后再统一计取，最后汇总得出单位工程造价。

虽然工程造价的计价原理和费用构成基本上是一致的，但由于我国幅员辽阔，各省、自治区、直辖市存在实际情况的差异，目前我国既广泛推行了工程量清单计价模式，又保留了传统的工程定额计价模式。因此，我国现行的工程造价计价方式有两种：工程定额计价法和工程量清单计价法。

一、工程定额计价法

（一）第一阶段：收集资料

（1）设计图纸。设计图纸要求成套不缺，附带说明书及必需的通用设计图。在计价前要完成设计交底和图纸会审程序；

（2）现行计价依据、材料价格、人工工资标准、施工机械台班使用定额及有关费用调整的文件等；

（3）工程协议或合同；

（4）施工组织设计（施工方案）或技术组织措施等；

（5）工程计价手册，如各种材料手册、常用计算公式和数据、概算指标等各种资料。

（二）第二阶段：熟悉图纸和现场

（1）熟悉图纸。看图计量是计价的基本工作，只有看懂图纸和熟悉图纸后，才能对工程内容、结构特征、技术要求有清晰的概念，才能在计价时做到项目全、计量准、速度快。因此，在计价之前，应该留有一定时间，专门用来阅读图纸，特别是一些现代高级民用建筑，如果在没有弄清图纸之前，就急于下手计算，常常会徒劳无益，欲速而不达。阅读图纸重点应了解：

①对照图纸目录，检查图纸是否齐全；

②采用的标准图集是否已经具备；

③对设计说明或附注要仔细阅读，因为有些分章图纸中不再表示的项目或设计要求，往往在说明和附注中可以找到，稍不注意，容易漏项；

④设计上有无特殊的施工质量要求，事先列出需要另编补充定额的项目；

⑤平面坐标和竖向布置标高的控制点；

⑥本工程与总图的关系。

（2）注意施工组织设计有关内容。施工组织设计是由施工单位根据施工特点、现场情况、施工工期等有关条件编制的，用来确定施工方案、布置现场、安排进度。计价时应注意施工组织设计中影响工程费用的因素。例如，土方工程中的余土外运或缺土的来源、大宗材料的堆放地点、预制构件的运输、地下工程或高层工程的垂直运输方法、设备构件的吊装方法、特殊构筑物的机具制作、安全防火措施等，单凭图纸和定额是无法提供的，只有按照施工组织设计的要求才能具体补充项目和计算。

（3）结合现场实际情况。在图纸和施工组织设计仍不能完全表示时，必须深入现场，进行实际观察，以补充上述的不足。例如，土方工程的土壤类别、现场有无障碍物需要拆除和清理。在新建和扩建过程中，有些项目或工程量依据图纸无法计算时，必须到现场实际测量。

总之，对各种资料和情况掌握得越全面、越具体，工程计价就越准确、越可靠，并且尽可能地将可能考虑到的因素列入计价范围内，以减少开工以后频繁的现场签证。

（三）第三阶段：计算工程量

（1）计算工程量是一项工作量很大，而又十分细致的工作。工程量是计价的基本数据，计算的精确程度不仅影响到工程造价，而且影响到与之关联的一系列数据，如计划、统计、劳动力、材料等。因此，绝不能把工程量看成单纯的技术计算，它对整个企业的经营管理都有重要的意义。计算工程量一般可按下列具体步骤进行：

①根据施工图示的工程内容和定额项目，列出需计算工程量的分部分项；根据一定的计算顺序和计算规则，列出计算式。

②根据施工图示尺寸及有关数据，代入计算式进行数学计算。

③按照定额中的分部分项的计量单位对相应的计算结果的计量单位进行调整，使之一致。

（2）工程量，要根据图纸所标明的尺寸、数量及附有的设备明细表、构件明细表来计算，一般应注意下列几点：

①要严格按照计价依据的规定和工程量计算规则，结合图纸尺寸进行计算，不能随意地加大或缩小各部位尺寸。

②为了便于核对，计算工程量一定要注明层次、部位、轴线编号及断面符号。计算式要力求简单明了，按一定程序排列，填入工程量计算表，以便查对。

③尽量采用图中已经通过计算注明的数量和附表，如门窗表、预制构件表、钢筋表、设备表、安装主材表等，必要时查阅图纸进行核对。因为，设计人员往往是从设计角度来计算材料和构件的数量，除了口径不尽一致外，常常有遗漏和误差现象，要加以改正。

④计算时要防止重复计算和漏算。在比较复杂的工程或工作经验不足时，最容易发生的是漏项漏算或重项重算，因此，在计价之前先看懂图纸，弄清各页图纸的关系及细部说明。一般也可按照施工次序，由上而下，由外而内，由左而右，事先草列分部分项名称，依次进行计算。在计算中发现有新的项目，随时补充进去，防止遗忘。也可以采用分页图纸逐张清算的办法，以便先减少一部分图纸数量，集中精力计算比较复杂的部分。计算工程量，有条件的尽量分层、分段、分部位来计算，最后将同类项加以合并，编制工程量汇总表。

（四）第四阶段：套定额单价

在计价过程中，如果工程量已经核对无误，项目不漏不重，则余下的问题就是如何正确套价。计算直接费套价应注意以下事项：

（1）分项工程名称、规格和计算单位必须与定额中所列内容完全一致，即以定额中找出与之相适应的项目编号，查出该项工程的单价。套单价要求准确、适用，否则得出的结果就会偏高或偏低。熟练的专业人员，往往在计算工程量划分项目时，就考虑到如何与定额项目相符合，如混凝土要注明强度等级等，以免在套价时，仍需查找图纸和重新计算。

（2）定额换算。任何定额本身的制定都是按照一般情况综合考虑的，存在有许多缺项和不完全符合图纸要求的地方，因此，必须根据定额进行换算，即以某分项定额为基础进行局部调整，如材料品种改变和数量增加、混凝土和砂浆强度等级与定额规定不同、使用的施工机具种类型号不同、原定额工日需增加的系数等。有的项目允许换算，有的项目不允许换算，均按定额规定执行。

（3）补充定额编制。当施工图纸的某些设计要求与定额项目特征相差甚远，既不能直接套用也不能换算、调整时，必须编制补充定额。

（五）第五阶段：编制工料分析表

根据各分部分项工程的实物工程量和相应定额中项目所列的用工工日及材料数量计算出各分部分项工程所需的人工及材料数量，相加汇总便得出该单位工程所需要的各类人工和材料的数量。

（六）第六阶段：费用计算

在项目、工程量、单价经复查无误后，将所列项工程实物量全部计算出来后，就可以按所套用的相应定额单价计算直接工程费，进而计算直接费、间接费、利润及税金等各种费用，并汇总得出工程造价。

（七）第七阶段：复核

工程计价完成后，需对工程计价结果进行复核，以便及时发现差错，提高成果质量。复核时，应对工程量计算公式和结果、套价、各项费用的取费及计算基础和计算结果、材料和人工价格及其价格调整等方面是否正确进行全面复核。

（八）第八阶段：编制说明

编制说明是说明工程计价的有关情况，包括编制依据、工程性质、内容范围、设计图纸号、所用计价依据、有关部门的调价文件号、套用单价或补充定额子目的情况及其他需要说明的问题。封面填写应写明工程名称、工程编号、工程量（建筑面积）、工程总造价、编制单位名称、法定代表人、编制人及其资格证号和编制日期等。

二、工程量清单计价法

工程量清单计价法的程序和方法与工程量定额计价法基本一致，只是第四～六阶段有所不同，具体如下：

（一）第四阶段：工程量清单项目组价

组价的方法和注意事项与工程定额计价法相同，每个工程量清单项目包括一个或

几个子目，每个子目相当于一个定额子目。所不同的是，工程量清单项目套价的结果是计算该清单项目的综合单价，并不是计算该清单项目的直接工程费。

（二）第五阶段：分析综合单价

工程量清单的工程数量，按照国家标准《建设工程工程量清单计价规范》规定的工程量计算规则计算。一个工程量清单项目由一个或几个定额子目组成，将各定额子目的综合单价汇总累加，再除以该清单项目的工程数量，即可求得该清单项目的综合单价。

（三）第六阶段：费用计算

在工程量计算、综合单价分析经复查无误后，即可进行分部分项工程费、措施项目费、其他项目费、规费和税金的计算，从而汇总得出工程造价。

其中，措施项目包括通用项目、建筑工程措施项目、装饰装修工程措施项目、安装工程措施项目和市政工程措施项目等，措施项目综合单价的构成与分部分项工程项目综合单价构成类似。

第二节　工程造价计价依据的分类

一、工程计价依据体系

按照我国工程计价依据的编制和管理权限的规定，目前我国已经形成了由法律法规和国家、各省（自治区、直辖市）和国务院有关建设主管部门的规章、相关政策文件及标准、定额等相互支撑、互为补充的工程计价依据体系。

二、工程造价计价依据的分类

工程造价计价依据是据以计算造价的各类基础资料的总称。由于影响工程造价的因素很多，每一项工程的造价都要根据工程的用途、类别、结构特征、建设标准、所在地区和坐落地点、市场价格信息，以及政府的产业政策、税收政策和金融政策等作具体计算。因此，需要把确定上述因素相关的各种量化定额或指标等作为计价的基础。计价依据除法律法规规定的以外，一般以合同形式加以确定。

工程造价计价依据必须满足以下要求：准确可靠，符合实际；可信度高，具有权威；数据化表达，便于计算；定性描述清晰，便于正确利用。

（一）按用途分类

工程造价的计价依据按用途分类，概括起来可以分为7大类18小类。

（1）第1类，规范工程计价的依据：国家标准《建设工程工程量清单计价规范》《建筑工程建筑面积计算规范》，行业协会推荐性标准，如中国建设工程造价管理协会发布的《建设项目投资估算编审规程》《建设项目设计概算编审规程》《建设项目工程结算编审规程》《建设项目全过程造价咨询规程》等。

（2）第2类，计算设备数量和工程量的依据：可行性研究资料。初步设计、扩大初步设计、施工图设计图纸和资料，工程变更及施工现场签证。

（3）第3类，计算分部分项工程人工、材料、机械台班消耗量及费用的依据：概算指标、概算定额、预算定额，人工单价、材料预算单价，机械台班单价，工程造价信息。

（4）第4类，计算建筑安装工程费用的依据：费用定额、价格指数。

（5）第5类，计算设备费的依据：设备价格、运杂费率等。

（6）第6类，计算工程建设其他费用的依据：用地指标、各项工程建设其他费用定额等。

（7）第7类，和计算造价相关的法规和政策：包含在工程造价内的税种、税率。

（二）按使用对象分类

第1类，规范建设单位（业主）计价行为的依据：可行性研究资料、用地指标、工程建设其他费用定额等。

第2类，规范建设单位（业主）和承包商双方计价行为的依据：包括国家标准《建设工程工程量清单计价规范》《建设工程建筑面积计算规范》，以及中国建设工程造价管理协会发布的建设项目投资估算、设计概算、工程结算、全过程造价咨询等规程；初步设计、扩大初步设计、施工图设计；工程变更及施工现场签证；概算指标、概算定额、预算定额；人工单价；材料预算单价；机械台班单价；工程造价信息；间接费定额；设备价格、运杂费率等；包含在工程造价内的税种、税率；利率和汇率；其他计价依据。

三、工程建设定额的分类

定额就是一种规定的额度或数量标准。工程建设定额就是完成某一建筑产品所需消耗的人力、物力和财力的数量标准。定额是企业科学管理的产物，工程定额反映了在一定社会生产力水平的条件下，建设工程施工的管理和技术水平。

在建筑安装施工生产中，根据需要而采用不同的定额。例如，用于企业内部管理

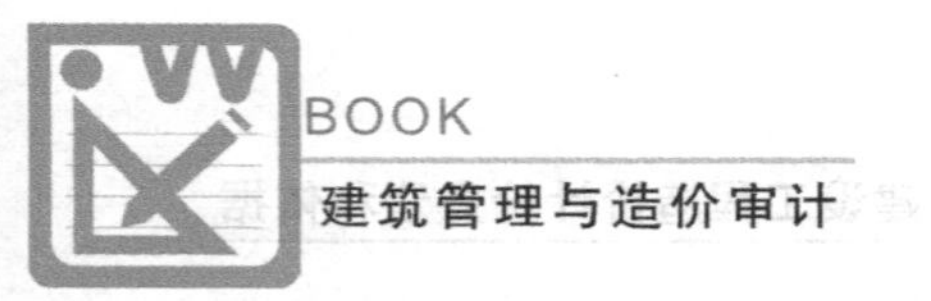

的企业定额；又如，为了计算工程造价，要使用估算指标、概算定额、预算定额（包括基础定额）、费用定额等。因此，工程建设定额可以从不同的角度进行分类。

（一）按定额反映的生产要素消耗内容分类

1. 劳动定额

劳动定额规定了在正常施工条件下某工种某等级的工人，生产单位合格产品所需消耗的劳动时间，或是在单位时间内生产合格产品的数量。

2. 材料消耗定额

材料消耗定额是在节约和合理使用材料的条件下，生产单位合格产品所必须消耗的一定品种规格的原材料、半成品、成品或结构构件的数量。

3. 机械台班消耗量定额

机械台班消耗量定额是在正常施工条件下，利用某种机械，生产单位合格产品所必须消耗的机械工作时间，或是在单位时间内机械完成合格产品的数量。

（二）按定额的不同用途分类

1. 施工定额

施工定额是企业内部使用的定额，它以同一性质的施工过程为研究对象，由劳动定额、材料消耗定额、机械台班消耗定额组成。它既是企业投标报价的依据，也是企业控制施工成本的基础。

2. 预算定额

预算定额是编制工程预结算时计算和确定一个规定计量单位的分项工程或结构构件的人工、材料、机械台班耗用量（或货币量）的数量标准。它是以施工定额为基础的综合扩大。

3. 概算定额

概算定额是编制扩大初步设计概算时和确定扩大分项工程的人工、材料、机械台班耗用量（或货币量）的数量标准。它是预算定额的综合扩大。

4. 概算指标

概算指标是在初步设计阶段编制工程概算所采用的一种定额，是以整个建筑物或构筑物为对象，以“平方米”“立方米”或“座”等为计量单位规定人工、材料、机械台班耗用量的数量标准。它比概算定额更加综合扩大。

5. 投资估算指标

投资估算指标是在项目建议书和可行性研究阶段编制，计算投资需要量时使用的一种定额，一般以独立的单项工程或完整的工程项目为对象，编制和计算投资需要量时使用的一种定额。它也是以预算定额、概算定额为基础的综合扩大。

（三）按定额的编制单位和执行范围分类

1. 全国统一定额

全国统一定额是由国家建设行政主管部门根据全国各专业工程的生产技术与组织管理情况而编制的、在全国范围内执行的定额，如《全国统一安装工程预算定额》等。

2. 地区统一定额

地区统一定额按照国家定额分工管理的规定，由各省、直辖市、自治区建设行政主管部门根据本地区情况编制的、在其管辖的行政区域内执行的定额，如各省、直辖市、自治区的《建筑工程预算定额》等。

3. 行业定额

行业定额按照国家定额分工管理的规定，由各行业部门根据本行业情况编制的、只在本行业和相同专业性质使用的定额，如交通部发布的《公路工程预算定额》等。

4. 企业定额

企业定额由企业根据自身具体情况编制，在本企业内部使用的定额，如施工企业定额等。

5. 补充定额

当现行定额项目不能满足生产需要时，根据现场实际情况一次性补充定额，并报当地造价管理部门批准或备案。

（四）按照投资的费用性质分类

1. 建筑工程定额

建筑工程一般是指房屋和构筑物工程包括土建工程、电气工程（动力、照明、弱电）、暖通工程（给排水、暖、通风工程）、工业管道工程、特殊构筑物工程等。建筑工程广义上被理解为包含其他各类工程，如道路、铁路、桥梁、隧道、运河、堤坝、港口、电站、机场等工程。建筑工程定额在整个工程建设定额中是一种非常重要的定额，在定额管理中占有突出的地位。

2. 设备安装工程定额

设备安装工程是对需要安装的设备进行定位、组合、校正、调试等工作的工程。在工业项目中，机械设备安装和电气设备安装工程占有重要地位。在非生产性的建设项目中，由于社会生活和城市设施的日益现代化，设备安装工程量也在不断增加。

设备安装工程定额和建筑工程定额是两种不同类型的定额，一般都要分别编制，各自独立。但是，设备安装工程和建筑工程是单项工程的两个有机组成部分，在施工中有时间连续性，也有作业的搭接和交叉，互相协调，在这个意义上通常把建筑和设备安装工程作为一个施工过程来看待，即建筑安装工程。所以有时合二而一，称为建筑安装工程定额。

3. 建筑安装工程费用定额

建筑安装工程费用定额是指与建筑安装施工生产的个别产品无关，而为企业生产全部产品所必需，为维持企业的经营管理活动所必需发生的各项费用开支的费用消耗标准。

4. 工程建设其他费用定额

工程建设其他费用定额是独立于建筑安装工程、设备和工器具购置之外的其他费用开支的标准。工程建设的其他费用的发生和整个项目的建设密切相关。

第三节　预算定额、概算定额和投资估算指标

一、预算定额

（一）预算定额的概念

预算定额是建筑工程预算定额和安装工程预算定额的总称。随着我国推行工程量清单计价，一些地方出现综合定额、工程量清单计价定额、工程消耗量定额等，但其本质上仍应归于预算定额一类。

预算定额是计算和确定一个规定计量单位的分项工程或结构构件的人工、材料和施工机械台班消耗的数量标准。

（二）预算定额的作用

（1）预算定额是编制施工图预算、确定工程造价的依据；

（2）预算定额是建筑安装工程在工程招投标中确定招投标控制价和招投标报价的依据；

（3）预算定额是建设单位拨付工程价款、建设资金和编制竣工结算的依据；

（4）预算定额是施工企业编制施工计划，确定劳动力、材料、机械台班需用量计划和统计完成工程量的依据；

（5）预算定额是施工企业实施经济核算制、考核工程成本的参考依据；

（6）预算定额是对设计方案和施工方案进行技术经济评价的依据；

（7）预算定额是编制概算定额的基础。

（三）预算定额的编制原则

1. 社会平均水平的原则

预算定额理应遵循价值规律的要求，按生产该产品的社会平均必要劳动时间来确定其价值。这就是说，在正常施工条件下，以平均的劳动强度、平均的技术熟练程度，在平均的技术装备条件下，完成单位合格产品所需的劳动消耗量就是预算定额的消耗量水平。这种以社会平均劳动时间来确定的定额水平，就是通常所说的社会平均水平。

2. 简明适用的原则

定额的简明与适用是统一体中的两个方面，要求既简明又适用。一般地说，如果只强调简明，适用性就差；如果只强调适用，简明性就差。因此，预算定额要在适用的基础上力求简明。

（四）预算定额的编制依据

（1）全国统一劳动定额、全国统一基础定额；

（2）现行的设计规范、施工验收规范、质量评定标准和安全操作规程；

（3）通用的标准图和已选定的典型工程施工图纸；

（4）推广的新技术、新结构、新材料、新工艺；

（5）施工现场测定资料、实验资料和统计资料；

（6）现行预算定额及基础资料和地区材料预算价格、工资标准及机械台班单价。

（五）预算定额的编制步骤

预算定额的编制一般分为以下 3 个阶段进行。

1. 准备工作阶段

（1）根据国家或授权机关关于编制预算定额的指示，由工程建设定额管理部门主持，成立编制预算定额的领导机构和各专业小组。

（2）拟定编制预算定额的工作方案，提出编制预算定额的基本要求，确定预算定额的编制原则、适用范围，确定项目划分及预算定额表格形式等。

（3）调查研究、收集各种编制依据和资料。

2. 编制初稿阶段

（1）对调查和收集的资料进行深入细致的分析研究。

（2）按编制方案中项目划分的规定和所选定的典型施工图纸计算出工程量，并根据取定的各项消耗指标和有关编制依据，计算分项定额中的人工、材料和机械台班消耗量，编制出预算定额项目表。

（3）测算预算定额水平。预算定额征求意见稿编出后，应将新编预算定额与原预算定额进行比较，测算新预算定额水平是提高还是降低，并分析预算定额水平提高或降低的原因。

3. 修改和审查计价定额阶段

组织基本建设有关部门讨论《预算定额征求意见稿》，将征求的意见交编制小组重新修改定稿，并写出预算定额编制说明和送审报告，连同预算定额送审稿报送主管机关审批。

（六）预算定额各消耗量指标的确定

1. 预算定额计量单位的确定

预算定额计量单位的选择，与预算定额的准确性、简明适用性及预算工作的繁简有着密切的关系。因此，在计算预算定额各种消耗量之前，应首先确定其计量单位。

在确定预算定额计量单位时，首先应考虑该单位能否反映单位产品的工、料消耗量，保证预算定额的准确性；其次，要有利于减少定额项目，保证定额的综合性；最后，要有利于简化工程量计算和整个预算定额的编制工作，保证预算定额编制的准确性和及时性。

由于各分项工程的形体不同，预算定额的计量单位应根据上述原则和要求，按照分项工程的形体特征和变化规律来确定。凡物体的长、宽、高3个度量都在变化时，应采用“立方米”为计量单位；当物体有一固定的不同厚度，而它的长和宽两个度量所决定的面积不固定时，宜采用“平方米”为计量单位；如果物体截面形状大小固定，但长度不固定时，应以“延长米”为计量单位；有的分部分项工程体积、面积相同，但质量和价格差异很大（如金属结构的制作、运输、安装等），应当以质量单位“千克”或“吨”计算；有的分项工程还可以按“个”“组”“座”“套”等自然计量单位计算。

预算定额单位确定以后，在预算定额项目表中，常采用所取单位的10倍、100倍等倍数的计量单位来制定预算定额。

2. 预算定额消耗量指标的确定

根据劳动定额、材料消耗定额、机械台班定额来确定消耗量指标。

按选定的典型工程施工图及有关资料计算工程量。计算工程量的目的是综合组成分项工程各实物量的比例，以便采用劳动定额、材料消耗定额、机械台班定额计算出综合后的消耗量。

（1）人工消耗指标的确定。预算定额中的人工消耗指标是指完成该分部分项工程必须消耗的各种用工，包括基本用工、材料超运距用工、辅助用工和人工幅度差。

①基本用工。基本用工指完成该分项工程的主要用工，如砌砖工程中的砌砖、调制砂浆、运砖等的用工；将劳动定额综合成预算定额的过程中，还要增加砌附墙烟囱孔、垃圾道等的用工。

②材料超运距用工。预算定额中的材料、半成品的平均运距要比劳动定额的平均运距远，因此超过劳动定额运距的材料要计算超运距用工。

③辅助用工。辅助用工指施工现场发生的加工材料等的用工，如筛沙子、淋石灰膏的用工。

④人工幅度差。人工幅度差主要指正常施工条件下，劳动定额中没有包含的用工因素，如各工种交叉作业配合工作的停歇时间，工程质量检查和工程隐蔽、验收等所占的时间。

（2）材料消耗指标的确定。由于预算定额是在基础定额的基础上综合而成的，因此其材料用量也要综合计算。

（3）施工机械台班消耗指标的确定。预算定额的施工机械台班消耗指标的计量单位是台班。按现行规定，每个工作台班按机械工作 8 小时计算。

预算定额中的机械台班消耗指标应按《全国统一劳动定额》中各种机械施工项目所规定的台班产量进行计算。

预算定额中以使用机械为主的项目（如机械挖土、空心板吊装等），其工人组织和台班产量应按劳动定额中的机械施工项目综合而成。此外，还要相应增加机械幅度差。

预算定额项目中的施工机械是配合工人班组工作的，所以，施工机械要按工人小组配置使用，如砌墙是按工人小组配置塔吊、卷扬机、砂浆搅拌机等。配合工人小组施工的机械不增加机械幅度差。

（七）编制定额项目表

当分项工程的人工、材料和机械台班消耗量指标确定后，就可以着手编制定额项目表。

在项目表中，工程内容可以按编制时即包括的综合分项内容填写，人工消耗量指标可按工种分别填写工日数，材料消耗量指标应列出主要材料名称、单位和实物消耗量，机械台班使用量指标应列出主要施工机械的名称和台班数。人工和中小型施工机械也可按“人工费和中小型机械费”表示。

（八）预算定额的编排

定额项目表编制完成后，对分项工程的人工、材料和机械台班消耗量列上单价（基期价格），从而形成量价合一的预算定额。各分部分项工程人工、材料、机械单价所汇总的价称基价，在具体应用中，按工程所在地的市场价格进行价差调整，体现量、价分离的原则，即定额量、市场价原则。

二、概算定额和概算指标

（一）概算定额的概念

概算定额又称扩大结构定额，规定了完成单位扩大分项工程或单位扩大结构构件所必须消耗的人工、材料和机械台班的数量标准。

概算定额是由预算定额综合而成的。按照《建设工程工程量清单计价规范》的要求，为适应工程招标投标的需要，有的地方预算定额项目的综合已与概算定额项目一致。例如，挖土方只一个项目，不再划分一、二、三、四类土；砖墙也只有一个项目，综合了外墙、半砖、一砖、一砖半、二砖、二砖半墙等；化粪池、水池等按“座”计算，综合了土方、砌筑或结构配件全部项目。

（二）概算定额的主要作用

（1）概算定额是扩大初步设计阶段编制设计概算和技术设计阶段编制修正概算的依据；

（2）概算定额是对设计项目进行技术经济分析和比较的基础资料之一；

（3）概算定额是编制建设项目主要材料计划的参考依据；

（4）概算定额是编制概算指标的依据；

（5）概算定额是编制招标控制价和投标报价的依据。

（三）概算定额的编制依据

（1）现行的预算定额；

（2）选择的典型工程施工图和其他有关资料；

（3）人工工资标准、材料预算价格和机械台班预算价格。

（四）概算定额的编制步骤

1. 准备工作阶段

该阶段的主要工作是确定编制机构和人员组成，进行调查研究，了解现行概算定额的执行情况和存在的问题，明确编制定额的项目。在此基础上，制定出编制方案和确定概算定额项目。

2. 编制初稿阶段

该阶段根据制定的编制方案和确定的定额项目，收集和整理各种数据，对各种资料进行深入细致的测算和分析，确定各项目的消耗指标，最后编制出定额初稿。

该阶段要测算概算定额水平，容包括两个方面：新编概算定额与原概算定额的水平测算，概算定额与预算定额的水平测算。

3. 审查定稿阶段

该阶段要组织有关部门讨论定额初稿，在听取合理意见的基础上进行修改，最后将修改稿请报上级主管部门审批。

（五）概算指标

概算指标是以整个建筑物或构筑物为对象，以“平方米”“立方米”或“座”等为计量单位，规定了人工、材料、机械台班的消耗指标的一种标准。

1. 概算指标的主要作用

（1）概算指标是基本建设管理部门编制投资估算和编制基本建设计划、估算主要材料用量计划的依据；

（2）概算指标是设计单位编制初步设计概算、选择设计方案的依据；

（3）概算指标是考核基本建设投资效果的依据。

2. 概算指标的主要内容和形式

概算指标的内容和形式没有统一的格式，一般包括以下内容：

（1）工程概况，包括建筑面积、建筑层数、建筑地点、时间、工程各部位的结构及做法等；

（2）工程造价及费用组成；

（3）每平方米建筑面积的工程量指标；

（4）每平方米建筑面积的工料消耗指标。

三、投资估算指标

（一）投资估算指标的作用

工程建设投资估算指标是编制项目建议书、可行性研究报告等前期工作阶段投资估算的依据，也可以作为编制固定资产长远规划投资额的参考。投资估算指标为完成项目建设的投资估算提供依据和手段，它在固定资产的形成过程中起着投资预测、投资控制、投资效益的分析作用，是合理确定项目投资的基础。估算指标中的主要材料消耗量也是一种扩大材料消耗量的指标，可以作为计算建设项目主要材料消耗量的基础。估算指标的正确制定对于提高投资估算的准确度，对建设项目的合理评估、正确决策具有重要意义。

（二）投资估算指标的内容

投资估算指标是确定和控制建设项目全过程各项投资支出的技术经济指标，其范围涉及建设前期、建设实施期和竣工验收交付使用期等各个阶段的费用支出，内容因行业不同各异，一般可分为建设项目综合指标、单项工程指标和单位工程指标3个层次。

1. 建设项目综合指标

建设项目综合指标指按规定应列入建设项目总投资的从立项筹建开始至竣工验收交付使用的全部投资额，包括单项工程投资、工程建设其他费用和预备费等。

建设项目综合指标一般以项目的综合生产能力单位投资表示，如元 / 吨、元 / 千瓦；或以使用功能表示，如医院床位：元 / 床位。

2. 单项工程指标

单项工程指标指按规定应列入能独立发挥生产能力或使用效益的单项工程内的全

部投资额，包括建筑工程费、安装工程费、设备及生产工器具购置费和其他费用。

单项工程指标一般以单项工程生产能力单位投资，如元/吨或其他单位表示。例如，变电站：元/千伏安；锅炉房：元/蒸汽吨；供水站：元/立方米；办公室、仓库、宿舍、住宅等房屋建筑工程则区别不同结构形式，以元/平方米表示。

3. 单位工程指标

单位工程指标按规定应列入能独立设计、施工的工程项目的费用，即建筑安装工程费用。

（三）投资估算指标的编制方法

投资估算指标的编制工作涉及建设项目的产品规模、产品方案、工艺流程、设备选型、工程设计和技术经济等各个方面，既要考虑到现阶段技术状况，又要展望未来技术发展趋势和设计动向，从而可以指导以后建设项目的实践。投资估算指标的编制一般分为 3 个阶段进行。

1. 收集整理资料阶段

收集整理已建成或正在建设的、符合现行技术政策和技术发展方向、有可能重复采用的、有代表性的工程设计施工图、标准设计及相应的竣工决算或施工图预算资料等。将整理后的数据资料按项目划分栏目加以归类，按照编制年度的现行定额、费用标准和价格，调整成编制年度的造价水平及相互比例。

2. 平衡调整阶段

由于调查收集的资料来源不同，虽然经过一定的分析整理，但难免会由于设计方案、建设条件和建设时间上的差异带来的某些影响使数据失准或漏项等。因此，必须对有关资料进行综合平衡调整。

3. 测算审查阶段

测算是将新编的指标和选定工程的概预算在同一价格条件下进行比较，检验其“量差”的偏离程度是否在允许偏差的范围以内。如偏差过大，则要查找原因，进行修正，以保证指标的确切、实用。由于投资估算指标的计算工作量非常大，在现阶段计算机已经广泛普及的条件下，应尽可能应用电子计算机进行投资估算指标的编制工作。

第四节　人工、材料、机械台班消耗量定额

人工、材料、机械台班消耗量以劳动定额、材料消耗定额、施工机械台班定额的形式来表现，它是工程计价最基础的定额，是地方和行业部门编制预算定额的基础，也是个别企业依据其自身的消耗水平编制企业定额的基础。

一、劳动定额

（一）劳动定额的概念

劳动定额也称人工定额，指在正常施工条件下，某等级工人在单位时间内完成合格产品的数量或完成单位合格产品所需的劳动时间。按其表现形式的不同，可分为时间定额和产量定额。劳动定额是确定工程建设定额人工消耗量的主要依据。

（二）劳动定额的分类及其关系

1. 劳动定额的分类

劳动定额分为时间定额和产量定额。

（1）时间定额。时间定额是指某工种某一等级的工人或工人小组在合理的劳动组织等施工条件下，完成单位合格产品所必须消耗的工作时间。

（2）产量定额。产量定额是指某工种某等级工人或工人小组在合理的劳动组织等施工条件下，在单位时间内完成合格产品的数量。

（三）工作时间

完成任何施工过程都必须消耗一定的工作时间。要研究施工过程中的工时消耗量，就必须对工作时间进行分析。

工作时间是指工作班的延续时间。建筑安装企业工作班的延续时间为 8 小时（每个工日）。

工作时间的研究是将劳动者整个生产过程中所消耗的工作时间，根据其性质、范围和具体情况进行科学划分、归类，明确规定哪些属于定额时间，哪些属于非定额时间，找出非定额时间损失的原因，以便拟定技术组织措施，消除产生非定额时间的因素，以充分利用工作时间，提高劳动生产率。

对工作时间的研究和分析，可以分为工人工作时间和机械工作时间两个系统进行。

1. 工人工作时间

工人工作时间可以划分为定额时间和非定额时间两大类。

（1）定额时间。定额时间是指工人在正常施工条件下，为完成一定数量的产品

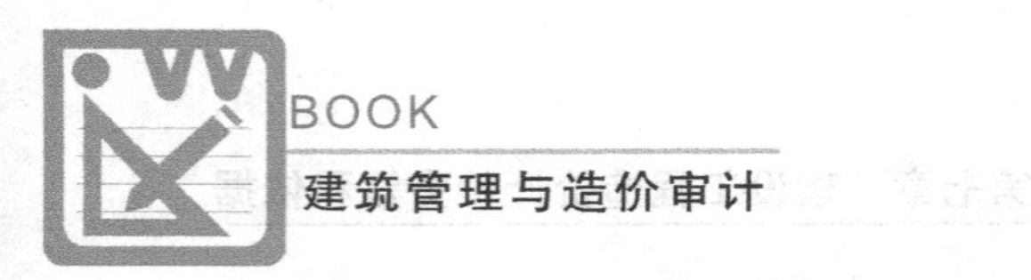

或任务所必须消耗的工作时间，包括：

①准备与结束工作时间：工人在执行任务前的准备工作（包括工作地点、劳动工具、劳动对象的准备）和完成任务后的整理工作时间。

②基本工作时间：工人完成与产品生产直接有关的工作时间。如砌砖施工过程的挂线、铺灰浆、砌砖等工作时间。基本工作时间一般与工作量的大小成正比。

③辅助工作时间：为了保证基本工作顺利完成而同技术操作无直接关系的辅助性工作时间，如修磨校验工具、移动工作梯、工人转移工作地点等所需时间。

④休息时间：工人为恢复体力所必需的休息时间。

⑤不可避免的中断时间：由于施工工艺特点所引起的工作中断时间。如汽车司机等候装货的时间、安装工人等候构件起吊的时间等。

（2）非定额时间。

（1）多余和偶然工作时间：在正常施工条件下不应发生的时间消耗，如拆除超过图示高度的多余墙体的时间；

（2）施工本身造成的停工时间：由于气候变化和水、电源中断而引起的中断时间；

（3）违反劳动纪律的损失时间：在工作班内工人迟到、早退、闲谈、办私事等原因造成的工时损失。

2. 机械工作时间

机械工作时间的分类与工人工作时间的分类相比，有一些不同点，如在必须消耗的时间中所包含的有效工作时间的内容不同。通过分析可以看到，两种时间的不同点是由机械本身的特点所决定的。

（1）定额时间。

①有效工作时间：包括正常负荷下的工作时间、有根据的降低负荷下的工作时间；

②不可避免的无负荷工作时间：由施工工程的特点所造成的无负荷工作时间，如推土机到达工作段终端后倒车时间、起重机吊完构件后返回构件堆放地点的时间等；

③不可避免的中断时间：与工艺过程的特点、机械使用中的保养、工人休息等有关的中断时间，如汽车装卸货物的停车时间、给机械加油的时间、工人休息时的停机时间。

（2）非定额时间

①机械多余的工作时间：机械完成任务时无须包括的工作占用时间，如灰浆搅拌机搅拌时多运砖的时间，工作未有及时供料而使机械空运转的延续时间；

②机械停工时间：由于施工组织不好及由于气候条件影响所引起的停工时间，如未及时给机械加水、加油而引起的停工时间；

③违反劳动纪律的停工时间：由于工作迟到、早退等原因引起的机械停工时间。

（四）劳动定额的编制方法

1. 经验估计法

经验估计法是根据定额员、技术员、生产管理人员和老工人的实际工作经验，对生产某一产品或完成某项工作所需的人工、机械台班、材料数量进行分析、讨论和估算，并最终确定定额耗用量的一种方法。

2. 统计计算法

统计计算法是一种运用过去统计资料确定定额的方法。

3. 技术测定法

技术测定法是通过对施工过程的具体活动进行实地观察，详细记录工人和机械的工作时间消耗、完成产品数量及有关影响因素，并将记录结果予以研究、分析，去伪存真，整理出可靠的原始数据资料，为制定定额提供科学依据的一种方法。

4. 比较类推法

比较类推法也称典型定额法。比较类推法是在相同类型的项目中，选择有代表性的典型项目，然后根据测定的定额用比较类推的方法编制其他相关定额的一种方法。

二、材料消耗定额

（一）材料消耗定额的概念

材料消耗定额是指在正常的施工条件和合理使用材料的情况下，生产质量合格的单位产品所必须消耗的建筑安装材料的数量标准。

（二）净用量定额和损耗量定额

材料消耗定额包括：

（1）直接用于建筑安装工程上的材料；

（2）不可避免产生的施工废料；

（3）不可避免的材料施工操作损耗。

其中，直接构成建筑安装工程实体的材料称为材料消耗净用量定额，不可避免的施工废料和材料施工操作损耗量称为材料损耗量定额。

（三）编制材料消耗定额的基本方法

1. 现场技术测定法

用该方法主要是为了取得编制材料损耗定额的资料。材料消耗中的净用量比较容易确定，但材料消耗中的损耗量不能随意确定，需通过现场技术测定来区分哪些属于难以避免的损耗，哪些属于可以避免的损耗，从而确定出较准确的材料损耗量。

2. 试验法

试验法是在实验室内采用专用的仪器设备，通过试验的方法来确定材料消耗定额的一种方法。用这种方法提供的数据虽然精确度高，但容易脱离现场实际情况。

3. 统计法

统计法是通过对现场用料的大量统计资料进行分析计算的一种方法。用该方法可获得材料消耗的各项数据，用以编制材料消耗定额。

4. 理论计算法

理论计算法是运用一定的计算公式计算材料消耗量，确定消耗定额的一种方法。这种方法较适合计算块状、板状、卷状等材料的消耗量。

三、施工机械台班定额

施工机械台班定额是施工机械生产率的反映，编制高质量的施工机械台班定额是合理组织机械化施工，有效地利用施工机械，进一步提高机械生产率的必备条件。编制施工机械台班定额，主要包括以下内容：

（一）拟定正常的施工条件

机械操作与人工操作相比，劳动生产率在更大程度上受施工条件的影响，所以更要重视拟定正常的施工条件。

（二）确定施工机械纯工作 1 小时的正常生产率

要确定施工机械正常生产率，必须先确定施工机械纯工作 1 小时的劳动生产率。因为只有先取得施工机械纯工作 1 小时正常生产率，才能根据施工机械利用系数计算出施工机械台班定额。

施工机械纯工作时间，就是指施工机械必须消耗的净工作时间，包括正常工作负荷下，有根据降低负荷下、不可避免的无负荷时间和不可避免的中断时间。施工机械纯工作 1 小时的正常生产率，就是在正常施工条件下，由具备一定技能的技术工人操作施工机械净工作 1 小时的劳动生产率。

确定机械纯工作 l 小时正常劳动生产率可以分为 3 步进行：

第一步，计算施工机械 1 次循环的正常延续时间；

第二步，计算施工机械纯工作 1 小时的循环次数；

第三步，求施工机械纯工作 1 小时的正常生产率。

（三）确定施工机械的正常利用系数

机械的正常利用系数是指机械在工作班内工作时间的利用率。机械的正常利用系数与工作班内的工作状况有着密切的关系。

要确定机械正常利用系数，首先，要计算工作班在正常状况下，准备与结束工作、机械开动、机械维护等工作所必需消耗的时间，以及机械有效工作的开始与结束时间；然后，计算机械工作班的纯工作时间；最后，确定机械正常利用系数。

（四）计算机械台班定额

计算机械台班定额是编制机械台班定额的最后一步。在确定了机械工作正常条件、机械 1 小时纯工作时间正常生产率和机械利用系数后，就可以确定机械台班的定额指标了。

第五节 人工、材料、机械台班单价及定额基价

预算定额人工、材料、机械台班消耗量确定后，就需要确定人工、材料、机械台班消耗量的单价。

一、人工单价

人工单价包括：基本工资、工资性补贴、生产工人辅助工资、职工福利费、生产工人劳动保护费。

随着，社会主义市场经济体制的逐步建立，企业按劳分配自主权的扩大，建筑企业工资分配标准早已突破以前企业工资标准的规定。因此，为适应社会主义市场经济的需要，人工单价应参考建筑劳务市场来确定。

二、材料单价

（一）材料单价的概念及其组成

1. 材料单价的概念

材料单价是指材料由其来源地（或交货地）运至工地仓库堆放场地后的出库价格。这里指的材料包括构件、半成品及成品。

2. 材料单价的组成

材料单价由下列费用组成：

（1）材料原价（供应价格）；

（2）包装费；

（3）材料运杂费；

（4）运输损耗费；

（5）采购及保管费；

（6）检验试验费。

（二）材料单价中各项费用的确定

1. 材料原价（或供应价格）

材料原价是指材料的出厂价格、进口材料抵岸价或销售部门的批发价和市场采购价（或信息价）。

在确定材料原价时，如同一种材料，因来源地、供应单位或生产厂家不同，有几种价格时，要根据不同来源地的供应数量比例，采取加权平均的方法计算其材料原价。

2. 包装费

包装费是为了便于材料运输和保护材料而进行包装所需的一切费用。包装费包括包装品的价值和包装费用。

凡由生产厂家负责包装的产品，其包装费已计入材料原价内，不再另行计算，但应扣回包装品的回收价值。

包装器材如有回收价值，应考虑回收价值。地区有规定者，按地区规定计算；地区无规定者，可根据实际情况确定。

3. 材料运杂费

材料运杂费是指材料由其来源地（交货地点）起（包括经中间仓库转运）运至施工地仓库或堆放场地上，全部运输过程中所支出的一切费用，包括车船等的运输费、调车费、出入仓库费、装卸费等。

4. 运输损耗费

材料运输损耗是指材料在运输和装卸搬运过程中不可避免的损耗。一般通过损耗率来规定损耗标准。

5. 采购及保管费

采购及保管费是指为组织采购、供应和保管材料过程中所需的各项费用，包括采购费、仓储费、工地保管费、仓储损耗。

6. 检验试验费

检验试验费是指对建筑材料、构件和建筑安装物进行一般鉴定、检查所发生的费用，包括自设试验室进行实验所耗用的材料和化学药品等费用。不包括新结构、新材料的试验费和建设单位对具有出厂合格证明的材料进行的检验，对构件做破坏性试验及其他特殊要求检验试验的费用。

三、施工机械台班单价

（一）施工机械台班单价的概念

施工机械台班单价也称施工机械台班使用费，它是指单位工作台班中为使机械正常运转所分摊和支出的各项费用。

（二）施工机械台班单价的组成

施工机械台班单价按有关规定由 7 项费用组成，这些费用按其性质分为第一类费用和第二类费用。

1. 第一类费用

第一类费用也称不变费用，是指属于分摊性质的费用，包括折旧费、大修理费、经常修理费安拆费及场外运输费。

2. 第二类费用

第二类费用也称可变费用，是指属于支出性质的费用包括燃料动力费、人工费、其他费用（养路费及车船使用税、保险费及年检费）等。

（三）第一类费用的计算

1. 折旧费

折旧费是指施工机械在规定的使用期限（耐用总台班）内，陆续收回其原值及购置资金的时间价值。

2. 大修理费

大修理费是指施工机械按规定的大修理间隔台班进行必要的大修理，以恢复其正常功能所需的费用。

3. 经常修理费

经常修理费是指施工机械除大修理以外的各级保养及临时故障排除所需的费用，包括为保障机械正常运转所需替换设备与随机配备工具附具的摊销及维护费用、机械运转及日常保养所需润滑与擦拭的材料费用及机械停置期间的维护保养费用等。

4. 安拆费及场外运输费

安拆费是指施工机械在现场进行安装与拆卸所需的人工、材料、机械和试运转费用，以及机械辅助设施的折旧、搭设、拆除等费用。

场外运输费指施工机械整体或分体自停放地点运至施工现场或由一施工地点运至另一施工地点的运输、装卸、辅助材料及架线费用。

（四）第二类费用的计算

1. 燃料动力费

燃料动力费是指机械在运转施工作业中所耗用的固定燃料（煤炭、木材）、液体燃料（汽油、柴油）、电力、水和风力等费用。

2. 人工费

人工费是指机上司机（司炉）和其他操作人员的工作日人工费及上述人员在机械规定的年工作台班以外的人工费。

3. 养路费及车船使用税

养路费及车船使用税是指机械按国家和有关部门规定应缴纳的养路费和车船使用税。

四、定额基价

定额基价也称分项工程单价，一般是指在一定使用期范围内建筑安装单位产品的不完全价格。

定额基价相对比较稳定，有利于简化概（预）算的编制工作。之所以是不完全价格，是因为其只包含了人工、材料、机械台班的费用，只能算出直接费。为了适应社会主义市场经济发展的需要，随着工程造价改革的进一步深化，按照《建设工程工程量清单计价规范》的要求，也可编制出建筑安装产品的完全费用单价。这种单价除了包括人工、材料、机械台班3项费用外，还包括管理费、利润等费用，形成工程量清单项目的综合单价的基价，为发承包双方组成工程量清单项目综合单价构建了平台。目前，我国已有不少省、市采用此法，取得了成效。

定额基价是确定分项工程的基准价，对编制的全国定额基价以北京市价格为基价；各省、自治区编制的定额，采用省会（首府）所在地价格。使用时在基价的基础上，根据工程所在地的市场价进行调整。定额基价具有下列优点：①定额基价相对比较稳定，有利于简化概（预）算的编制工作；②有利于建立统一建筑市场，实行统一的预算定额，避免各地市等编制单位估价表，最后还是要调价差的烦琐。

（一）基价的编制依据

（1）现行的预算定额；

（2）现行的日工资标准，目前日工资标准通常采用建筑劳务市场的价格；

（3）现行的地区材料预算价格；

（4）现行的施工机械台班价格。

（5）基价的确定方法。

（二）确定定额项目基价的步骤

（1）填写人工、材料、机械台班单价；

（2）计算人工费、材料费、机械费和分项工程基价；

（3）复核计算过程；

（4）报送审批。

（三）定额基价的套用

当施工图的设计要求与预算定额的项目内容一致时，可直接套用预算定额。

在编制单位工程施工图预算的过程中，大多数项目可以直接套用预算定额。套用时应注意以下几点：

（1）根据施工图纸、设计说明和做法说明选择定额项目；

（2）要从工程内容、技术特征和施工方法上仔细核对，才能准确地确定相对应的定额项目；

（3）分项工程项目名称和计量单位要与预算定额相一致。

（四）定额基价的换算

当施工图中的分项工程项目不能直接套用预算定额时，可进行定额换算。

1. 换算类型

预算定额的换算类型有以下 3 种：

（1）配合比材料不同时的换算；

（2）乘系数的换算，指按定额说明规定对定额中的人工费、材料费、机械费乘以各种系数的换算；

（3）其他换算。

2. 换算的基本思路

根据某一相关定额，按定额规定换入增加的费用，扣除减少的费用。

3. 适用范围

定额基价的换算适用于砂浆强度等级、混凝土强度等级、抹灰砂浆及其他配合比材料与定额不同时的换算。

第六节 建筑安装工程费用定额

一、建筑安装工程费用定额的编制原则

（一）合理确定定额水平的原则

建设安装工程费用定额的水平应按照社会必要劳动量确定。建筑安装工程费用定

额的编制工作是一项政策性很强的技术经济工作。合理的定额水平应该从实际出发。在确定建筑安装工程费用定额时，一方面要及时准确地反映企业技术和施工管理水平，促进企业管理水平不断完善提高，这些因素会对建筑安装工程费用支出的减少产生积极的影响；另一方面也应考虑由于材料预算价格上涨，定额人工费的变化会使建筑安装工程费用定额有关费用支出发生变化的因素。各项费用开支标准应符合国务院、财政部、劳动和社会保障部及各省、自治区、直辖市人民政府的有关规定。

（二）简明、适用性原则

确定建筑安装工程费用定额，应在尽可能地反映实际消耗水平的前提下，做到形式简明，方便适用。要结合工程建设的技术经济特点，在认真分析各项费用属性的基础上，理顺费用定额的项目划分。有关部门可以按照统一的费用项目划分，制定相应的费率，费率的划分应以不同类型的工程和不同企业等级承担工程的范围相适应，按工程类型划分费率，实行同一工程，同一费率，运用定额记取各项费用的方法应力求简单易行。

（三）定性与定量分析相结合的原则

建筑安装工程费用定额的编制要充分考虑可能对工程造价造成影响的各种因素。在编制其他直接费定额时，要充分考虑现场的施工条件对某个具体工程的影响，要对各种因素进行定性、定量的分析研究后制定出合理的费用标准。在编制间接费定额和现场经费定额时，要贯彻勤俭节约的原则，在满足施工生产和经营管理需要的基础上，尽量压缩非生产人员的人数，以节约企业管理费中的有关费用支出。

二、间接费定额

（一）间接费定额的基础数据

间接费定额的各项费用支出受许多因素的影响，首先要合理地确定间接费定额的基础数据指标，这些数据指标包括一下内容。

1. 全员劳动生产率

全员劳动生产率指施工企业的每个成员每年平均完成的建筑、安装工程的货币工作量。在确定全员劳动生产率指标时，要对各类企业或公司的有关资料进行分析整理，既要考虑施工企业过去 2 ~ 3 年的实际完成水平，又要考虑价格变动因素对完成建筑安装工作量的影响。重点分析自行完成建筑安装工作量和企业全员人数，以便把劳动生产率切实建立在可靠的基础上。

2. 非生产人员比例

非生产人员比例指非生产人员占施工企业职工总数的比例，非生产人员比例一般应控制在职工总数的 20%。非生产人员由以下几部分人员组成：第一部分是在企业管理费项目开支的人员，主要有企业的政工、经济、技术、警卫、后勤人员，这部分的人员占企业职工总数的16%左右；第二部分是在职职工福利费项目开支的医务、理发和保育人员，这部分人员占企业职工总数的1%左右；第三部分是在材料采购及保管费项目开支的材料采购、保管、管理人员，这部分人员占企业职工总数的3%左右。

3. 全年有效施工天数

全年有效施工天数指在施工年度内能够用于施工的天数，通常按全年日历天数扣除法定节假日、双休日天数、气候影响平均停工天数、学习开会和执行社会义务天数、婚丧病假天数后的净施工天数计取。各地区的全年有效天数由于气候因素的影响而略有不同。

4. 工资标准

工资标准指施工企业的建筑安装工人的日平均标准工资和工资性质的津贴与非生产人员的日平均标准工资和工资性津贴。工资性津贴主要指房贴、副食补贴、冬煤补贴和交通费补贴等。

5. 间接费年开支额

选择具有代表性的施工企业进行综合分析，确定出建筑安装工人每人平均的间接费开支额。

（二）间接费定额的编制方法

间接费定额的编制最终表现为间接费率。间接费的计算方法按取费基数的不同分为以下 3 种：

（1）以直接费为计算基础；

（2）人工费和机械费合计为计算基础；

（3）人工费为计算基础。

（三）规费费率

根据本地区典型工程发承包价的分析资料，综合取定规费计算中所需数据。

（1）每万元发承包价中人工费含量和机械费含量；

（2）人工费占直接费的比例；

（3）每万元发承包价中所含规费缴纳标准的各项基数。

第七节 工程造价信息

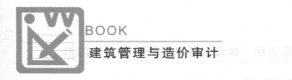

一、工程造价信息的管理

（一）工程造价信息的含义

工程造价信息是一切有关工程造价的特征、状态及其变动的消息的组合。在工程承发包市场和工程建设过程中，工程造价总是在不停地运动着、变化着，并呈现出种种不同特征。人们对工程承发包市场和工程建设过程中工程造价运动的变化，是通过工程造价信息来认识和掌握的。

在工程承发包市场和工程建设中，工程造价是最灵敏的调节器和指示器，无论是工程造价主管部门还是工程承发包者，都要通过接收工程造价信息来了解工程建设市场动态，预测工程造价发展，决定政府的工程造价政策和工程承发包价格。因此，工程造价主管部门和工程承发包者都要接收、加工、传递和利用工程造价信息。工程造价信息作为一种新的计价依据在工程建设中的地位日趋明显，特别是随着我国开始推行工程量清单计价，以及工程招标制、工程合同制的深入推行，工程造价主要由市场定价的过程中，工程造价信息起着举足轻重的作用。

（二）工程造价信息的管理

为便于对工程造价信息的管理，有必要按一定的原则和方法进行区分和归集，并做到及时发布。因此，应该对工程造价信息进行分类。

从广义上说，所有对工程造价的确定和控制过程起作用的资料都可以称为工程造价信息，如各种定额资料、标准规范、政策文件等。但最能体现工程造价信息变化特征，并且在工程价格的市场机制中起重要作用的工程造价信息主要包括以下几类：

（1）人工价格，包括各类技术工人、普工的月工资、日工资、时工资标准，各工程实物量人工单价等。

（2）材料、设备价格，包括各种建筑材料、装修材料、安装材料和设备等市场价格。

（3）机械台班价格，包括各种施工机械台班价格或其租赁价格。

（4）综合单价，包括各种分部分项清单项目中标的综合单价，这是实行工程量清单计价后出现的又一类新的造价信息。

（5）其他，包括各种脚手架、模板等周转性材料的租赁价格等。

工程造价信息是当前工程造价极为重要的计价依据之一。因此，及时的、准确的收集、整理、发布工程造价信息，已成为工程造价管理机构非常重要的日常工作之一。

二、工程造价资料的积累

工程造价资料是指已建成和在建的有使用价值的、有代表性的工程设计概算、施工图预算、工程竣工结算、工程决算、单位工程施工成本，以及新材料、新结构、新设备、新施工工艺等建筑安装分部分项工程的单价分析等资料。

（一）工程造价资料的分类

1. 不同工程类型

工程造价资料按照其不同工程类型（如厂房、铁路、住宅、公建、市政工程等）进行划分，并分别列出其包含的单项工程和单位工程。

2. 不同阶段

工程造价资料按照其不同阶段，一般分为项目可行性研究投资估算、初步设计概算、施工图预算、竣工结算、工程决算等。

3. 不同范围

工程造价资料按照其不同范围，一般分为建设项目、单项工程和单位工程造价资料，同时也包括有关新材料、新工艺、新设备、新技术的分部分项工程造价资料。

（二）工程造价资料积累的内容

工程造价资料积累的内容应包括"量"（如主要工程量、材料量、设备量等）和"价"，还要包括对造价确定有重要影响的技术经济条件，如工程的概况、建设条件等。

1. 建设项目和单项工程造价资料

（1）对造价有主要影响的技术经济条件，如项目建设标准、建设工期、建设地点等；

（2）主要的工程量、主要的材料量和主要设备的名称、型号、规格、数量等；

（3）投资估算、概算、预算、竣工决算及造价指数等。

2. 单位工程造价资料

单位工程造价资料包括工程的内容、建筑结构特征、主要工程量、主要材料的用量和单价、人工工日和人工费及相应的造价。

3. 其他

有关新材料、新工艺、新设备、新技术分部分项工程的人工工日用量，主要材料用量，机械台班用量。

（三）工程造价资料的管理

1. 建立造价资料积累制度

1991 年 11 月，建设部印发了关于《建立工程造价资料积累制度的几点意见》的文件，标志着我国的工程造价资料积累制度正式建立，工程造价资料积累工作正式开展。建立工程造价资料积累制度是工程造价计价依据极其重要的基础性工作。据了解，国外不同阶段的投资估算价，以及编制招标控制价、投标报价的主要依据是单位和个人所经常积累的工程造价资料。全面系统地积累和利用工程造价资料，建立稳定的造价资料积累制度，对于我国加强工程造价管理，合理确定和有效控制工程造价具有十分重要的意义。

工程造价资料积累的工作量非常大，牵涉面也非常广，主要依靠国务院各有关部门和各省、自治区、直辖市建设、发展改革、财政部门组织进行。

2. 资料数据库的建立和网络化管理

积极推广使用计算机建立工程造价资料的资料数据库，开发通用的工程造价资料管理程序，可以提高工程造价资料的适用性和可靠性。要建立造价资料数据库，首要的问题是工程的分类与编码。由于不同的工程在技术参数和工程造价组成方面有较大的差异，因此必须把同类型工程合并在一个数据库文件中，而把另一类型工程合并到另一数据库文件中去。为了便于进行数据的统一管理和信息交流，必须设计出一套科学、系统的编码体系。

有了统一的工程分类与相应的编码之后，就可以由各部门，各省、市自治区工程造价管理部门负责数据的搜集、整理和输入工作，从而得到不同层次的造价资料数据库。数据库必须严格遵守统一的标准和规范。按规定格式积累工程造价资料，建立工程造价资料数据库。

（1）工程造价资料数据库的主要作用：

①编制概算指标、投资估算指标的重要基础资料；

②编制类似工程投资估算、设计概算的资料；

③审查施工图预算的基础资料；

④研究分析工程造价变化规律的基础；

⑤编制固定资产投资计划的参考依据；

⑥编制招标控制价和投标报价的参考依据；

⑦编制预算定额、概算定额的基础资料。

（2）工程造价资料数据库的网络化管理的优越性：

①便于对价格进行宏观上的科学管理，减少各地重复搜集同样的造价资料的工作；

②便于对不同地区的造价水平进行比较，从而为投资决策提供必要的信息；

③便于各地工程造价管理部门的相互协作、信息资料的相互交流；

④便于原始价格数据的搜集，可以大大减少工作量；

⑤便于对价格的变化进行预测，使造价资料使用可以通过网络尽早了解工程造价的变化趋势。

三、工程造价指数

工程造价指数是反映一定时期由于价格变化对工程造价影响程度的一种指标，它是调整工程造价价差的依据。工程造价指数反映了报告期与基期相比的价格变动趋势，利用它可以研究实际工作中的下列问题：第一，可以利用工程造价指数分析价格变动趋势及其原因；第二，可以利用工程造价指数估计工程造价变化对宏观经济的影响；第三，工程造价指数是工程承发包双方进行工程估价和结算的重要依据。

工程造价指数可分为以下几类。

（一）按工程范围、类别、用途分类

1. 单项价格指数：分别反映各类工程的人工、材料、施工机械及主要设备报告期价格对基期价格的变化程度的指标。可利用它研究主要单项价格变化的情况及其发展变化的趋势，如人工费价格指数、主要材料价格指数、施工机械台班价格指数、主要设备价格指数等。

2. 综合造价指数：综合反映各类项目或单项工程人工费、材料费、施工机械使用费和设备费等报告期价格对基期价格变化而影响工程造价程度的指标，是研究造价总水平变动趋势和程度的主要依据，如建筑安装工程造价指数、建设项目或单项工程造价指数、建筑安装工程直接费造价指数、间接费造价指数、工程建设其他费用造价指数等。

（二）按造价资料限期长短分类

（1）时点造价指数：不同时点（如 1999 年 9 月 9 日 9 时对上一年同一时点）价格对比计算的相对数。

（2）月指数：不同月份价格对比计算的相对数。

（3）季指数：不同季度价格对比计算的相对数。

（4）年指数：不同年度价格对比计算的相对数。

（三）按不同基期分类

（1）定基指数：各时期价格与某固定时期的价格对比后编制的指数。

（2）环比指数：各时期价格都以其前一期价格为基础计算的造价指数。例如，与上月对比计算的指数为月环比指数。

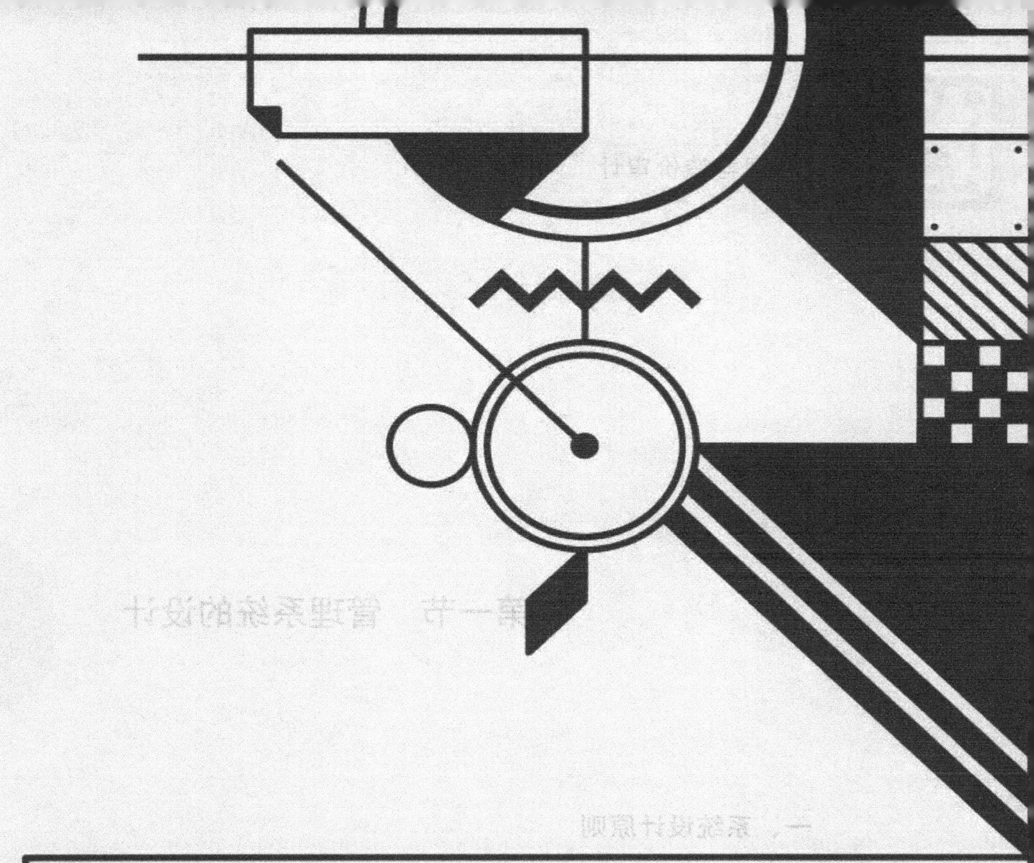

第八章　建筑工程项目管理

第一节　管理系统的设计

一、系统设计原则

系统设计是把用户需求转为软件系统的重要环节，作为一个典型的软件工程管理信息系统，工程项目管理系统的设计需要遵循以下几方面原则。

（一）阶段开发性原则

一个成熟的项目均按照阶段性的原则进行设计开发，并根据系统的完成阶段进行阶段性设计，一般划分为 3 个阶段：第 1 个阶段主要对项目的核心功能模块进行实现，使其能够达到可用性的标准；第 2 个阶段是对核心模块的细节与其他模块的编写，从而提高项目的完整性与人性化；第 3 个阶段是在系统功能化和完整化的基础上，对系统开展数据挖掘和项目优化上的改进。

（二）易用性原则

由于项目的开发和使用属于不同的人群，项目开发是面向具有专业领域知识的软件技术开发人员，而项目的使用则是面向普通的业务工作人员，因此所开发出的项目必须具有易用性的良好特点，使业务人员在面对所开发的软件时，只需要经过简单的培训即可熟练地运用，从而提高系统运用的效率。

（三）可扩展性

系统的设计必须充分地考虑到动态性，由于系统的功能不是一成不变的，必须考虑到未来的功能扩展等需求，因此要求系统在系统设计阶段必须考虑到扩展设计，以“高内聚、低耦合”的指导思想对系统架构进行设计，只有这样才能充分地对功能进行扩展，降低以后由于系统扩展带来的大量的工作量，提高工作效率。

二、系统设计技术路线

在设计实现过程中，本章主要按照理论分析—需求分析—系统设计—系统实现—系统测试的技术路线展开，具体如下：

（1）通过对本课题设计的建筑施工管理系统所涉及的相关技术和理论的发展现状以及国内外相关技术现状进行分析，确定本文的基本技术方案；

（2）对建筑施工系统进行需求分析，分析系统的设计目标与基本业务需求，采用 UML 建模语言设计系统的功能模块用例；

（3）以 Visio 软件为基础，基于 UML 技术设计系统的功能模块与基本流程，结合活动图和流程图完成对系统的功能实体模型的构建；

（4）在 Visual Studio 平台上，采用 ASP.NET 语言对系统进行编程开发，并对典型模块的实现效果进行论述；

（5）结合系统总体设计方案和网络架构方案，对系统进行部署和运行测试，通过测试验证本课题设计的可行性和正确性。

三、系统体系架构

系统体系架构是从软件层次上分析系统的架构。本章以 J2EE 相关理论中的 MVC 架构模式为基础，对工程项目管理系统的软件逻辑架构进行设计。工程项目管理系统在软件上包括 3 个层次，分别为用户（表示层）、应用服务器（业务逻辑层）、系统数据库（数据访问层）。其具体的功能如下：

（1）表示层（UI）：表示层是系统的最高层，直接面向系统的用户。其基本功能是接受系统操作用户的请求，并接受来自业务逻辑层的数据响应。在表示层的表现形式上，主要以 IE 浏览器形式存在。

（2）业务逻辑层（BLL）：业务逻辑层是工程项目管理系统的核心，主要完成系统的主要功能。该模块主要接收来自表示层的用户请求，并按照请求的要求对业务功能进行处理，当涉及数据操作时，向数据访问层提出用户请求，接受来自数据访问层的数据响应。当功能逻辑处理完毕后，将响应结果提供给表示层，展现在 IE 浏览器中。

（3）数据访问层（DAL）：数据访问层是系统的最底层，主要对系统的数据库进行存储，对数据库的访问进行响应。其接收来自业务逻辑层的数据访问请求，将数据访问结果输出至业务逻辑层。

四、拓扑结构设计

传统的管理系统使用 C/S 架构模式，这样可以便于集中式管理，提高系统的安全性。伴随着信息化的发展需求，传统的 C/S 管理方式体现出很多不足之处，不能代表

信息的共享、开放的特征。在B/S模式的论述基础上，建筑工程项目管理系统采用B/S架构模式进行拓扑部署。B/S架构模式与C/S架构模式相比，这种瘦客户机的机制能够方便系统的升级和维护，系统的可扩展性及灵活性更强。系统主要采用B/S架构模式构建，建筑工程项目管理系统的服务端包括Web服务器、应用服务器及数据库服务器，通过交换机、路由器及防火墙等设备，为多个用户的客户端提供服务。这种拓扑架构模式极大地提高了系统的灵活性。当需要部署新的Web服务或者应用程序时，只需要对相应的服务器进行更新和部署，数据库服务器的设置也能够最大限度地保证数据的安全。

第二节　管理系统的实现

一、系统可行性分析

（一）经济可行性

经济可行性的基本内涵就是以经济利益为出发点，深入研究系统的开发所耗费的资源，以及系统所能够带来的经济利润，由此判断系统在经济方面的可行性。

本书所开发的建筑工程项目管理系统具有经济上的可行性，体现在以下几个方面:

（1）软件开发成本支付的可行性。考虑到自身的人力密集型特点，项目单位能够灵活的安排自己的人力资源，从而在软件系统开发中降低了开发的成本，减轻了企业在软件开发过程中的负担。从系统的可行性角度出发，当触及软件开发成本这一项因素时，单位是有足够的能力解决项目开发成本的，在这一点就具有可行性。

（2）软件系统的开发可以为高校带来巨大的经济效益。软件系统的开发是以项目管理的业务管理中的问题为牵引，根据系统的需求而展开设计的。管理系统可以极大地提高自动化和信息化管理水平，而这种管理方式的引入，可以极大地提高项目管理的效率。

（二）技术可行性

通过前期的系统需求分析和构思，从技术角度出发，分析建筑工程项目管理信息系统的设计与实现过程，主要技术点可以概括如下。系统架构模式的设计，通过前期分析和初步构思，本系统拟采用B/S架构模式。该模式与传统的C/S架构相比具有很大的技术优势，可以有效结合互联网的普及，拓宽应用水平。其具体体现在：在以B/S架构模式为基础的软件系统中，客户端是软件业务的主要发起点，通过简单的浏览器就可以发起对系统业务的访问，不需要对客户端程序进行安装，方便系统的部署，更有利于系统的更新换代。这是一种典型的瘦客户机的方式，只需要通过标准的浏览器进行访问，如IE浏览器等，从而大幅地降低了系统升级的难度，当系统需要升级或进行某种操作时，系统只需要在服务器端进行修改操作即可，不需要像传统的C/S模式一样逐台进行修改。与此同时，由于系统本身和系统的数据均保存在系统服务器端，各个用户无需保存数据，因此在一定程度上保证了系统数据的安全。另外在本书所采用的基于B/S架构模式的系统中，从通信协议角度出发，基本应用协议是网络中广为应用的HTTP协议，该协议具有非常强的通用性和适应性，便于系统的编写和部署。

作为一种典型的网络应用体系架构，B/S结构模式与互联网相结合，可以更大地拓宽应用水平。B/S架构应用的主要技术是WWW浏览器。在开发中B/S架构还能降低其开发成本，因此B/S架构在当前应用是比较广泛的。相比于C/S架构，B/S架构是一种进步。对B/S架构模式进行详细分类，还包括两层架构模式和三层架构模式。这两种类型的区别主要是运用的网页不同，两层B/S架构一般在静态网页中应用，而三层B/S架构则是在动态网页中应用，在此不做详细阐述。

二、系统开发环境

本书主要介绍建筑工程项目管理系统的开发环境。可以明确的是，为了在系统设计的基础上进行系统开发，需要结合系统的设计要求和功能细节，对系统开发所需要的硬件环境和软件开发平台进行选择，从而保证系统开发的有效性和高效性。在对开发环境进行选择和配置时，既要考虑到系统的可行性，同时还要兼顾经济性。系统的运行环境是系统部署和应用的基础，本书主要在Microsoft Visual Studio2005软件平台上进行系统开发，使用其中的ASP.NET开发技术。

三、用户登录功能

所设计的建筑工程项目管理系统采用的登录方法为Web浏览器登录，打开登录页面时，首先完成系统用户名与密码的有效性校验，校验通过后，用户会顺利进入系统中，并且根据不同的用户权限进入不同的系统界面中。

第三节　施工数字化管理

一、建筑工程施工数字化管理的概念和理论依据

（一）建筑工程施工数字化管理的概念

本书进行这样一个分析：建筑业的生产是一个完整的工业生产过程，本书把所有的建筑产品都视为原材料经过一系列的工业加工后得到的产品。那么我们要实现准确有效的工业化的管理，就应该尽可能地对产品、生产过程和生产过程中的各种要素进行量化。所有被量化了的要素在生产过程中就会产生许多可测量的数据。那么，建立一套系统对这些数据进行收集处理，从而实现管理层对施工过程的控制并最终达到管理整个施工过程，实现预定目标的目的。所有这些过程就是一个管理的过程，而过程中管理行为针对的对象是数字信息。由此本书引申出下面的概念：数字化施工管理的内涵与我们常说的数字化管理的概念有相似之处，“施工过程数字化”就是将施工的全过程全要素数字化，它包括工程全部施工过程信息的数字化，施工项目本体的数字化、网络化、智能化。而“数字化施工管理”即在对施工过程中的各种因素进行数字化的基础上，用数字化手段整体性地解决工程施工问题并最大限度地利用信息资源。数字化施工管理是以建筑工程数字化为基础，运用数字化的手段整合信息并在完整的信息处理机制下进行运转的建筑施工管理方式。

本书主要是针对民用建筑工程施工的管理。由于工业建筑在大多数情况下已经具有比较规范的设计标准和施工标准，整个建设过程一般都是按照标准构件的选型，然后施工组装的步骤进行的，因此一旦明确了民用建筑的数字化管理原理，一般工业建筑的数字化管理就可以举一反三了。而针对一些特殊的项目，则可以根据实际情况，结合本文的研究原理实施数字化管理。本书所说的数字化管理，重点在把建筑施工过程和对象进行数字化的表示并形成数字信息。通过将这些数字信息进行编制、收集、处理和反馈，实现对建筑施工项目的管理。这种管理的特点可以归纳如下：

（1）实现了量化管理；

（2）管理过程非常准确；

（3）保证了管理的客观科学性；

（4）管理效率高；

（5）管理预见性强。

因此，数字化施工管理的兴起将为建设行业加快工程进度、节约工程造价、保证

工程质量等起到巨大作用。这种数字化的管理方式与平时大家谈到的数字化管理有本质的区别。首先，它是一整套管理系统，有一系列的标准管理程序和管理参照指标。整个管理系统有自己的运行机制，从输入数据到产生结论都是有标准的科学模式的。管理人员主要负责判断数据反映的情况和选择对事件的处理方法。其次，数字化管理不仅仅是对信息的管理和处理，更不是简单的使用网络、计算机这些硬件设施对施工进行管理，而是对施工全工程全要素的综合管理。所有的数据并不只是可以共享或者是反映某一些情况，而是把整个施工过程和所有要素抽象的通过数据进行表示，为管理提供依据。最后，由于进行了施工过程数字化，使原本比较特殊的建筑生产过程变得与普通的工业生产过程更接近（从管理的角度出发）。所有经常运用于工业生产的先进管理手段都可以更方便地引入施工管理中，如价值分析、产品标准化等。

建筑工程施工数字化管理是指：用数据对建筑工程施工的内容进行表示，并对施工过程中产生的数据进行收集、处理、传递和反馈。通过对相关数据的科学分析和处理实现对建筑工程施工的全过程管理，最终达到建设项目施工预定目标。建设工程施工数字化管理和建筑工程信息化管理完全不同，信息化主要针对的是管理过程中各种信息传输、处理、分配等方面的内容。例如，利用计算机网络系统进行工程管理，建立工程信息的共享机制，提高工程信息的传输速度和准确性等内容，都属于信息化管理。而我们这里谈到的建筑工程施工数字化管理，正是尽可能地把所有的工程信息进行量化，然后通过数字表示。一切用数字说话，管理就是对数字的收集、传输、分析、处理。而一旦形成了数字化的管理，就为真正达到建筑工程管理信息化提供了最好的基础。信息化是一个平台，信息化的平台上运行的是什么样的信息十分重要。好比电视信号，数字化的信号是最准确的，最清楚的，最容易处理的。一旦把数字化的管理工程纳入信息化的平台上，运用先进的数字处理机制和设备，就将大大提高管理效率和水平，实现建筑工程施工管理水平的飞跃。因此，要实现建筑工程施工数字化管理，就需要实现两个步骤：

（1）用数字信息对建筑工程的主要施工内容进行科学的表达，我们称为建筑工程的数字化表示；

（2）利用各种已经数字化了的工程施工信息开展一系列的施工管理活动，直到实现预定目标，我们称为数字化管理。

（二）建筑工程施工数字化管理的理论依据

在明确了建筑工程施工数字化管理的概念之后，就需要有一套实现这种管理方式的方法。本书通过对施工工程的分析和现阶段可采用的管理手段的分析认为：将现在已经能够成熟运用的几种管理理论与实际生产工程中正在使用的一些管理手段进行整合优化，就可以制订出一套完整的建筑工程施工数字化管理方法。本书主要用到的是项目结构分解理论（Work Breakdown Structure，WBS）；过程管理基本做法（Plan Do Check Act，PDCA）、建设工程项目目标控制体系、建设工程工程量清单规范这4个方面的理论和方法。结合这些方法，对其中的一些理论进行改进，就可以为建筑工程施工的数字化管理提供一套完备的理论依据，同时使建筑工程施工数字化管理的实现成为可能。它们的基本概念和在建筑工程施工数字化管理中起到的作用如下：项目结构分解理论是一种用于对工程项目进行结构化分解的方法。它把项目工程看作由许多互相联系、互相依赖、互相影响的工程活动组成的行为系统，该系统具有层次性、集合性、相关性和整体性的特点。按照各种活动的不同特点，可以将这些活动分解为相对独立的单元或者模块。分解后的模块进行编码分类后，原来的建设项目就被分解成为许多特定的模块，模块之间由特定的结构关系所联系，并可以用专门的项目结构图进行表示。而所有的模块可通过项目结构分析表的形式进行归类整理，方便管理。本书利用该理论对项目工程进行科学分解，把施工项目实体按照一定的规则进行分解。原来整个项目工程是无法用数据直接表示的，而分解后的模块由于在分解的时候就是按照一定的规律进行的，模块都有一定的特征并具有可数据化表达的性质，所以每一个模块都可以是一组数据。这样所有的模块通过项目结构的工程关系进行组合后，完整的工程项目就被数字化的模块表示出来了。

采用项目结构分解理论对建筑工程进行分解的基本作用如下：

（1）保证工程结构的系统性和完整性；

（2）通过结构分解使项目结构透明，组成明确，过程清晰，甚至是不懂项目工程管理的人员也能够把握项目；

（3）利于建立项目目标控制体系；

（4）为建立项目组织形式、目标和责任的落实提供依据；

（5）为各种数据处理手段建立平台；

（6）为各个部门、各个专业之间的信息交流、工作协调提供依据和手段。

在应用此方法的过程中，由于工程项目的单一性决定了项目结构分解没有普遍适用的方法，但对任何项目分解都要注意以下几个方面：首先，应在各个层次上保持项目内容的完整性，不能遗漏任何必要的组成部分。一个项目单元只能从属于某一个上层单元，不能交叉从属。相同层次的项目单元应有相同的性质。其次，项目单元应有较高的整体性与独立性，应能区分不同责任者和不同的工作内容。再次，分解出的项目结构应有一定的弹性，应能为项目范围的扩展做好准备。最后，分解详细程度的确定、对一个项目进行分解，分解过粗可能难以体现计划内容，分解过细则会增加工作量。在此基础上以项目目标体系为指导，以项目技术、管理系统说明为依据，由上而下、由粗到细进行分解。

项目工程的施工过程数字化步骤是在该理论指导下进行的。在实施数字化管理的前期阶段，应该按照项目结构分解理论对建筑施工对象进行结构化分解。划分的原则是根据工程实体的组成进行分解，而不是按照任务分工进行的结构分解。基本规律是保证每一个分解出来的模块能够具有独立的造价、施工周期，能够进行质量评价。模块之间的结构关系是按照建筑工程传统的项目工程、单项工程、单位工程、分部工程、分项工程的划分确定的。不同的是因为要考虑到便于造价的控制，所以模块的划分会以便于表示模块的单位造价为主。同时，由于是按照工程实体进行的分解，因此模块大小可以灵活确定，甚至模块之间可以进行组合。这样就满足了施工过程中不同时间段、不同层次的管理人员对施工过程的管理。需要注意的是，数字化施工的管理过程中，计划—实施—检查—处置这 4 个步骤是在不同的层次、不同的单位范围内同时进行的。这四个步骤循环的运转，对每一个模块的实现进行管理，最小单位的模块完成后又进入大一级别的循环中，最后实现整个项目工程的管理目标。

二、建筑工程施工数字化管理的运用与发展

（一）数字化管理带来的优势和存在的实施难点

建筑工程施工数字化管理系统的建立和计算机网络对建筑工程施工数字化管理的辅助，使施工项目和施工企业对建筑项目工程的管理能力得到了质的提高。在建筑工程施工数字化管理的基础上，建设单位也可以利用对本管理系统的改进形成适合建设方项目管理的管理系统。建筑工程施工数字化管理系统与现行的工程项目管理方法相比，主要具有优势。

1. 管理科学性强

传统项目施工管理往往无法将理论化的管理原理与实际施工过程结合起来，造成施工管理仍然大量依靠经验和人为因素。数字化管理将施工过程中需要控制的各个方面因素协调起来，利用数据库对标准参数和实测参数进行对比分析，从而得出结论，产生管理措施。这样使管理者对工程实际情况的掌握更加清晰，做出的决策依据更加可靠，目的性更强。所有的管理动作都有据可依、有计可施和成果可测量。管理的过程也在科学理论的指导下进行，并且利用计算机进行数据处理，减少了大量的人力消耗。

2. 管理的反馈敏感度高

由于管理系统采用动态管理模式运转，即时数据即时处理，并且按照计划、实施、检验、处置的步骤循环处理数据，因此管理者的管理措施能够最及时地实施。整个施工过程的控制用细分的小模块逐一完成，使管理更加细致到位。

3. 管理的效率高

由于数据库和数据平台的建立，计算机网络系统能够充分发挥优势，将整个管理过程的效率从人工水平提升到信息化水平。标准化和数据化的处理信息使管理效率得到很大的提高。

4. 管理目的性强

数字化管理系统着重于施工过程中关键目标的控制，以很强的控制措施和控制流程对施工过程进行管理。尤其是对工程造价的量化分解和即时控制，使管理者实现对工程成本、产值和利润等经济数据从细部到整体、从静态到动态的全面掌控。这种目的性强的管理系统避免了管理者过多的被非关键因素干扰，对提高管理者的决策水平和施工企业的竞争能力有直接帮助。但是，要建立这样一套有效运转的建筑工程施工数字化管理系统，需要克服一些困难的，这些困难将会是影响管理系统管理效果的关键因素。

由于建筑工程施工数字化管理系统中运用的管理理论和管理手段都是现在施工企业比较熟悉甚至是必须掌握的基本能力。因此，建筑工程施工数字化管理系统建立的难点不再是理论与实际如何结合的问题，而是施工企业数据库的建立和管理实施人员对计算机工具应用的问题。首先是数据库的建立问题，我国施工企业没有积累以往工程数据并收集形成数据库的传统。一些大型的施工企业或者有涉外施工业务的施工企业有自己比较初级的标准化体系和统一的成本核算标准。而大多数施工企业都是各个项目随意性比较强的进行施工，成本核算等工作做得不够科学和细致。这也是造成我国工程项目管理粗放的原因之一。因此，要扭转施工企业常年形成的习惯，投入人力物力建立一个初始数据库，并且有专门的人员负责对数据库的维护更新是施工企业的一件难事。同时，由于施工管理水平和管理人员水平的不同，数据库的质量也会有高有低。这与施工企业自身施工成本控制水平不同，经济核算准确性有高低的原因是一样的。因此，标准化的建立和相应数据库的建立是直接关系到建筑工程施工数字化管理系统管理效果的关键因素。其次，是参与管理人员对计算机工具的使用。由于建筑行业的实际情况和工作环境的限制，现在我国施工企业中对计算机的运用主要是工程内业人员进行工程造价控制和施工资料的处理。在使用建筑工程施工数字化管理系统对施工过程进行管理时，系统要达到理想的高效率运转就要求至少工长具有数据采集和利用计算机进行数据录入简单处理的能力。如果使用人员的素质能够达到，那么实现施工管理的远程控制和管理信息化是有可能的。也就是说，各参建人员对计算机网络系统的运用能力将决定建筑工程施工数字化管理系统能够往建筑工程管理信息化的道路上有多大程度的前进。因此，使基层管理人员和技术人员习惯用计算机系统处理数据，用计算机处理的数字信息进行相互沟通是施工企业需要解决的另一个难题。不过，随着现在建筑行业从业人员素质的提高和计算机的广泛应用，现在的年轻工长一级管理人员已经具备了基本的计算机使用能力。在建筑工程施工数字化管理系统建立起来之后，对一些素质相对较高的基层人员进行短期培训后，就使他们达到能够使用数字化平台实施管理的水平。

（二）建筑工程施工数字化管理的运用和发展前景

“企业信息化是一个很广泛的概念，总地来说就是广泛利用信息技术，使企业在生产、管理等方面实现信息化。企业信息化不仅提高了企业的生产效率，而且也促进了企业管理模式的变革。企业信息化是企业不断应用信息技术、深入开发和应用信息资源的过程，是传统企业管理的一次革命。如何以高科技、现代化管理技术改造传统施工企业，提升企业核心竞争力，抢占项目管理制高点，已是建筑业面临的首要问题和重要课题。如何进一步转换观念，深化生产方式的变革，促进项目管理模式与国际惯例接轨，特别是加快项目信息化管理进程的步伐，已是促进企业发展时期，集约增效，提高企业生存综合竞争力的战略选择。”在我国加入 WTO 之后，建筑施工企业面临的是更加市场化、国际化的竞争环境。施工暴利的年代早已远去，施工企业要继续生存甚至在今后的建筑工程项目获得理想的利润，通过提高自身项目管理水平是一个有效的方法。因此，现在我国建筑市场上已经有很多功能相对单一但系统性不强的工程管理软件推出。这些管理软件设计的目的就是为施工企业的管理水平提高和施工管理信息化提供解决方法。这些现象也说明施工企业甚至是整个建筑行业的各个主体对实现信息化管理的需求还是很迫切的。建筑工程施工数字化管理系统与那些单纯的工程管理软件的主要区别有两个：

（1）它是一个完整的工程施工管理系统，系统能够独立完成管理者对施工过程主要目标的控制管理工作，而不需要其他的辅助系统。

（2）建筑工程施工数字化管理系统是一个从原理到方法再结合手段进行管理的系统，而不是单一的管理软件。

因此，施工企业或者是一些施工项目可以通过先掌握管理原理再利用方法进行管理的过程来逐步实现数字化管理。计算机只是为了提高系统运转效率而使用的工具。建筑工程施工数字化管理的这些特点决定了建筑工程施工数字化管理系统的可实现性是很高的，建筑工程施工数字化管理的实现是可以明显提高建筑施工过程管理水平的，这种先进管理模式是与整个建筑行业的发展方向和需求一致的。因此，我们认为建筑工程施工数字化管理是今后建筑工程管理发展的趋势，具有很好发展前景。同时，建筑业走向信息化更是必然的社会发展的趋势，在走向信息化的过程当中，建筑工程施工数字化管理也是必须经历的步骤。

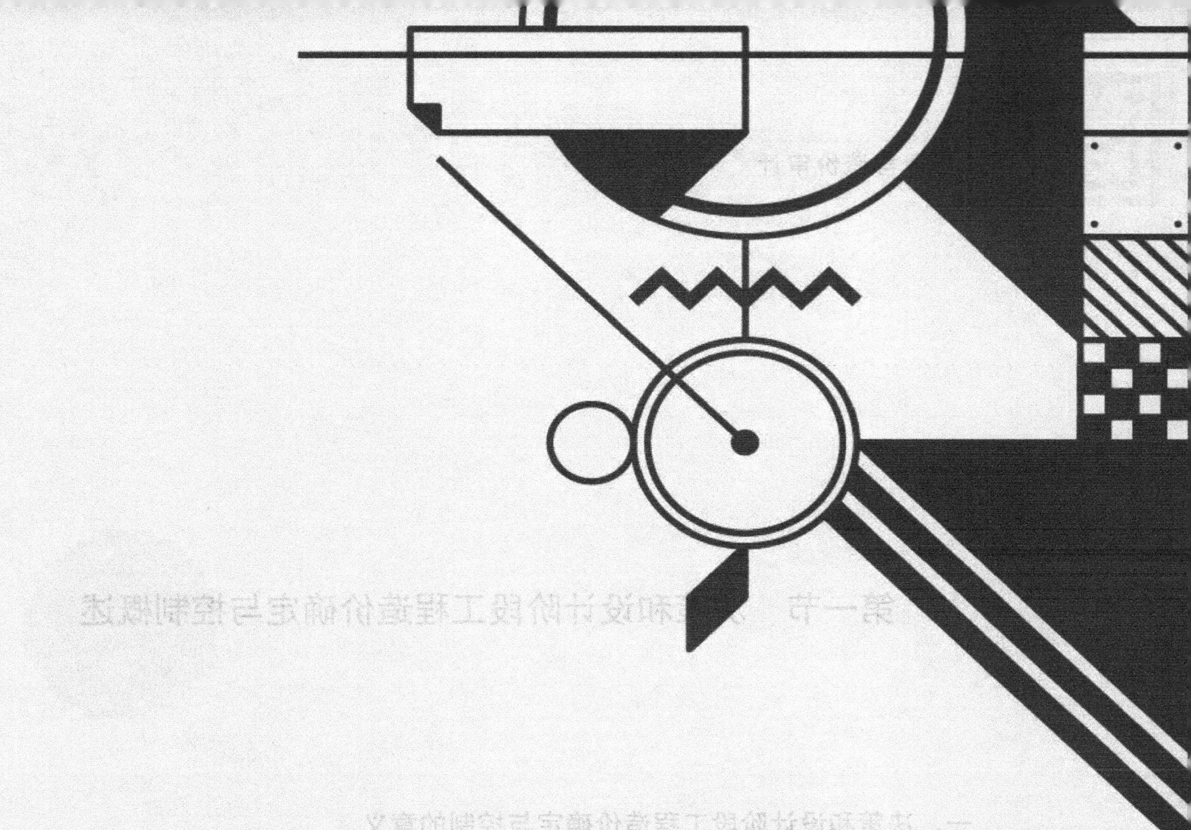

第九章　决策和设计阶段工程造价的确定与控制

第一节　决策和设计阶段工程造价确定与控制概述

一、决策和设计阶段工程造价确定与控制的意义

项目投资决策是选择和决定投资行动方案的过程，是对拟建项目的必要性和可行性进行技术经济论证，对不同建设方案进行技术经济比较及做出判断和决定的过程。正确的项目投资行动来源于正确的项目投资决策。项目决策正确与否，直接关系到项目建设的成败，关系到工程造价的高低及投资效果的好坏。正确决策是合理确定与控制工程造价的前提。项目决策阶段确定出决策结果，是对投资活动的成果目标（使用功能）、基本实施方案和主要投入要素做出总体策划。这个阶段的产出对总投资影响，一般工业建设项目的经验数据为60% ~ 70%；估计产出对项目使用功能的影响在70% ~ 80%。这表明项目决策阶段对项目投资和使用功能具有决定性的影响。

工程设计是指在工程开始施工之前，设计者根据已批准的设计任务书，为具体实现拟建项目的技术和经济要求，拟定建筑、安装及设备制造等所需的规划、图纸、数据等技术文件的工作。设计是建设项目由计划变为现实具有决定意义的工作阶段。设计文件是建筑安装施工的依据。拟建工程在建设过程中能否保证质量、进度和节约投资，在很大程度上取决于设计质量的优劣。工程建成后，能否获得满意的经济效果，除了项目决策之外，设计工作起着决定性的作用。项目设计阶段的产出，一般是用图纸表示的具体设计方案。在这个阶段，项目成果的功能、基本实施方案和主要投入要素就基本确定了。这个阶段的产出对总投资影响，一般工业建设项目的经验数据为20% ~ 30%；对项目使用功能的影响在10% ~ 20%。这表明项目设计阶段对项目投资和使用功能具有重要影响。

决策和设计阶段工程造价确定与控制的意义主要如下：

（1）提高资金利用效率和投资控制效率。决策和设计阶段工程造价的表现形式是投资估算和设计概、预算，通过编制与审核投资估算和设计概、预算，可以了解工程造价的构成，分析资金分配的合理性。在投资决策阶段，进行多方案的技术经济分析比较，选出最佳方案，为合理确定和有效控制工程造价提供良好的前提条件；在项目设计阶段，利用价值工程理论分析项目各个组成部分功能与成本的匹配程度，调整项目功能与成本，使工程造价构成更趋于合理，提高资金利用效率。此外，通过对投资估算和设计概、预算的分析，可以了解工程各组成部分的投资比例，进而将投资比例比较大的部分作为投资控制的重点，提高投资控制效率。

（2）使工程造价确定与控制工作更主动。项目决策阶段确定工程造价，是设定项目投资的一个期望值；项目设计阶段确定工程造价，是实现设定项目投资期望值方案的具体表现；项目施工建设阶段确定工程造价，是实现设定项目投资期望值的具体操作。长期以来，人们把控制理解为目标值与实际值的比较，以及当实际值偏离目标值时分析产生差异的原因，以确定下一步对策。这对于批量性生产的制造业而言，是一种有效的管理方法。但是对于建筑业而言，由于建筑产品的生产具有单件性的特点，这种管理方法只能发现差异，不能消除差异，也不能预防差异的发生，而且差异一旦发生，损失往往很大，因此是一种被动的控制方法。我们在项目决策和设计阶段进行工程造价确定与控制，是为了使投资造价管理工作具有预见性和前瞻性，如在设计阶段，可以先按一定的质量标准，提出新建建筑物每一部分或分项的计划支出费用的报表，即造价计划；然后当详细设计制定出来以后，对工程的每一部分或分项的估算造价，对照造价计划中所列的指标进行审核，预先发现差异，主动采取一些控制方法消除差异，使设计更经济。因此，做好项目决策和设计阶段工程造价确定与控制会使整个投资造价管理工作更加主动。

（3）便于设计与经济相结合。由于体制和传统习惯原因，我国的项目建议书、可行性研究报告、初步设计文件、施工图设计等都是由技术人员牵头完成的，很容易造成他们在这期间更注重项目规模大、技术先进、建设标准高等，而忽视了经济因素。如果在项目决策和设计阶段吸收技术经济人员参与，使项目决策和设计从一开始就建立在投资造价合理、效益最佳基础之上，进行充分的方案比选和设计优化，会使投资发挥更大的效益，项目建设取得最佳效果。在方案比选和设计优化过程中，技术人员和经济人员经过探讨与论证选择最佳方案，既体现技术先进性，又体现经济合理性，做到技术与经济相结合。

（4）在决策和设计阶段控制工程造价效果最显著，工程造价确定与控制贯穿于项目建设全过程。

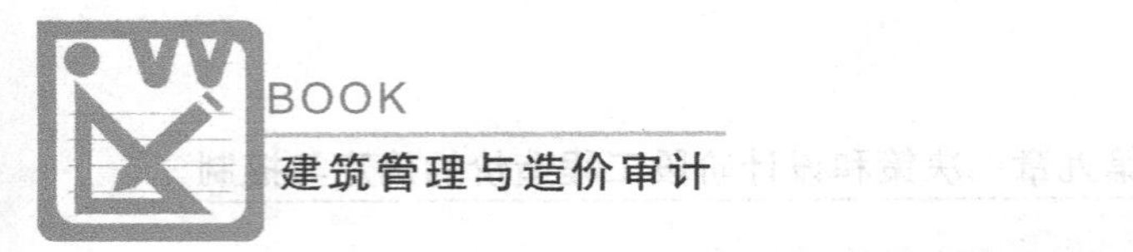

二、决策和设计阶段影响工程造价的主要因素

（一）决策阶段影响工程造价的主要因素

建设项目决策阶段影响工程造价的主要因素有项目建设规模、建设地区及建设地点（厂址）、技术方案、设备方案、工程方案和环境保护措施等。

1. 项目建设规模

项目建设规模是指项目设定的正常生产营运年份可能达到的生产能力或者使用效益。项目规模的合理选择关系着项目的成败，决定着工程造价合理与否，其制约因素有市场因素、技术因素、环境因素。

（1）市场因素。市场因素是项目规模确定中需考虑的首要因素。首先，项目产品的市场需求状况是确定项目生产规模的前提。通过市场分析与预测，确定市场需求量，了解竞争对手情况，最终确定项目建成时的最佳生产规模，使所建项目在未来能够保持合理的盈利水平和可持续发展的能力。其次，原材料市场、资金市场、劳动力市场等对项目规模的选择起着不同程度的制约作用。例如，项目规模过大可能导致材料供应紧张和价格上涨，造成项目所需投资资金的筹集困难和资金成本上升等，将制约项目的规模。

（2）技术因素。先进实用的生产技术及技术装备是项目规模效益赖以存在的基础，而相应的管理技术水平则是实现规模效益的保证。若与经济规模生产相适应的先进技术及其装备的来源没有保障，或获取技术的成本过高，或管理水平跟不上，则不仅预期的规模效益难以实现，还会给项目的生存和发展带来危机，导致项目投资效益低下，工程支出浪费严重。

（3）环境因素。项目的建设、生产和经营都是在特定的社会经济环境下进行的，项目规模确定中需考虑的主要环境因素有燃料动力供应、协作及土地条件、运输及通信条件。其中，政策因素包括产业政策、投资政策、技术经济政策、国家和地区及行业经济发展规划等。特别是国家对部门行业的新建项目规模做了下限规定，选择项目规模时应遵照执行。

此外，对于不同行业、不同项目确定建设规模时，还应考虑各行业特定的制约因素：

①对于煤炭、金属与非金属矿山、石油、天然气等矿产资源开发项目，应根据资源合理开发利用要求和资源可采储量、赋存条件等确定建设规模；

②对于水利水电项目，应根据水的资源量、可开发利用量、地质条件、建设条件、库区生态影响、占用土地及移民安置等确定建设规模；

③对于铁路、公路项目，应根据建设项目影响区域内一定时期运输量的需求预测，以及该项目在综合运输系统和本系统中的作用确定线路等级、线路长度和运输能力；

④对于技术改造项目，应充分研究建设项目生产规模与企业现有生产规模的关系，

新建生产规模属于外延型还是外延内涵复合型，以及利用现有场地、公用工程和辅助设施的可能性等因素，确定项目建设规模。

2. 建设地区及建设地点（厂址）

一般情况下，确定某个建设项目的具体地址（或厂址）需要经过建设地区选择和建设地点（厂址）选择这样两个不同层次的、相互联系又相互区别的工作阶段。这两个阶段是一种递进关系。其中，建设地区选择是指在几个不同地区之间对拟建项目适宜配置在哪个地域范围的选择，建设地点选择是指对项目具体坐落位置的选择。

（1）建设地区选择。建设地区选择得合理与否，在很大程度上决定着拟建项目的命运，影响着工程造价的高低、建设工期的长短、建设质量的好坏，还影响到项目建成后的运营状况好坏。因此，建设地区选择要充分考虑各种因素的制约，具体要考虑以下因素：

①要符合国民经济发展战略规划、国家工业布局总体规划和地区经济发展规划的要求；

②要根据项目的特点和需要，充分考虑原材料条件、能源条件、水源条件、各地区对项目产品需求及运输条件等；

③要综合考虑气象、地质、水文等建厂的自然条件；

④要充分考虑劳动力来源、生活环境、协作、施工力量、风俗文化等社会环境因素的影响。

因此，建设地区的选择要遵循以下两个基本原则：第一，靠近原料、燃料提供地和产品消费地的原则；第二，工业项目适当聚集的原则。

（2）建设地点（厂址）选择。建设地点选择是一项极为复杂的技术经济综合性很强的系统工程，它不仅涉及项目建设条件、产品生产要素、生态环境和未来产品销售等重要问题，受社会、政治、经济、国防等多因素的制约，而且还直接影响到项目建设投资、建设速度和施工条件，以及未来企业的经营管理及所在地点的城乡建设规划与发展。因此，必须从国民经济和社会发展的全局出发，运用系统观点和方法分析决策。

3. 技术方案

技术方案指产品生产所采用的工艺流程和生产方法。技术方案不仅影响项目的建设成本，也影响项目建成后的运营成本。因此，技术方案的选择直接影响项目的工程造价，必须认真选择和确定。

4. 设备方案

在生产工艺流程和生产技术确定后，就要根据工厂生产规模和工艺过程的要求选择设备的型号和数量。设备的选择与技术密切相关，二者必须匹配。没有先进的技术，

再好的设备也没有用；没有先进的设备，技术的先进性则无法体现。

5. 工程方案

工程方案选择是在已选定项目建设规模、技术方案和设备方案的基础上，研究论证主要建筑物、构筑物的建造方案，包括对于建筑标准的确定。一般工业项目的厂房、工业窑炉、生产装置等建筑物、构筑物的工程方案，主要研究其建筑特征（面积、层数、高度、跨度）、建筑物构筑物的结构型式，以及特殊建筑要求（防火、防爆、防腐蚀、隔声、隔热等）、基础工程方案、抗震设防等。工程方案应在满足使用功能、确保质量的前提下，力求降低造价、节约资金。

6. 环境保护措施

建设项目一般会引起项目所在地自然环境、社会环境和生态环境的变化，对环境状况、环境质量产生不同程度的影响。因此，需要在确定场址方案和技术方案中，调查研究环境条件，识别和分析拟建项目影响环境的因素，研究提出治理和保护环境的措施，比选和优化环境保护方案。在研究环境保护治理措施时，应从环境效益、经济效益相统一的角度进行分析论证，力求环境保护治理方案技术可行和经济合理。

（二）设计阶段影响工程造价的主要因素

1. 工业项目

（1）总平面设计。总平面设计中影响工程造价的因素有占地面积、功能分区和运输方式的选择。占地面积的大小一方面影响征地费用的高低，另一方面也会影响管线布置成本及项目建成运营的运输成本；合理的功能分区既可以使建筑物的各项功能充分发挥，又可以使总平面布置紧凑、安全，避免大挖大填，减少土石方量，节约用地，降低工程造价；不同的运输方式其运输效率及成本不同，从降低工程造价的角度来看，应尽可能选择无轨运输，可以减少占地，节约投资。

（2）工艺设计。工艺设计是工程设计的核心，是根据工业企业生产的特点、生产性质和功能来确定的。工艺设计一般包括生产设备的选择、工艺流程设计、工艺定额的制定和生产方法的确定。工艺设计标准，不仅直接影响工程建设投资和建设进度，而且还决定着未来企业的产品质量、数量和经营费用。在工艺设计过程中，影响工程造价的因素主要包括生产方法、工艺流程和设备选型。在工业建筑中，设备及安装工程投资占有很大的比例，设备的选型不仅影响着工程造价，而且对生产方法及产品质量也有着决定作用。

（3）建筑设计。建筑设计部分，要在考虑施工过程的合理组织和施工条件的基础上，决定工程的立体平面设计和结构方案的工艺要求。在建筑设计阶段影响工程造价的主要因素有平面形状、流通空间、层高、建筑物层数、柱网布置、建筑物的体积与面积和建筑结构。一般地说，建筑物平面形状越简单，它的单位面积造价就越低；

建筑物周长与建筑体积比（单位建筑面积所占外墙长度）越低，设计越经济。在建筑面积不变的情况下，建筑层高增加会引起各项费用的增加。据有关资料分析，单层厂房层高每增加1米，单位面积造价增加1.8%～3.6%，年度采暖费用月增加3%；多层厂房的层高每增加0.6米，单位面积造价提高8.3%左右。由此可见，随着层高的增加，单位建筑面积造价也不断增加。建筑物层数对造价的影响，因建筑类型、形式和结构的不同而不同。如果增加一个楼层不影响建筑物的结构形式，单位建筑面积的造价可能会降低。工业厂房层数的选择应该重点考虑生产性质和生产工艺的要求。确定多层厂房的经济层数主要两个因素：一是厂房展开面积的大小，展开面积越大，层数越可提高；二是厂房宽度和长度，宽度和长度越大，则层数越能增高，造价也随之相应降低。柱网布置是确定柱子的行距（跨度）和间距（每行柱子中相邻两个柱子间的距离）的依据。柱网布置是否合理，对工程造价和厂房面积的利用效率都有较大的影响。对于单跨厂房，当柱间距不变时，跨度越大单位面积造价越低；对于多跨厂房，当跨度不变时，中跨数量越多越经济。随着建筑物体积和面积的增加，工程总造价会提高。对于工业建筑，在不影响生产能力的条件下，厂房、设备布置力求紧凑合理；要采用先进工艺和高效能的设备，节省厂房面积；要采用大跨度、大柱距的大厂房平面设计形式，提高平面利用系数。建筑材料和建筑结构选择是否合理，不仅直接影响到工程质量、使用寿命、耐火抗震性能，而且对施工费用、工程造价有很大的影响。尤其是建筑材料，一般占直接费的70%，降低材料费用，不仅可以降低直接工程费，而且也会使措施费和间接费降低。采用各种先进的结构形式和轻质高强度建筑材料，能减轻建筑物自重，简化基础工程，减少建筑材料和构配件的费用及运费，并能提高劳动生产率和缩短建设工期，经济效益十分明显。

2. 民用项目

（1）住宅小区规划。住宅小区规划中影响工程造价的主要因素有占地面积和建筑群体的布置形式。占地面积不仅直接决定着土地费的高低，而且影响着小区内道路、工程管线长度和公共设备的多少，而这些费用对小区建设投资的影响通常很大。因此，用地面积指标在很大程度上影响小区建设的总造价。建筑群体的布置形式对用地的影响也不容忽视，通过采取高低搭配、点条结合、前后错列及局部东西向布置、斜向布置或拐角单元等手法节省用地。在保证小区居住功能的前提下，适当集中公共设施，合理布置道路，充分利用小区内的边角用地，有利于提高建筑密度，降低小区的总造价。

（2）住宅建筑设计。住宅建筑设计中影响工程造价的主要因素有建筑物平面形状和周长系数、层高和净高、层数、单元组成、户型和住户面积、建筑结构等。与工业项目建筑设计类似，虽然圆形建筑周长最小，但由于施工复杂，施工费用较矩形建筑增加20%～30%，其墙体工程量的减少不能使建筑工程造价降低，而且使用面积有

效利用率不高，用户使用不便。因此，一般都建造矩形和正方形住宅，既有利于施工，又能降低造价和方便使用。在矩形住宅建筑中，又以长：宽 =2 ： 1 为佳。一般住宅单元以 3 ~ 4 个住宅单元、房屋长度 60 ~ 80 米较为经济。住宅的层高和净高，直接影响工程造价。根据不同性质的工程综合测算，住宅层高每降低 10 厘米，可降低造价 1.2% ~ 1.5%。层高降低还可提高住宅区的建筑密度，节约土地成本及市政设施费。但是，层高设计中还需考虑采光与通风问题，层高过低不利于采光及通风。民用住宅的层高一般不宜超过 2.8 米。随着住宅层数的增加，单方造价系数在逐渐降低，即层数越多越经济。但是边际造价系数也在逐渐减小，说明随着层数的增加，单方造价系数下降幅度减缓。当住宅超过 7 层时，就要增加电梯费用，需要较多的交通面积（过道、走廊要加宽）和补充设备（供水设备和供电设备等）。特别是高层住宅，要经受较强的风力荷载，需要提高结构强度，改变结构形式，使工程造价大幅度上升。因此，中小城市以建造多层住宅较为经济，大城市可沿主要街道建设一部分高层住宅，以合理利用空间，美化市容。对于土地特别昂贵的地区，为了降低土地费用，中、高层住宅是比较经济的选择。衡量单元组、户型设计的指标是结构面积系数（住宅结构面积与建筑面积之比），系数越小设计方案越经济。结构面积系数除与房屋结构有关外，还与房屋外形及其长度和宽度有关，同时也与房间平均面积大小和户型组成有关。房屋平均面积越大，内墙、隔墙在建筑面积所占比例就越小。随着我国工业化水平的提高，住宅工业化建筑体系的结构形式多种多样，考虑工程造价时应根据实际情况，因地制宜、就地取材，采用适合本地区经济合理的结构形式。

三、建设项目可行性研究与工程造价确定和控制

（一）可行性研究的概念

建设项目可行性研究是在投资决策前，对项目有关的社会、经济和技术等方面情况进行深入细致的调查研究，对各种可能拟定的建设方案和技术方案进行认真的技术经济分析与比较论证，对项目建成后的经济效益进行科学的预测和评价，并在此基础上综合研究、论证建设项目的技术先进性、适用性、可靠性、经济合理性和有利性，以及建设可能性和可行性，由此确定该项目是否投资和如何投资，使之进入项目开发建设的下一阶段等结论性意见。可行性研究是一项十分重要的工作，加强可行性研究，是对国家经济资源进行优化配置的最直接、最重要的手段，是提高项目决策水平的关键。

（二）可行性研究报告的内容

项目可行性研究报告一般包括如下基本内容：

（1）项目兴建理由与目标，包括项目兴建理由、项目预测目标、项目建设基本条件；

（2）市场分析与预测，包括市场预测内容、市场现状调查、产品供需预测、价格预测、竞争力分析、市场风险分析、市场调查与预测方法；

（3）资源条件评价，包括资源开发利用的基本要求、资源评价；

（4）建设规模与产品方案，包括建设规模方案选择、产品方案选择、建设规模与产品方案比选；

（5）场（厂）址选择，包括场址选择的基本要求、场址选择研究内容、场址方案比选；

（6）技术方案、设备方案和工程方案，包括技术方案选择、主要设备方案选择、工程方案选择、节能措施、节水措施；

（7）原材料燃料供应，包括主要原材料供应方案、燃料供应方案、主要原材料燃料供应方案比选；

（8）总图运输与公用辅助工程，包括总图布置方案、场内外运输方案、公用工程与辅助工程方案；

（9）环境影响评价，包括环境影响评价基本要求、环境条件调查、影响环境因素分析、环境保护措施；

（10）劳动安全卫生与消防，包括劳动安全卫生、消防设施；

（11）组织机构与人力资源配置，包括组织机构设置及其适应性分析、人力资源配置、员工培训；

（12）项目实施进度，包括建设工期、实施进度安排；

（13）投资估算，包括建设投资估算内容、建设投资估算方法、流动资金估算、项目投入总资金及分年投入计划；

（14）融资方案，包括融资组织形式选择、资金来源选择、资本金筹措、债务资金筹措、融资方案分析；

（15）财务评价，包括财务评价内容与步骤、财务评价基础数据与参数选取、销售收入与成本费用估算、新设项目法人项目财务评价、既有项目法人项目财务评价、不确定性分析、非盈利性项目财务评价；

（16）国民经济评价，包括国民经济评价范围和内容、国民经济效益与费用识别、影子价格的选取与计算、国民经济评价报表编制、国民经济评价指标计算、国民经济评价参数；

（17）社会评价，包括社会评价作用与范围、社会评价主要内容、社会评价步骤与方法；

（18）风险分析，包括风险因素识别、风险评估方法、风险防范对策；

（19）研究结论与建议，包括推荐方案总体描述、主要比选方案描述、结论与建议；

（20）附件。

（三）可行性研究报告的作用

可行性研究报告在项目筹建和实施的各个环节中，可以起到如下几个方面的作用:

（1）作为投资主体投资决策的依据；

（2）作为向当地政府或城市规划部门申请建设执照的依据；

（3）作为环保部门审查建设项目对环境影响的依据；

（4）作为编制设计任务书的依据；

（5）作为安排项目计划和实施方案的依据；

（6）作为筹集资金和向银行申请贷款的依据；

（7）作为编制科研实验计划和新技术、新设备需用计划及大型专用设备生产预安排的依据；

（8）作为从国外引进技术、设备，以及与国外厂商谈判签约的依据；

（9）作为与项目协作单位签订经济合同的依据；

（10）作为项目后评价的依据。

（四）可行性研究对工程造价确定与控制的影响

从项目可行性研究报告的内容与作用可以看出，项目可行性研究与工程造价的合理确定与控制有着密不可分的联系。

（1）项目可行性研究结论的正确性是工程造价合理性的前提。项目可行性研究结论正确，意味着对项目建设做出了科学的决断，优选出了最佳投资行动方案，达到了资源的合理配置。这样才能合理地确定工程造价，并且在实施最优投资方案过程中，有效地控制工程造价。

（2）项目可行性研究的内容是决定工程造价的基础。工程造价的确定与控制贯穿于项目建设全过程，但依据可行性研究所确定的个性技术经济决策对该项目的工程造价有重大影响，特别是建设规模与产品方案、场（厂）址、技术方案、设备方案和工程方案的选择直接关系到工程造价的高低。据有关资料统计，在项目建设各阶段中，投资决策阶段影响工程造价的程度最高，达到70% ~ 90%。因此，决策阶段是决定工程造价的基础阶段，直接影响着决策阶段之后的各个建设阶段工程造价的确定与控制是否科学、合理。

（3）工程造价高低、投资多少也影响可行性研究结论。可行性研究的重要工作内容及成果——投资估算是进行投资方案选择的重要依据之一，同时也是决定项目是否可行及主管部门进行项目审批的参考依据。

（4）可行性研究的深度影响投资估算的精确度，也影响工程造价的控制结果。投资决策过程是一个由浅入深、不断深化的过程，依次分为若干工作阶段，不同阶段决策的深度不同，投资估算的精确度也不同。例如，投资机会及项目建议书阶段是初步决策阶段，投资估算的误差率在 ±30% 左右；而详细可行性研究阶段是最终决策阶段，投资估算误差率在 ±10% 以内。另外，由于在项目建设各阶段中，即决策阶段、初步设计阶段、技术设计阶段、施工图设计阶段、工程招投标及承发包阶段、施工阶段及竣工验收阶段，通过工程造价的确定与控制，相应形成投资估算、设计概算、修正概算、施工图预算、承包合同价、结算价及竣工决算。这些造价形式之间存在着前者控制后者，后者补充前者的相互作用关系。按照“前者控制后者”的制约关系，意味着投资估算对其后面的各种形式的造价起着制约作用，作为限额目标。由此可见，只有提高可行性研究的深度，采用科学的估算方法和可靠的数据资料，合理地计算投资估算，保证投资估算充足，才能保证其他阶段的造价被控制在合理范围，使投资控制目标能够实现。

四、设计方案的评价、比选与工程造价确定和控制

（一）建设项目经济评价的作用及内容

建设项目经济评价是项目前期工作的重要内容，对于加强固定资产投资宏观调控，提高投资决策的科学化水平，引导和促进各类资源合理配置，优化投资结构，减少和规避投资风险，充分发挥投资效益，具有重要作用。

国家发展改革委、建设部2006年发布的《建设项目经济评价方法与参数（第三版）》规定：建设项目经济评价包括财务评价（也称财务分析）和国民经济评价（也称经济分析）。财务评价是在国家现行财税制度和价格体系的前提下，从项目的角度出发，计算项目范围内的财务效益和费用，分析项目的盈利能力和清偿能力，评价项目在财务上的可行性。国民经济评价是在合理配置社会资源的前提下，从国家经济整体利益的角度出发，计算项目对国民经济的贡献，分析项目的经济效率、效果和对社会的影响，评价项目在宏观经济上的合理性。建设项目经济评价内容的选择，应根据项目性质、项目目标、项目投资者、项目财务主体及项目对经济与社会的影响程度等具体情况确定。对于费用效益计算比较简单，建设期和运营期比较短，不涉及进出口平衡等一般项目，如果财务评价的结论能够满足投资决策需要，可不进行国民经济评价；对于关系公共利益、国家安全和市场，不能有效配置资源的经济和社会发展的项目，除应进行财务评价外，还应进行国民经济评价；对于特别重大的建设项目，尚应辅以区域经济与宏观经济影响分析方法进行国民经济评价。

（二）设计方案评价、比选的原则与内容

1. 设计方案评价、比选的原则

作为寻求合理的经济和技术方案的必要手段——设计方案评价、比选应遵循如下

原则：

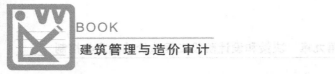

（1）建设项目设计方案评价、比选要协调好技术先进性和经济合理性的关系，即在满足设计功能和采用合理先进技术的条件下，尽可能降低投入。

（2）建设项目设计方案评价、比选除考虑一次性建设投资的比选外，还应考虑项目运营过程中的费用比选，即项目寿命期的总费用比选。

（3）建设项目设计方案评价、比选要兼顾近期与远期的要求，即建设项目的功能和规模应根据国家和地区远景发展规划，适当留有发展余地。

2. 设计方案评价、比选的内容

建设项目设计方案比选的内容在宏观方面有建设规模、建设场址、产品方案等；对于建设项目本身有厂区（或居住小区）总平面布置、主题工艺流程选择、主要设备选型等，小的方面有工程设计标准、工业与民用建筑的结构形式、建筑安装材料的选择等。一般在设计方案评价、比选时，应以单位或分部分项工程为对象，通过主要技术经济指标的对比，确定合理的设计方案。

（三）设计方案评价、比选的方法

建设项目多方案整体宏观方面的评价、比选，一般采用投资回收期法、计算费用法、净现值法、净年值法、内部收益率法，以及上述几种方法同时使用等。对建设项目本身局部多方案的评价、比选，除了可用上述宏观方案比较方法外，一般采用价值工程原理或多指标综合评分法（对参与评价、比选的设计方案设定若干评价指标，并按其各自在方案中的重要程度给定各评价指标的权重和评分标准，计算各设计方案的加权得分的方法）比选。

在建设项目设计阶段，多方案比选多属于本身局部方案比选，或者是更具体的、小的方案比选，一般采用造价额度、运行费用、净现值、净年值法进行比选，极特殊的、复杂的方案比选采用综合的财务评价方法。

（四）设计方案评价、比选应注意的问题

对设计方案进行评价、比选时需注意以下几点：

（1）工期的比较。工程施工工期的长短涉及管理水平、投入劳动力的多少和施工机械的配备情况，故应在相似的施工资源条件下进行工期比较，并应考虑施工的季节性。由于工期缩短而工程提前竣工交付使用所带来的经济效益，应纳入分析评价范围。

（2）采用新技术的分析。设计方案采用某项新技术，往往在项目的早期经济效益较差，因为生产率的提高和生产成本的降低需要有一段时间来掌握和熟悉新技术后方可实现。因此，进行设计方案技术经济分析评价时应预测其预期的经济效果，不能仅由于当前的经济效益指标较差而限制新技术的采用和发展。

（3）对产品功能的分析评价。对产品功能的分析评价是技术经济评价内容不能缺少但又常常被忽视的一个指标。必须明确评比对象应在相同功能条件下才有可比性。当参与对比的设计方案功能项目和水平不同时，应对之进行可比性换算，使之满足以下几个方面的可比条件：需要可比、费用消耗可比、价格可比、时间可比。

（五）设计方案评价、比选对工程造价确定和控制的影响

工程建设项目由于受资源、市场、建设条件等因素的限制，拟建项目可能存在建设场址、建设规模、产品方案、所选用的工艺流程不同等多个整体设计方案，而在一个整体设计方案中也可存在厂区总平面布置、建筑结构形式等不同的多个设计方案。显然，不同的设计方案工程造价各不相同，必须对多个不同设计方案进行全面的技术经济评价分析，为建设项目投资决策者提供方案比选意见，帮助他们选择最合理的设计方案，才能确保建设项目在经济合理的前提下做到技术先进，从而为合理确定和有效控制工程造价提供前提和条件，最终达到提高工程建设投资效果的目的。此外，对于已经确定的设计方案，造价工作人员也可依据有关技术经济资料对设计方案进行评价，提出优化设计的建议与意见，通过优化设计和深化设计使技术方案更加经济合理，使工程造价能得到合理的确定和有效的控制。

第二节　投资估算的编制与审查

一、投资估算的概念及作用

（一）投资估算的概念

投资估算是指在项目投资决策过程中，依据现有的资料和特定的方法，对建设项目的投资数额进行的估计。在项目建议书、预可行性研究、可行性研究、方案设计阶段（包括概念方案设计和报批方案设计）应编制投资估算。投资估算是项目建设前期编制项目建议书和可行性研究报告的重要组成部分，是进行建设项目设计经济评价和投资决策的基础。投资估算的准确与否不仅影响到项目建议书和可行性研究工作的质量和经济评价结果，而且也直接关系到下一阶段设计概算和施工图预算和编制，对建设项目资金筹措方案也有直接的影响。因此，全面准确地估算建设项目的工程造价，

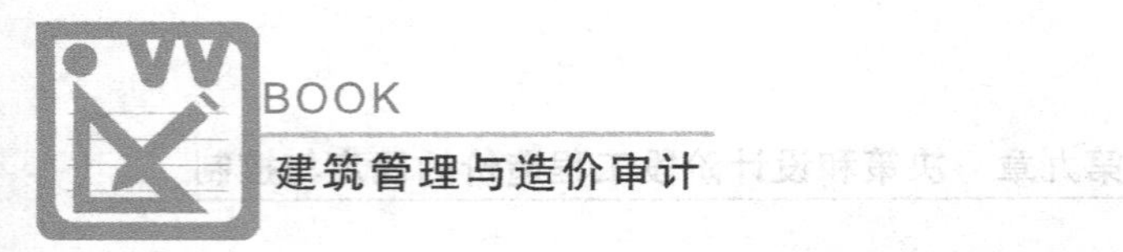

是可行性研究乃至整个决策阶段造价管理的重要任务。

（二）投资估算的作用

（1）项目建议书阶段的投资估算是项目主管部门审批项目建议书的依据之一，并对项目的规划、规模起参考作用。

（2）项目可行性研究阶段的投资估算是项目投资决策的重要依据，也是研究、分析、计算项目投资经济效果的重要条件。

（3）方案选择的重要依据是项目投资决策的重要依据，是确定项目投资水平的依据。

（4）项目投资估算可作为项目资金筹措及制订建设贷款计划的依据，建设单位可根据批准的项目投资估算额进行资金筹措和向银行申请贷款。

（5）项目投资估算是核算建设项目固定资产投资需要额和编制固定资产投资计划的重要依据。

（6）项目投资估算对工程设计概算起控制作用。也就是可行性研究报告被批准之后，其投资估算额作为设计任务书中下达的投资限额，即作为建设项目投资的最高限额，一般不得随意突破。设计概算不得突破批准的投资估算额，应控制在批准的投资估算额度以内。要求设计者在投资估算的范围内确定设计方案，以便控制项目建设的各项标准。

（7）合理准确的投资估算是实现真正意义的“工程全面造价管理”，实现工程造价事前管理、主动控制的前提条件。

二、投资估算的内容及依据

（一）编制内容

建设项目投资的估算包括建设投资、建设期利息、固定资产投资方向调节税（暂停征收）和流动资金的估算。

（1）建设投资估算的内容按照费用的性质划分，包括工程费用、工程建设其他费用和预备费用3部分。其中，工程费用包括建筑工程费、设备及工器具设置费、安装工程费，预备费用包括基本预备费和价差预备费。在按形成资产法估算建设投资时，工程费用形成固定资产；工程建设其他费用可分别形成固定资产、无形资产及其他资产。为简化计算，预备费用一并计入固定资产。

（2）建设期利息是债务资金在建设期内发生并应计入固定资产原值的利息，包括支付金融机构的贷款利息和为筹集资金而发生的融资费用。建设期利息单独估算，以便对建设项目进行融资前和融资后的财务分析。

（3）流动资金是指生产经营性项目投产后，用于购买原材料、燃料、支付工资及其他经营费用等所需的周转资金。它是伴随着建设投资而发生的长期占用的流动资产投资，流动资金 = 流动资产 – 流动负债。其中，流动资产主要考虑现金、应收账款和存货，流动负债主要考虑应付账款和预收账款。因此，流动资金的概念，实际上是财务中的营运资金。

建设项目投资估算的基本步骤如下：

（1）分别估算各单项工程所需的建筑工程费、设备及工器具购置费、安装工程费；

（2）在汇总各单项工程费用的基础上，估算工程建设其他费用和基本预备费；

（3）估算价差预备费；

（4）估算建设期利息；

（5）估算流动资金；

（6）汇总出总投资。

（二）编制依据

建设项目投资估算编制依据是指在编制投资估算时需要计量、价格确定、工程计价有关参数、率值确定的基础资料，主要有以下几个方面：

（1）国家、行业和地方政府的有关规定；

（2）工程勘察与设计文件、图示计量或有关专业提供的主要工程量和主要设备清单；

（3）行业部门、项目所在地工程造价管理机构或行业协会等编制的投资估算指标、概算指标（定额）、工程建设其他费用定额（规定）、综合单价、价格指数和有关造价文件等；

（4）类似工程的各种技术经济指标和参数；

（5）工程所在地的同期的工、料、机市场价格，建筑、工艺及附属设备的市场价格和有关费用等；

（6）政府有关部门、金融机构等部门发布的价格指数、利率、汇率、税率等有关参数；

（7）委托人提供的其他技术经济资料。

三、投资估算的编制方法

建设项目投资估算根据主体专业设计的阶段和深度，结合各自行业的特点，所采用生产工艺流程的成熟性，以及编制者所掌握的国家及地区、行业或部门相关投资估算基础资料和数据的合理、可靠、完整程度（包括造价咨询机构自身统计和积累的可靠的相关造价基础资料），采用的编制方法都是不同的。项目建议书阶段，投资估算的精度低，可采取简单的匡算法，如生产能力指数法、系数估算法、比例估算法、混合法、指标估算法等。在可行性研究阶段，投资估算精度要求高，需采用相对详细的投资估算方法，即指标估算法。

（一）项目建议书阶段投资估算

由于项目建议书阶段是初步决策的阶段，对项目还处在概念性的理解上，因此，投资估算只能在总体框架内进行，投资估算对项目决策只是概念性的参考，投资估算只起指导性作用。针对这个阶段的投资估算方法，是在大的指标框架下研究的，虽然有一些更为精确的估算方法，但是其应用具有很大的局限性。

1. 生产能力指数法

生产能力指数法是根据已建成的类似项目生产能力和投资额来粗略估算拟建建设项目投资额的方法。本办法主要应用于设计深度不足、拟建建设项目与已建成类似建设项目的规模不同、设计定型并系列化、行业内相关指数和系数等基础资料完备的情况。

2. 系数估算法

系数估算法也称因子估算法，它是以已知的拟建建设项目的主题工程费或主要生产工艺设备费为基数，以其他辅助或配套工程费占主体工程费或主要生产工艺设备费的百分比为系数，进行估算项目的相关投资额。这种方法简单易行，但是精度较低，一般应用于设计深度不足、拟建建设项目与类似建设项目的主体工程费或主要生产工艺设备投资比例较大、行业内相关系数等基础资料完备的情况。

3. 比例估算法

比例估算法是根据已知的同类建设项目主要生产工艺设备投资占整个建设项目的投资比例，先逐项估算出拟建建设项目主要生产工艺设备投资，再按比例进行估算拟建建设项目相关投资额的方法。本办法主要应用于设计深度不足、拟建建设项目与类似建设项目的主要生产工艺设备投资比例较大、行业内相关系数等基础资料完备的情况。

4. 混合法

混合法是根据主体专业设计的阶段和深度，投资估算编制者所掌握的国家及地区、行业或部门相关投资估算基础资料和数据（包括造价咨询机构自身统计和积累的相关造价基础资料），对一个拟建建设项目采用生产能力指数法与比例估算法或系数估算法与比例估算法混合进行估算其相关投资额的方法。

5. 指标估算法

指标估算法是把拟建建设项目以单项工程或单位工程，按建设内容纵向划分为各个主要生产设施、辅助及公用设施、行政及福利设施及各项其他基本建设费用；按费用性质横向划分为建筑工程、设备购置、安装工程等，根据各种具体的投资估算指标，进行各单位工程或单项工程投资的估算，在此基础上汇集编制成拟建建设项目的各个单项工程费用和拟建建设项目的工程费用投资估算。再按相关规定估算工程建设其他费用、基本预备费、建设期贷款利息等，形成拟建项目静态投资。本部分内容在可行性研究阶段的投资估算中详细介绍。

（二）可行性研究阶段的投资估算

可行性研究阶段建设项目投资估算原则上应采用指标估算法。对投资有重大影响的主体工程应估算出分部分项工程量，参考相关概算定额或概算指标及综合定额编制主要单项工程的投资。对于子项单一的大型民用公共建筑，主要单项工程估算应细化到单位工程估算书。可行性研究投资估算应满足项目的可行性研究与评估，并最终满足国家和地方相关部门批复或备案的要求。预可行性研究阶段、方案设计阶段项目建设投资估算视设计深度，宜参照可行性研究阶段的编制办法进行。

1. 建筑工程费用估算

建筑工程费用是指为建造永久性建筑物和构筑物所需要的费用，一般采用单位建筑工程投资估算法、单位实物工程量投资估算法、概算指标投资估算法等进行估算。

（1）单位建筑工程投资估算法，以单位建筑工程量投资乘以建筑工程总量计算。一般工业与民用建筑以单位建筑面积（平方米）的投资、工业窑炉砌筑以单位容积（立方米）的投资、水库以水坝单位长度（米）的投资、铁路路基以单位长度（千米）的投资、矿山掘进以单位长度（米）的投资，乘以相应的建筑工程量计算建筑工程费。这种方法可以进一步分为单位功能价格法、单位面积价格法和单位容积价格法。

①单位功能价格法。此方法是利用每功能单位的成本价格估算，将选出所有此类项目中共有的单位，并计算每个项目中该单位的数量。例如，可以用医院里的病床数量为功能单位，新建一所医院的成本被细分为其所提供的病床数量。这种计算方法首先给出每张床的单价，然后乘以该医院所有病床的数量，从而确定该医院项目的金额。

②单位面积价格法。此方法首先要用已知的项目建筑工程费用除以该项目的房屋总面积，即为单位面积价格；然后将结果应用到未来的项目中，以估算拟建项目的建筑工程费。

③单位容积价格法。在一些项目中，楼层高度是影响成本的重要因素。例如，仓库、工业窑炉砌筑的高度根据需要会有很大的变化，显然这时不再适用单位面积价格法，而单位容积价格法则成为确定初步估算的适用方法。将已完工程总的建筑工程费用除以建筑容积，即可得到单位容积价格。

（2）单位实物工程量投资估算法，以单位实物工程量的投资乘以实物工程总量计算。土石方工程按每立方米投资、矿井巷道衬砌工程按每延米投资、路面铺设工程按每平方米投资，乘以相应的实物工程总量计算建筑工程费。

（3）概算指标投资估算法，对于没有上述估算指标且建筑工程费占总投资比例较大的项目，可采用概算指标投资估算法。采用此种方法，应占有较为详细的工程资料、建筑资料价格和工程费用指标，投入的时间和工作量大。

2. 设备购置费估算

设备购置费是指为建设项目购置或自制的达到固定资产标准的各种国产或进口设备、工具、器具的购置费用。设备购置费根据项目主要设备表及价格、费用资料编制，工器具购置费按设备费的一定比例计取。对于价值高的设备应按单台（套）估算购置费，价值较小的设备可按类估算，国内设备和进口设备应分别估算。

3. 安装工程费估算

安装工程费通常按行业或专门机构发布的安装工程定额、取费标准和指标估算投资。工艺设备、工艺金属结构和工艺管道、工业炉窑砌筑和工艺保温或绝热、变配电、自控仪表等安装工程估算均以单项工程为单元，根据设计选用的材质、规格或专业设计的具体内容，套用技术标准、材质和规格、施工方法相适用的投资估算指标或类似工程造价资料进行估算。

4. 工程建设其他费用估算

工程建设其他费用的计算应结合拟建项目的具体情况，有合同或协议明确的费用按合同或协议列入；无合同或协议明确的费用，根据国家和各行业部门、工程所在地地方政府的有关工程建设其他费用定额和计算办法估算。

工程建设其他费用主要包括建设管理费（含建设单位管理费、工程监理费、工程质量监督费）、建设用地费（含土地征用及迁移补偿费、征用耕地按规定一次性缴付的耕地占用税、建设单位租用建设项目土地使用权在建设期支付的租地费用）、可行性研究费、研究试验费、勘察设计费、环境影响评价费、劳动安全卫生评价费、场地准备及临时设施费（含建设场地准备费和建设单位临时设施费）、引进技术和引进设备其他费（含引进项目图纸资料翻译复制费、备品备件测绘费、出国人员费用、来华人员费用、银行担保及承诺费）、工程保险费、联合试运转费、特殊设备安全监督检验费、市政公用设施费、专利及专有技术使用费（含国外设计及技术资料费、引进有效专利、专有技术使用费和技术保密费，国内有效专利、专有技术使用费，商标权、商誉和特许经营权费等）、生产准备及开办费（含人员培训费及提前进厂费，为保证初期正常生产、营业或使用所必需的生产办公、生活家具用具购置费，为保证初期正常生产、营业或使用所必需的第一套不够固定资产标准的生产工具、器具、用具购置费）。

5. 基本预备费估算

基本预备费的估算一般以建设项目的工程费用和工程建设其他费用之和为基础，

乘以基本预备费率进行计算。基本预备费率的大小，应根据建设项目的设计阶段和具体的设计深度，以及在估算中所采用的各项估算指标与设计内容的贴近度、项目所属行业主管部门的具体规定确定。

6. 价差预备费

价差预备费是指针对建设项目在建设期间内由于材料、人工、设备等价格可能发生变化引起工程造价变化而事先预留的费用，也称为价格变动不可预见费。价差预备费的内容包括人工、设备、材料、施工机械的价差费，建筑安装工程费及工程建设其他费用调整，利率、汇率调整等增加的费用。

7. 投资方向调节税估算

投资方向调节税估算，以建设项目的工程费用、工程建设其他费用及预备费之和为基础（更新改造项目以建设项目的建筑工程费为基础），根据国家适时发布的具体规定和税率计算。固定资产投资方向调节税现已暂停征收。

8. 建设期贷款利息估算

在建设投资分年计划的基础上可设定初步融资方案，对采用债务融资的项目应估算建设期贷款利息。建设期贷款利息是指筹措债务资金时在建设期内发生并按规定允许在投产后计人固定资产原值的利息，即资本化利息。建设期贷款利息包括向国内银行和其他非银行金融机构贷款、出口信贷、外国政府贷款、国际商业银行贷款及在境内外发行的债券等在建设期间应计的借款利息。

对于多种借款资金来源，每笔借款的年利率各不相同，既可分别计算每笔借款的利息，也可先计算出各笔借款加权平均的年利率，并以此利率计算全部借款的利息。

建设期贷款利息的估算，根据建设期资金用款计划，可按当年借款在当年年中支用考虑，即当年借款按半年计息，上年借款按全年计息。国外贷款利息的计算中，还应包括国外贷款银行根据贷款协议向贷款方以年利率的方式收取的手续费、管理费、承诺费，以及国内代理机构向贷款单位收取的转贷费、担保费、管理费等。

（三）流动资金的估算

项目运营需要流动资产投资，是指生产经营性项目投产后，为进行正常生产运营，用于购买原材料、燃料，支付工资及其他经营费用等所需的周转资金。流动资金估算一般可采用分项详细估算法和扩大指标估算法。

1. 分项详细估算法

分项详细估算法是根据周转额和周转速度的关系，对构成流动资金的各项流动资产和流动负债分别进行估算。可行性研究阶段的流动资金估算应采用分项详细估算法。流动资产的构成要素一般包括存货、库存现金和应收账款；流动负债的构成要素一般包括应付账款。流动资金等于流动资产和流动负债的差额。

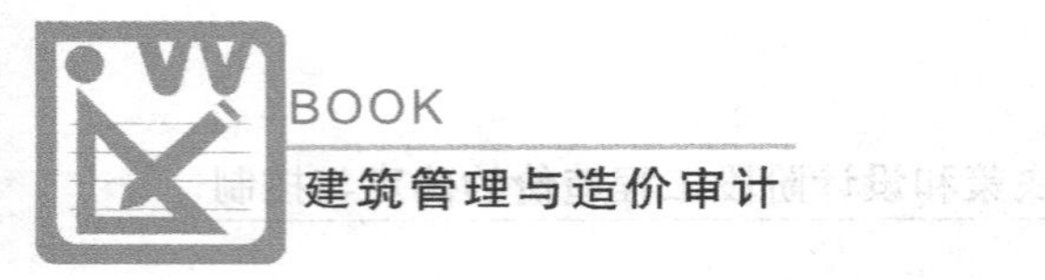

2. 扩大指标估算法

扩大指标估算法是根据销售收入、经营成本、总成本费用等与流动资金的关系和比例来估算流动资金。可参照现有同类企业的实际资料，求得各种流动资金率指标，也可依据行业或部门给定的参考值或经验确定比率。扩大指标估算法简便易行，但准确度不高，适用于项目建议书阶段的估算。估算流动资金应注意的问题如下：

（1）在采用分项详细估算法时，应根据项目实际情况分别确定现金、应收账款、预付账款、存货和应付账款的最低周转天数，并考虑一定的保险系数。因为最低周转天数减少，将增加周转次数，从而减少流动资金需用量，因此，必须切合实际地选用最低周转天数。对于存货中的外购原材料和燃料，要分品种和来源，考虑运输方式、运输距离及占用流动资金的比例大小等因素确定。

（2）流动资金属于长期性（永久性）流动资产，流动资金的筹措可通过长期负债和资本金（一般要求占 30%）的方式解决。流动资金一般要求在投产前一年开始筹措，为简化计算，可规定在投产的第一年开始按生产负荷安排流动资金需用量。其借款部分按全年计算利息，流动资金利息应计入生产期间财务费用，项目计算期末收回全部流动资金（不含利息）。

（3）用详细估算法计算流动资金，需以经营成本及其中的某些科目为基数，因此实际上流动资金估算应能够在经营成本估算之后进行。

（4）对铺底流动资金有要求的建设项目，应按国家或行业的有关规定计算铺底流动资金。非生产经营性建设项目不列铺底流动资金。

四、投资估算的文件组成

投资估算文件一般由封面、签署页、编制说明、投资估算分析、总投资估算表、单项工程估算表、主要技术经济指标等内容组成。

（一）编制说明

投资估算编制说明一般应阐述以下内容：

（1）工程概况；

（2）编制范围；

（3）编制方法；

（4）编制依据；

（5）主要技术经济指标；

（6）有关参数、率值选定的说明；

（7）特殊问题的说明 [包括采用新技术、新材料、新设备、新工艺时，必须说明的价格的确定；进口材料、设备、技术费用的构成与计算参数；采用巨型结构、异形结构的费用估算方法；环保（不限于）投资占总投资的比例；未包括项目或费用的必要说明等]；

（8）采用限额设计的工程还应对投资限额和投资分解做进一步说明；

（9）采用方案比选的工程还应对方案比选的估算和经济指标做进一步说明。

（二）投资估算分析

投资估算分析应包括以下内容：

（1）工程投资比例分析。一般建筑工程要分析土建、装饰、给排水、电气、暖通、空调、动力等主体工程和道路、广场、围墙、大门、室外管线、绿化等室外附属工程总投资的比例；一般工业项目要分析主要生产项目（列出各生产装置）、辅助生产项目、公用工程项目（给排水、供电和电讯、供汽、总图运输及外管）、服务性工程、生活福利设施、厂外工程占建设总投资的比例。

（2）分析设备购置费、建筑工程费、安装工程费、工程建设其他费用、预备费占建设总投资的比例，分析引进设备费用占全部设备费用的比例等。

（3）分析影响投资的主要因素。

（4）与国内类似工程项目的比较，分析说明投资高低原因。

（三）总投资估算表

总投资估算表的编制包括汇总单项工程估算、工程建设其他费用，估算基本预备费、价差预备费，计算建设期利息等。

（四）单项工程估算表

单项工程投资估算应按建设项目划分的各个单项工程分别计算组成工程费用的建筑工程费、设备购置费、安装工程费。

（五）主要技术经济指标

估算人员应根据项目特点，计算并分析整个建设项目、各单项工程和主要单位工程的主要技术经济指标。

五、投资估算的审核

投资估算作为建设项目投资的最高限额，对工程造价的合理确定和有效控制起着十分重要的作用。为保证投资估算的完整性和准确性，必须加强对投资估算的审核工作。有关文件规定，对建设项目进行评估时应进行投资估算的审核，政府投资项目的投资估算审核除依据设计文件外，还应依据政府有关部门发布的有关规定、建设项目投资估算指标和工程造价信息等计价依据。

投资估算的审核主要从以下几个方面进行：

（1）审核和分析投资估算编制依据的时效性、准确性和实用性。估算项目投资所需的数据资料很多，如已建同类型项目的投资，设备和材料价格、运杂费率，有关的指标、标准及各种规定等。这些资料可能随时间、地区、价格及定额水平的差异，使投资估算有较大的出入，因此要注意投资估算编制依据的时效性、准确性和实用性。针对这些差异，必须做好定额指标水平、价差的调整系数及费用项目的调查。同时，对工艺水平、规模大小、自然条件、环境因素等对已建项目与拟建项目在投资方面形成的差异进行调整，使投资估算的价格和费用水平符合项目建设所在地估算投资年度的实际。针对调整的过程及结果要进行深入细致的分析和审查。

（2）审核选用的投资估算方法的科学性与适用性。投资估算的方法有许多种，每种估算方法都有各自适用的条件和范围，并具有不同的准确度。如果使用的投资估算方法与项目的客观条件和情况不相适应，或者超出了该方法的适用范围，那就不能保证投资估算的质量。另外，还要结合设计的阶段或深度等条件，采用适用、合理的估算办法进行估算。

如采用“单位工程指标”估算法时，应该审核套用的指标与拟建工程的标准和条件是否存在差异，以及其对计算结果影响的程度，是否已采用局部换算或调整等方法对结果进行修正，修正系数的确定和采用是否具有一定的科学依据。处理方法不同，技术标准不同，费用相差可能达十倍甚至数十倍。当工程量较大时，对估算总价影响甚大，如果在估算中不进行科学的调整，将会因估算准确程度差造成工程造价失控。

（3）审核投资估算的编制内容与拟建项目规划要求的一致性。审核投资估算的工程内容，包括工程规模、自然条件、技术标准、环境要求，与规定要求是否一致，是否在估算时已进行了必要的修正和反映，是否对工程内容尽可能地量化和质化，有没有出现内容方面的重复或漏项和费用方面的高估或低算。

如建设项目的主体工程与附加工程或辅助工程、公用工程、生产与生活服务设施、交通工程等是否与规定的一致，是否漏掉了某些辅助工程、室外工程等的建设费用。

（4）审核投资估算的费用项目、费用数额的真实性。

（5）审核各个费用项目与规定要求、实际情况是否相符，是否漏项或多项，估算的费用项目是否符合项目的具体情况、国家规定及建设地区的实际要求，是否针对具体情况做了适当的增减。

（6）审核项目所在地区的交通、地方材料供应、国内外设备的订货与大型设备的运输等方面，是否针对实际情况考虑了材料价格的差异问题；对偏僻地区或有大型设备时是否已考虑了增加设备的运杂费。

（7）审核是否考虑了物价上涨，对于引进国外设备或技术项目是否考虑了每年的通货膨胀率对投资额的影响，考虑的波动变化幅度是否合适。

（8）审核对于“三废”处理所需相应的投资是否进行了估算，其估算数额是否符合实际。

（9）审核项目投资主体自有的稀缺资源是否考虑了机会成本，沉没成本是否剔除。

（10）审核是否考虑了采用新技术、新材料及审核是否考虑采用新技术、新材料以及现行标准和规范，现有的项目比已建项目要求提高所需增加的投资额，额度是否合适，这都在审查范围内。

值得注意的是，投资估算要留有余地，既要防止漏项少算，又要防止高估冒算。要在优化和可行的建设方案的基础上，根据有关规定认真、准确、合理地确定经济指标，以保证投资估算的质量，使其真正地起到决策和控制作用。

第三节　设计概算的编制与审查

一、设计概算的概念与作用

（一）设计概算的概念

设计概算是在设计阶段对建设项目投资额度的概略计算。设计概算投资应包括建设项目从立项、可行性研究、设计、施工、试运行到竣工验收等的全部建设资金。设计概算是设计文件的重要组成部分，在报批设计文件时，必须同时报批设计概算文件。采用两阶段设计的建设项目，初步设计阶段必须编制设计概算；采用三阶段设计的建设项目，扩大初步设计阶段必须编制修正概算。设计概算额度的控制、审批、调整应遵循国家、各省市地方政府或行业有关规定。如果设计概算值超过控制额，以至于因概算投资额度变化影响项目的经济效益，使经济效益达不到预定收益目标值，则必须修改设计或重新立项审批。

（二）设计概算的作用

（1）设计概算是编制固定资产投资计划、确定和控制建设项目投资的依据。国家规定，编制年度固定资产投资计划，确定计划投资总额及其构成数额，要以批准的初步设计为依据；没有批准的初步设计文件及其概算，建设工程就不能列入年度固定资产投资计划。

（2）设计概算是签订建设工程承发包合同和贷款合同的依据。在国家颁布的《合

同法》中明确规定，建设工程合同价款是以设计概、预算价为依据，且总承包合同不得超过设计总概算的投资额。银行贷款或各单项工程的拨款累计总额不能超过设计概算，如果项目投资计划所列支投资额与贷款突破设计概算时，必须查明原因，之后由建设单位报请上级主管部门调整或追加设计概算总投资，未批准之前，银行对其超支部分拒不拨付。

（3）设计概算是控制施工图设计和施工图预算的依据。设计单位必须按照批准的初步设计和总概算进行施工图设计，施工图预算不得突破设计概算，如确需突破总概算时，应按规定程序报批。

（4）设计概算是衡量设计方案技术经济合理性和选择最佳设计方案的依据。设计部门在初步设计阶段要选择最佳设计方案，设计概算是从经济角度衡量设计方案经济合理性的重要依据。因此，设计概算是衡量设计方案技术经济合理性和选择最佳设计方案的依据。

（5）设计概算是考核建设项目投资效果的依据。通过设计概算与竣工决算对比，可以分析和考核投资效果的好坏，同时还可以验证设计概算的准确性，有利于加强设计概算管理和建设项目的造价管理工作。

二、设计概算编制内容及依据

（一）编制内容

设计概算可分为单位工程概算、单项工程综合概算和建设项目总概算三级。

1. 单位工程概算

单位工程是指具有独立的设计文件、可以单独组织施工的工程项目，但不能独立发挥生产能力或具有使用功能，是单项工程的组成部分。单位工程概算是确定一个单位工程费用的文件，是单项工程综合概算的组成部分，只包括单位工程的工程费用。单位工程概算按其工程性质分为建筑工程概算和设备及安装工程概算两大类。建筑工程概算包括土建工程概算，给排水、采暖工程概算，通风、空调工程概算，电气照明工程概算，弱电工程概算，特殊构筑物工程概算等；设备及安装工程概算包括机械设备及安装工程概算，电气设备及安装工程概算，热力设备及安装工程概算，工具、器具及生产家具购置费概算等。

2. 单项工程综合概算

单项工程是指具有独立的设计文件、建成后可以独立发挥生产能力或具有使用功能的工程。它是建设项目的组成部分，如生产车间、办公楼、食堂、图书馆、学生宿舍、住宅楼、一个配水厂等。单项工程概算是确定一个单项工程（设计单元）费用的文件，是总概算的组成部分，只包括单项工程的工程费用。

3. 建设项目总概算

建设项目是指一个按总体规划或设计进行建设的各个单项工程所构成的总和，也可以称为基本建设项目。建设项目总概算是确定一个项目建设总费用的文件，是设计阶段对建设项目投资总额度的计算，是概算的主要组成部分。它是由各单项工程综合概算、工程建设其他费用概算、预备费、建设期贷款利息和投资方向调节税概算汇总编制而成的。

若干个单位工程概算汇总后称为单项工程概算，若干个单项工程概算和工程建设其他费用、预备费、建设期利息等概算文件汇总后称为建设项目总概算。单项工程概算和建设项目总概算仅是一种归纳、汇总性文件，因此，最基本的计算文件是单位工程概算书。建设项目若为一个独立单项工程，则建设项目总概算书与单项工程综合概算书可合并编制。

（二）编制依据

设计概算编制依据涉及面很广，一般指编制项目概算所需的一切基础资料。对于不同项目，其概算编制依据不尽相同。设计概算文件编制人员应深入现场进行调研，收集编制概算所需的定额、价格、费用标准，以及国家或行业、当地主管部门的规定、办法等资料。投资方（项目业主）也应当主动配合，才能保证设计概算编制依据的完整性、合理性和实效性。一般来说，设计概算编制依据主要包括：

（1）国家、行业和地方政府有关建设和造价管理的法律、法规、规定；

（2）批准的可行性研究文件、建设项目的设计任务书和主管部门的有关规定；

（3）初步设计项目一览表；

（4）能满足编制设计概算的各专业设计图纸、文字说明和主要设备表，其中包括：

①土建工程中建筑专业提交建筑平、立、剖面图和初步设计文字说明（应说明或注明装修标准、门窗尺寸），结构专业提交结构平面布置图、构件截面尺寸、特殊构件配筋率；

②给排水、电气、采暖通风、空气调节、动力等专业的平面布置图或文字说明和主要设备表；

③室外工程有关各专业提交平面布置图，总图专业提交建设场的地形图和场地设计标高及道路、排水沟、挡土墙、围墙等构筑物的断面尺寸；

④正常的施工组织设计；

⑤当地和主管部门的现行建筑工程和专业安装工程的概算定额（或预算定额、综合预算定额）、单位估价表、材料及构配件预算价格、工程费用定额和有关费用规定的文件等资料；

⑥现行的有关设备原价及运杂费率；

⑦现行的有关其他费用定额、指标和价格；

⑧资金筹措方式；

⑨建设场地的自然条件和施工条件；

⑩类似工程的概、预算及技术经济指标。

三、设计概算的编制方法

（一）单位工程概算的编制方法

单位工程概算书是概算文件的基本组成部分，是编制单项工程综合概算（或项目总概算）的依据，应根据单项工程中所属的每个单体按专业分别编制，一般分建筑工程、设备及安装工程两大类。单位工程概算投资由直接费、间接费、利润和税金组成。

1. 建筑工程单位工程概算编制方法

对于特殊或重要的建筑物，必须按构成单位工程的主要分部分项工程编制，必要时结合施工组织设计进行详细计算。在实际操作中，可视概算编制时具备的条件选用以下方法：

（1）概算定额法。概算定额法又称扩大单价法或扩大结构定额法，是采用概算定额编制工程概算的方法。根据设计图纸资料和概算定额的项目划分计算出工程量，然后套用概算定额单价（基价），计算汇总后，再计取有关费用，便可得出单位工程概算造价。

概算定额法适用于设计达到一定深度，建筑结构比较明确，能按照设计的平面、立面、剖面图纸计算出楼地面、墙身、门窗和屋面等分部工程（或扩大结构件）工程量的项目。这种方法编制出的概算精度较高，但是编制工作量大，需要大量的人力和物力。

概算定额法编制设计概算的步骤如下：

①列出单位工程中分部工程或扩大分项工程的项目名称，并计算其工程量；

②确定各分部分项工程项目的概算定额单价；

③计算分部分项工程的直接工程费，合计得到单位工程直接工程费总和；

④按照有关规定标准计算措施费，合计得到单位工程直接费；

⑤按照一定的取费标准和计算基础计算间接费和利税；

⑥计算单位工程概算造价；

⑦计算单位建筑工程经济技术指标。

（2）概算指标法。概算指标法是采用直接工程费指标，用拟建的厂房、住宅的建筑面积（或体积）乘以技术条件相同或基本相同的概算指标，得出直接工程费；然后按规定计算出措施费、间接费、利润、税金等，编制出单位工程概算的方法。

概算指标法的适用范围是设计深度不够，不能准确地计算出工程量，但工程设计技术比较成熟而又有类似工程概算指标可以利用。概算指标法主要适用于初步设计概算编制阶段的建筑物土建、给排水、暖通、照明工程等，以及较为简单或单一的构筑工程这类单位工程编制，计算出的费用精确度不高，往往只起到控制性作用。这是由于拟建工程往往与类似工程的概算指标的技术条件不尽相同，而且概算指标编制年份的设备、材料、人工等价格与拟建工程当时当地的价格也不会一样。如果想要提高精确度，需对指标进行调整。

（3）类似工程预算法。类似工程预算法是利用技术条件与设计对象相类似的已完工程或在建工程的工程造价资料来编制拟建工程设计概算的方法。

类似工程预算法适用于拟建工程设计与已完工程或在建工程的设计相类似而又没有可的概算指标时采用，但必须对建筑结构差异和价差进行调整。建筑结构差异的调整方法与概算指标法的调整方法相同，类似工程造价的价差调整有两种方法：

①类似工程造价资料有具体的人工、材料、机械台班的用量时，可按类似工程预算造价资料中的主要材料用量、工日数量、机械台班用量乘以拟建工程所在地的主要材料预算价格、人工单价、机械台班单价，计算出直接工程费；再乘以当地的综合费率，即可得出所需的造价指标；

②类似工程造价资料只有人工、材料、机械台班费用和措施费、间接费。

2. 设备及安装工程单位工程概算的编制方法

设备及安装工程概算包括设备购置费概算和设备安装工程费用概算两大部分。

（1）设备购置费概算。设备购置费是根据初步设计的设备清单计算出设备原价，并汇总求出设备总原价；然后按有关规定的设备运杂费率乘以设备总原价，两项相加即为设备购置费概算。

①国产设备原价。国产设备原价一般指的是设备制造厂的交货价或订货合同价。它一般根据生产厂或供应商的询价、报价、合同价确定，或采用一定的方法计算确定。国产设备原价分为国产标准设备原价和国产非标准设备原价。

A. 国产标准设备原价。国产标准设备是指按照主管部门颁布的标准图纸和技术要求，由我国设备生产厂批量生产的，符合国家质量检测标准的设备。国产标准设备原价在计算时，一般采用带有备件的原价。占投资比例较大的主体工艺设备出厂价，应在掌握该设备的产能、规格、型号、材质、设备质量的条件下，以向设备制造厂家和设备供应商询价，或类似工程选用设备订货合同价和市场调研为基础确定；其他小型通用设备出厂价可以根据行业和地方相关部门定期发布的价格信息确定。

B. 国产非标准设备原价。国产非标准设备是指国家尚无定型标准，各设备生产厂不可能在工艺过程中采用批量生产，只能按订货要求，并根据具体的设计图纸制造的

设备。非标准设备由于单件生产、无定型标准，因此无法获取市场交易价格，只能按其成本构成或相关技术参数估算其价格。非标准设备原价也应在掌握该设备的产能、规格、型号、材质、设备质量、加工制造复杂程度的条件下，以向设备制造厂家和设备供应商询价，或按类似工程选用设备订货合同价和市场调研为基础，按技术经济指标进行计算。其有多种不同的计算方法，如成本计算估价法、系列设备插入估价法、分部组合估价法、定额估价法等。但无论采用哪种方法，都应该使非标准设备计价接近实际出厂价，并且计算方法要简便。成本计算估价法是一种比较常用的方法，非标准设备的原价由非标准设备的设计、制造、包装及其利润、税金等全部费用组成。

②进口设备（材料）原价。进口设备（材料）原价一般是在向设备制造厂家和设备供应厂商询价，或按类似工程选用设备订货合同价和市场调研得出的进口设备价的基础上加各种税费计算的。

③设备运杂费。设备运杂费（包括进口设备国内运杂费）一般根据建设项目所在区域行业或地方相关部门的规定，以设备出厂价格或进口设备原价的百分比计算。设备运杂费通常由运费和装卸费、包装费、设备供销部门的手续费、采购与仓库保管费等构成。

④备品备件费。备品备件费一般根据设计所选用的设备特点，按设备费百分比计算，计算时并人设备费。

⑤工具、器具及生产家具购置费。工具、器具及生产家具购置费纳入设备购置费，工具、器具及生产家具购置费以设备费为基数，按工具、器具及生产家具占设备费的比例计算。

（2）设备安装工程费概算。《建设项目设计概算编审规程》规定：设备及安装工程概算按构成单位工程的主要分部分项工程编制，根据初步设计工程量按工程所在省、市、自治区颁发的概算定额（指标）或行业概算定额（指标），以及工程费用定额计算。当概算定额或指标不能满足概算编制要求时，应编制“补充单位估价表”。实务操作中，设备安装工程费概算的编制方法应根据初步设计深度和要求所明确的程度而采用，主要编制方法如下：

①预算单价法。当初步设计较深，有详细的设备和具体满足预算定额工程量清单时，可直接按工程预算定额单价编制安装工程概算，或者对于分部分项组成简单的单位工程也可采用工程预算定额单价编制概算，编制程序与施工图预算编制程序基本相同。该方法具有计算比较具体、精确性较高等优点。

②扩大单价法。当初步设计深度不够，设备清单不完备，只有主体设备或仅有成套设备质量时，可采用主体设备、成套设备的综合扩大安装单价来编制概算。

上述两种方法的具体操作与建筑工程概算相类似。

③设备价值百分比法，又称安装设备百分比法。当设计深度不够，只有设备出厂价而无详细规格、质量时，安装费可按占设备费的百分比计算。其百分比值（安装费率）由相关管理部门制定或由设计单位根据已完类似工程确定。该法常用于价格波动不大的定型产品和通用设备产品。

④综合吨位指标法。当设计文件提供的设备清单有规格和设备质量时，可采用综合吨位指标法编制概算，综合吨位指标由主管部门或由设计院根据已完类似工程资料确定。该法常用于设备价格波动较大的非标准设备和引进设备的安装工程概算，或者安装方式不确定，没有定额或指标。

（二）单项工程综合概算的编制方法

1. 单项工程综合概算的含义

单项工程综合概算（以下简称综合概算）是确定一个单项工程（设计单元）费用的文件，是总概算的组成部分，只包括单项工程的工程费用。

2. 单项工程综合概算的内容

综合概算以单项工程所属的单位工程概算为基础，采用“综合概算表”进行汇总编制而成。只包括一个单项工程的建设项目，不需要编制综合概算，可直接编制独立的总概算，按二级编制形式编制。工业建设项目综合概算表由建筑工程和设备及安装工程两大部分组成；民用工程项目综合概算表仅建筑工程一项。

（三）建设项目总概算的编制方法

1. 建设项目总概算的含义

建设项目总概算是确定一个项目建设总费用的文件（以下简称总概算），是设计阶段对建设项目投资总额度的计算，是概算的主要组成部分。

2. 建设项目总概算的内容

建设项目总概算文件一般由封面、签署页及目录、编制说明、总概算表、其他费用表、综合概算表、单位工程概算表及附件——补充单位估价表组成。

（1）编制说明；

（2）项目概况：简述建设项目的建设地点、设计规模、建设性质（新建、扩建或改建）、工程类别、建设期（年限）、主要工程内容、主要工程量、主要工艺设备及数量等；

（3）主要技术经济指标：项目概算总投资（有引进的给出所需外汇额度）及主要分项投资、主要技术经济指标（主要单位投资指标）等；

（4）资金来源：按资金来源不同渠道分别说明，发生资产租赁的说明租赁方式及租金；

（5）编制依据：说明概算主要编制依据；

（6）其他需要说明的问题；

（7）总说明附表：包括建筑、安装工程费用计算程序表，引进设备材料清单及从属费用计算表，具体建设项目概算要求的其他附表及附件。

编制说明应针对具体项目的独有特征进行阐述，编制依据应不与国家法律法规和各级政府部门、行业颁发的规定制度矛盾，应符合现行的金融、财务、税收制度，应符合国家或项目建设所在地政府经济发展政策和规划；编制说明说明还应对概算存在的问题和一些其他相关的问题进行说明，如不确定因素、没有考虑的外部衔接等问题。

3. 总概算表编制注意事项：

（1）工程费用按单项工程综合概算组成编制，采用二级概算编制的按单位工程概算组成编制。市政民用建设项目一般排列顺序：主体建（构）筑物、辅助建（构）筑物、配套系统；工业建设项目一般排列顺序：主要工艺生产装置、辅助工艺生产装置、公用工程、总图运输、生产管理服务性工程、生活福利工程、厂外工程。

（2）其他费用一般按其他费用概算顺序列项，主要包括建设用地费、建设管理费、勘察设计费、可行性研究费、环境影响评价费、劳动安全卫生评价费、场地准备及临时设施费、工程保险费、联合试运转费、生产准备及开办费、特殊设备安全监督检验费、市政公用设施建设及绿化补偿费、引进技术和引进设备材料其他费、专利及专有技术使用费、研究试验费等。

（3）预备费包括基本预备费和价差预备费。基本预备费以总概算第一部分“工程费用”和第二部分“其他费用”之和为基数的百分比计算。

四、设计概算文件的组成

设计概算文件是设计文件的组成部分，概算文件编制成册应与其他设计技术文件统一。概算文件的编号层次分明、方便查找（总页数应编流水号），由分到合、一目了然。概算文件的编制形式，视项目的功能、规模、独立性程度等因素决定采用三级概算编制（总概算、综合概算、单位工程概算）还是二级概算编制（总概算、单位工程概算）形式。对于采用三级概算编制形式的设计概算文件，一般由封面、签署页及目录、编制说明、总概算表、其他费用计算表、单项工程综合概算表组成总概算册；视情况由封面、单项工程综合概算表、单位工程概算表、附件组成各概算分册；对于采用二级编制形式的设计概算文件，一般由封面、签署页及目录、编制说明、总概算表、其他费用计算表、单位工程概算表组成，可将所有概算文件组成一册。

五、设计概算的审查

（一）审查设计概算的意义

（1）审查设计概算有利于合理分配投资资金，加强投资计划管理，有助于合理确定和有效控制工程造价。设计概算编制偏高或偏低，不仅影响工程造价的控制，也会影响投资计划的真实性，影响投资资金的合理分配。

（2）审查设计概算有利于促进概算编制单位严格执行国家有关概算的编制规定和费用标准，从而提高概算的编制质量。

（3）审查设计概算有利于促进设计的技术先进性与经济合理性。概算中的技术经济指标是概算的综合反映，与同类工程相比，便可看出它的先进与合理程度。

（4）审查设计概算有利于核定建设项目的投资规模，可以使建设项目总投资力求做到准确、完整，防止任意扩大投资规模或出现漏项，从而减少投资缺口，缩小概算与预算之间的差距，避免故意压低概算投资，搞“钓鱼”项目，最后导致实际造价大幅度地突破概算。

（5）审查设计概算有利于为建设项目投资的落实提供可靠的依据。打足投资，不留缺口，有助于提高建设项目的投资效益。

（二）设计概算的审查内容

1. 审查设计概算的编制依据

（1）审查编制依据的合法性。采用的各种编制依据必须经过国家和授权机关的批准，符合国家有关的设计概算编制规定，未经批准的不能采用。不能强调情况特殊，擅自提高概算定额、指标或费用标准。

（2）审查编制依据的时效性。各种依据，如定额、指标、价格、取费标准等，都应根据国家有关部门的现行规定进行，注意有无调整或新的规定，如有调整或新的规定，应按新的调整规定执行。

（3）审查编制依据的适用范围。各种编制依据都有规定的适用范围，如各主管部门规定的各种专业定额及其取费标准，只适用于该部门的专业工程；各地区规定的各种定额及其取费标准，只适用于该地区范围内，特别是地区的材料预算价格区域性更强，如某市有该市区的材料预算价格，又编制了郊区内一个矿区的材料预算价格，在编制该矿区某工程概算时，应采用该矿区的材料预算价格。

2. 审查概算编制深度

（1）审查编制说明。审查编制说明可以检查概算的编制方法、深度和编制依据等重大原则问题，若编制说明有差错，具体概算必有差错。

（2）审查概算编制深度。一般大中型项目的设计概算应有完整的编制说明和三级概算（总概算表、单项工程综合概算表、单位工程概算表），并按有关规定的深度

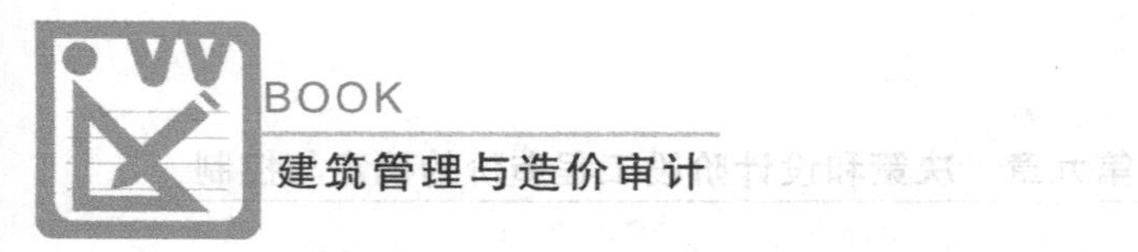

进行编制。审查是否有符合规定的三级概算，各级概算的编制、核对、审核是否按规定签署，有无随意简化，有无把三级概算简化为二级概算。

（3）审查概算的编制范围。审查概算编制范围及具体内容是否与主管部门批准的建设项目范围及具体工程内容一致；审查分期建设项目的建筑范围及具体工程内容有无重复交叉，是否重复计算或漏算；审查其他费用应列的项目是否符合规定，静态投资、动态投资和经营性项目铺底流动资金是否分别列出等。

3. 审查概算的内容

（1）审查概算的编制是否符合国家的方针、政策，是否根据工程所在地的自然条件编制。

（2）审查建设规模（投资规模、生产能力等）、建设标准（用地指标、建筑标准等）、配套工程、设计定员等是否符合原批准的可行性研究报告或立项批文的标准。对总概算投资超过批准投资估算 10% 以上的，应查明原因，重新上报审批。

（3）审查编制方法、计价依据和程序是否符合现行规定，包括定额或指标的适用范围和调整方法是否正确，补充定额或指标的项目划分、内容组成、编制原则等是否与现行的定额精神一致等。

（4）审查工程量是否正确，工程量的计算是否根据初步设计图纸、概算定额、工程量计算规则和施工组织设计的要求进行，有无多算、重算和漏算，尤其对工程量大，造价高的项目要重点审查。

（5）审查材料用量和价格，审查主要材料（钢材、木材、水泥、砖）的用量数据是否正确，材料预算价格是否符合工程所在地的价格水平，材料价差调整是否符合现行规定及其计算是否正确等。

（6）审查设备规格、数量和配置是否符合设计要求，是否与设备清单相一致，设备预算价格是否真实，设备原价和运杂费的计算是否正确，非标准设备原价的计价方法是否符合规定，进口设备的各项费用的组成及其计算程序、方法是否符合国家主管部门的规定。

（7）审查建筑安装工程的各项费用的计取是否符合国家或地方有关部门的现行规定，计算程序和取费标准是否正确。

（8）审查综合概算、总概算的编制内容、方法是否符合现行规定和设计文件的要求，有无设计文件外项目，有无将非生产性项目以生产性项目列入。

（9）审查总概算文件的组成内容，是否完整地包括了建设项目从筹建到竣工投产为止的全部费用组成。

（10）审查工程建设其他费用项目，工程建设其他费用项目费用内容多、弹性大，占项目总投资 15% ~ 25%，要按国家和地区规定逐项审查，不属于总概算范围的费用项目不能列入概算，具体费率或计取标准是否按国家、行业有关部门规定计算，有无随意列项，有无多列、交叉计列和漏项等。

（11）审查项目的“三废”治理。拟建项目必须同时安排“三废”（废水、废气、废渣）的治理方案和投资，对于未做安排或漏项或多算、重算的项目，要按国家有关规定核实投资，以满足“三废”排放达到国家标准。

（12）审查技术经济指标。技术经济指标计算方法和程序是否正确，综合指标和单项指标与同类型工程指标相比，是偏高还是偏低，其原因是什么，并予纠正。

（13）审查投资经济效果。设计概算是初步设计经济效果的反映，要按照生产规模、工艺流程、产品品种和质量，从企业的投资效益和投产后的运营效益全面分析，是否达到了先进可靠、经济合理的要求。

（三）审查设计概算的方法

1. 对比分析法

对比分析法主要是建设规模、标准与立项批文对比，工程数量与设计图纸对比，综合范围、内容与编制方法、规定对比，各项取费与规定标准对比，材料、人工单价与统一信息对比，引进设备、技术投资与报价要求对比，技术经济指标与同类工程对比等。通过以上对比，容易发现设计概算存在的主要问题和偏差。

2. 查询核实法

查询核实法是对一些关键设备和设施、重要装置、引进工程图纸不全，难以核算的较大投资进行多方查询核对，逐项落实的方法。主要设备的市场价向设备供应部门或招标公司查询核实，重要生产装置、设施向同类企业（工程）查询了解，引进设备价格及有关费税向进出口公司调查落实，复杂的建筑安装工程向同类工程的建设、承包、施工单位征求意见，深度不够或不清楚的问题直接同原概算编制人员、设计者询问清楚。

3. 联合会审法

联合会审前，可先采取多种形式分头审查，包括设计单位自审，主管、建设、承包单位初审，工程造价咨询公司评审，邀请同行专家预审，审批部门复审等，经层层审查把关后，由有关单位和专家进行联合会审。在会审大会上，由设计单位介绍概算编制情况及有关问题，各有关单位、专家汇报初审、预审意见。然后进行认真分析、讨论，结合对各专业技术方案的审查意见所产生的投资增减，逐一核实原概算出现的问题。经过充分协商，认真听取设计单位意见后，实事求是地处理和调整。

对审查中发现的问题和偏差，按照单位工程概算、综合概算、总概算的顺序，按设备费、安装费、建筑费和工程建设其他费用分类整理；然后按照静态投资、动态投资和铺底流动资金三大类，汇总核增或核减的项目及其投资额；最后具体审核数据，

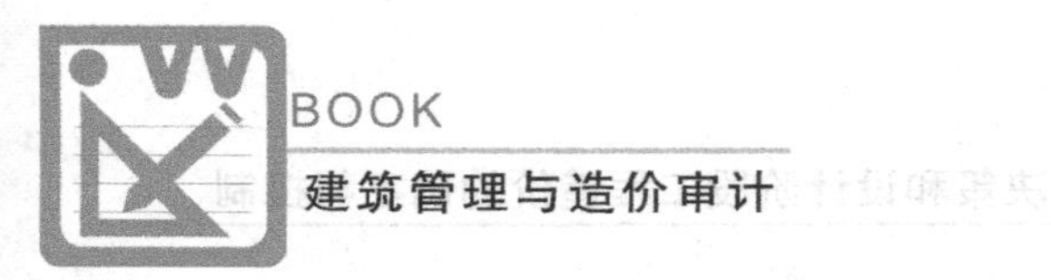

按照“原编概算”“增减投资”“增减幅度”“调整原因”四栏列表，并按照原总概算表汇总顺序，将增减项目逐一列出，相应调整所属项目投资合计，再依次汇总审核后的总投资及增减投资额。对于差错较多、问题较大或不能满足要求的，责成编制单位按审查意见修改后，重新报批。

（四）设计概算的批准

经审查合格后的设计概算提交审批部门复核，复核无误后就可以批准，一般以文件的形式正式下达审批概算。审批部门应具有相应的权限，按照国家、地方政府或者行业主管部门规定，不同的部门具有不同的审批权限。

六、设计概算的调整

设计概算批准后，一般不得调整。但由于以下 3 个原因引起的设计和投资变化可以调整概算，但要严格按照调整概算的有关程序执行。

（1）超出原设计范围的重大变更。凡涉及建设规模、产品方案、总平面布置、主要工艺流程、主要设备型号规格、建筑面积、设计定员等方面的修改，必须由原批准立项单位认可，原设计审批单位复审，经复核批准后方可变更。

（2）超出基本预备费规定范围，不可抗拒的重大自然灾害引起的工程变动或费用增加。

（3）超出工程造价调整预备费，属国家重大政策性变动因素引起的调整。

由于上述原因需要调整概算时，应当由建设单位调查分析变更原因报主管部门，审批同意后，由原设计单位核实编制调整概算，并按有关审批程序报批。由于设计范围的重大变更而需调整概算时，还需要重新编制可行性研究报告，经论证评审可行审批后，才能调整概算。建设单位（项目业主）自行扩大建设规模、提高建设标准等而增加费用不予调整。

需要调整概算的工程项目，影响工程概算的主要因素已经清楚，工程量完成了一定量后方可进行调整，一个工程只允许调整一次概算。

调整概算编制深度与要求、文件组成及表格形式同原设计概算，调整概算还应对工程概算调整的原因做详尽分析说明，所调整的内容在调整概算总说明中要逐项与原批准概算对比，并编制调整前后概算对比表，分析主要变更原因。当调整变化内容较多时，调整前后概算对比表，主要变更原因分析应单独成册，也可以与设计文件调整原因分析一起编制成册。在上报调整概算时，应同时提供原设计的批准文件、重大设计变更的批准文件、工程已发生的主要影响工程投资的设备和大宗材料采购合同等依据作为调整概算的附件。

第四节　施工图预算的编制与审查

一、施工图预算的概念与作用

（一）施工图预算的概念

施工图预算是在施工图设计完成后，工程开工前，根据已批准的施工图纸、现行的预算定额、费用定额和地区人工、材料、设备与机械台班等资源价格，在施工方案或施工组织设计已大致确定的前提下，按照规定的计算程序计算直接工程费、措施费，并计取间接费、利润、税金等费用，确定单位工程造价的技术经济文件。

按以上施工图预算的概念，只要是按照工程施工图及计价所需的各种依据，在工程实施前所计算的工程价格，均可以称为施工图预算价格。施工图预算价格既可以是按照政府统一规定的预算单价、取费标准、计价程序计算而得到的属于计划或预期性质的施工图预算价格，也可以是通过招标投标法定程序后施工企业根据自身的实力即企业定额、资源市场单价以及市场供求及竞争状况计算得到的反映市场性质的施工图预算价格。

（二）施工图预算编制的两种模式

1. 传统定额计价模式

我国传统定额计价模式是采用国家、部门或地区统一规定的预算定额、单位估价表、取费标准、计价程序进行工程造价计价的模式，通常也称为定额计价模式。由于清单计价模式中也要用到消耗量定额，为避免歧义，此处称为传统定额计价模式，它是我国长期使用的一种施工图预算的编制方法。

在传统的定额计价模式下，国家或地方主管部门颁布工程预算定额，并且规定了相关取费标准，发布有关资源价格信息。建设单位与施工单位均先根据预算定额中规定的工程量计算规则、定额单价计算直接工程费，再按照规定的费率和取费程序计取间接费、利润和税金，汇总得到工程造价。

即使在预算定额从指令性走向指导性的过程中，虽然预算定额中的一些因素可以按市场变化做一些调整，但其调整（包括人工、材料和机械台班价格的调整）也都是按造价管理部门发布的造价信息进行。但是，造价管理部门不可能把握市场价格的随时变化，其公布的造价信息与市场实际价格信息相比，总有一定的滞后与偏离，这就决定了定额计价模式的局限性。

2. 工程量清单计价模式

工程量清单计价模式是招标人按照国家统一的工程量清单计价规范中的工程量计算规则提供工程量清单和技术说明，由投标人依据企业自身的条件和市场价格对工程量清单自主报价的工程造价计价模式。

（三）施工图预算的作用

一般的建筑安装工程均是以施工图预算确定的工程造价进行设计方案的确定，进行投资控制，开展招标、投标和结算工程价款的，它对建设工程各方都有着重要的作用。我们应从不同方面来理解施工图预算的作用。

1. 施工图预算对设计方的作用

对设计单位而言，编制施工图预算可以用来检验工程设计在经济上的合理性。其作用体现在：

（1）根据施工图预算进行控制投资。根据工程造价的控制要求，工程预算不得超过设计概算，设计单位完成施工图设计后一般要以施工图预算与工程概算对比，突破概算时要决定该设计方案是否实施或需要修正。

（2）根据施工图预算进行优化设计、确定最终设计方案。设计方案确定后一般以施工图预算来辅助进行优化，确定最终设计方案。

2. 施工图预算对投资方的作用

对投资单位而言，编制施工图预算的目的是控制工程投资、确定招标控制价和控制合同价格。其作用体现在：

（1）根据施工图修正建设投资。根据初步设计图纸所做的设计概算具有控制施工图预算的作用，但设计概算中不能反映各分部分项工程的造价。而施工图预算依据施工图编制，确定的工程造价是该工程实际的计划成本，投资方按施工图预算修正筹集建设资金，并控制资金的合理使用，才更具有实际意义。

（2）根据施工图预算确定招标控制价。建筑安装工程的招标控制价可以以施工图预算来确定，完整、正确的施工图预算是招标工程招标控制价的依据。确定合理的招标控制价，有利于体现招标工作的公正性。

（3）根据施工图预算拨付和结算工程价款。以施工图预算招标的工程发包后，施工图预算是控制投资的依据，施工过程中，建设单位和施工企业依据合同规定拨付工程价款，而拨付工程价款的数额是依据施工图预算完成的工程数量确定的，工程的竣工结算也是依据施工图预算或修正后的施工图预算确定的。

3. 施工图预算对施工企业的作用

对施工单位而言，编制施工图预算可以用来作为编制工程投标和控制分包工程合同价格的依据。其作用体现在：

（1）根据施工图预算确定投标报价。在竞争激烈的建筑市场上，积极参与投标的施工企业根据施工图预算确定投标报价，制定投标策略。

（2）根据施工图预算进行施工准备和工程分包。施工企业通过投标竞争，中标和签订工程承包合同后，劳动力的调配、安排，材料的采购、储存，机械台班的安排使用，工程分包和内部承包合同的签订等，均是以施工图预算为依据安排的。

（3）根据施工图预算拟定降低成本措施。根据施工图预算确定的合同价格，是施工企业收取工程价款的依据，企业必须根据工程实际，合理利用时间、空间，拟定人工、材料、机械台班、管理费等降低成本的措施，以获得较好的经济效益。

4. 施工图预算对其他方面的作用

（1）对于工程咨询单位而言，尽可能客观、准确地为委托方做出施工图预算，这是其水平、素质和信誉的体现。

（2）对于工程项目管理、监理等中介服务企业而言，客观准确的施工图预算是为业主方提供投资控制的依据。

（3）对于工程造价管理部门而言，它是监督、检查执行定额标准、合理确定工程造价、测算造价指数及审查招标工程招标控制价的依据之一。

二、施工图预算编制内容及依据

（一）编制内容

施工图预算有单位工程预算、单项工程预算和建设项目总预算。单位工程预算是根据施工图设计文件、现行预算定额、单位估价表、费用定额及人工、材料、设备、机械台班等预算价格资料，以一定方法编制单位工程的施工图预算；然后汇总所有各单位工程施工图预算，成为单项工程施工图预算；再汇总所有单项工程施工图预算，形成最终的建设项目建筑安装工程的总预算。

单位工程预算包括建筑工程预算和设备安装工程预算。建筑工程预算按其工程性质分为一般土建工程预算、给排水工程预算、采暖通风工程预算、煤气工程预算、电气照明工程预算、弱电工程预算、特殊构筑物如炉窑等工程预算和工业管道工程预算等；设备安装工程预算可分为机械设备安装工程预算、电气设备安装工程预算和热力设备安装工程预算等。

（二）编制依据

因施工图预算编制目的不同，施工图预算的编制依据也会有所出入。设计单位和投资人进行投资控制和检验设计方案时要依据批准的初步设计文件及设计概算，建设单位和施工单位在工程招投标时要依据招标文件等。但一般情况下，工程设计已经完成，进行工程招投标时编制依据主要如下：

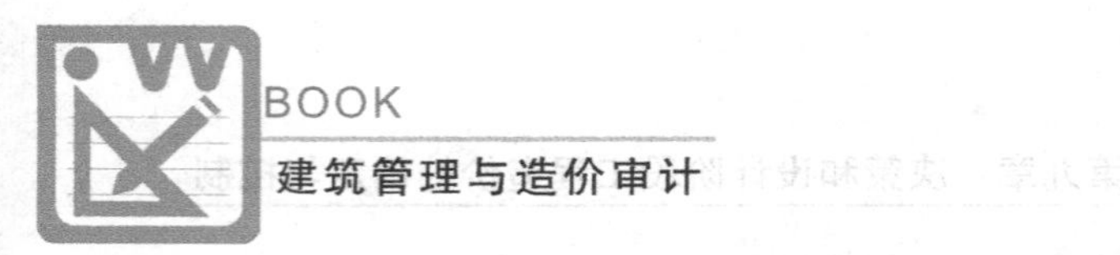

（1）法律、法规及有关规定。涉及预算编制的国家、行业（企业）和地方政府发布的有关政策、法律、法规、规章、规程、规定等。

（2）施工图及说明书和有关标准图等资料。施工图和说明书、施工图会审纪要是施工图预算的基础；同时，还应具备有关的标准图和通用图集，以备查用。因为在施工图上不可能全部完整地反映局部构造的细节，在进行施工和计算工程量时，往往要借助有关施工图册或标准图集、项目建设场地的工程地质勘察和地形地貌测量图纸等资料。

（3）施工组织设计或施工方案。施工组织设计是施工企业对施工生产的方案、进度、施工方法、机械配备等做出的设计。经合同双方批准的施工组织设计，是编制施工图预算的依据。施工组织设计或施工方案对工程造价影响较大，必须根据客观、实际情况，编制施工技术先进、合理的施工方案，降低工程造价。招标控制价的编制也是一般按国家标准或通用的施工方案来考虑。

（4）工程量计算规则。根据施工图纸和施工方案计算工程量时，必须按本专业工程量计算规则，统计计算各分部工程或分项工程的工程数量。工程项目名称与现行定额子目的名称、计量单位应一致，以便定额的套用。同时，根据工程量计算规则计算工程量时，应指明该工程项目对应的施工图图号及部位，计算表达式应清楚、正确，使计算结果便于复核。

（5）现行预算定额和有关动态调价规定。预算定额是编制工程造价中的直接费的依据。施工图预算中的文明施工费、安全施工费、临时设施费、管理费，按相应建设工程费用定额规定费率计算。

正确地使用预算定额，是对工程造价人员最基本的要求，不能正确使用预算定额，就谈不上施工图预算的编制。同时，应及时掌握各地工程造价管理部门发布的材料价格等信息，这是正确计价必需的。

（6）招标文件或工程施工合同。招标文件中一般规定了工程范围和内容、承包方式、施工准备技术资料、物资供应、工程质量等，这些是施工图预算编制的重要依据。对于合同中未规定的内容，在施工图预算编制说明中应予说明。

（7）工具书和有关手册。各种单位的换算，计算各种长度、面积和体积的公式，钢材、木材等用量数据，金属材料理论质量等工具书和有关手册，预算人员也应具备，以便计算工程量或换算时查用。

（8）其他有关资料。

三、施工图预算的编制方法

施工图预算由单位工程施工图预算、单项工程施工图预算和建设项目施工图预算三级逐级编制、综合汇总而成。由于施工图预算是以单位工程为单位编制的，按单项工程汇总而成，因此施工图预算编制的关键在于编制好单位工程施工图预算。施工图预算由成本、利润和税金构成。其编制可以采用工料单价法和综合单价法两种计价方法，工料单价法是传统的定额计价模式下的施工图预算编制方法，而综合单价法是适应市场经济条件的工程量清单计价模式下的施工图预算编制方法。

（一）工料单价法

工料单价法是指分部分项工程的单价为直接工程费单价，以分部分项工程量乘以对应分部分项工程单价后的合计为单位直接工程费，直接工程费汇总后另加措施费、间接费、利润、税金生成施工图预算造价。

按照分部分项工程单价产生的方法不同，工料单价法又可以分为预算单价法和实物法。

1. 预算单价法

预算单价法就是采用地区统一单位估价表中的各分项工程工料预算单价（基价）乘以相应的各分项工程的工程量，计算出单位工程直接工程费，措施费、间接费、利润和税金可根据统一规定的费率乘以相应的计费基数计算出，将上述费用相加汇总后即可得到该单位工程的施工图预算造价。

预算单价法编制施工图预算的基本步骤如下：

（1）编制前的准备工作。编制施工图预算的过程是具体确定建筑安装工程预算造价的过程。编制施工图预算，不仅要严格遵守国家计价法规、政策，严格按图纸计量，而且还要考虑施工现场条件因素，是一项复杂而细致的工作，也是一项政策性和技术性都很强的工作，因此，必须事前做好充分准备。准备工作主要包括两大方面：一是组织准备；二是资料的收集和现场情况的调查。

（2）熟悉图纸预算定额及单位估价表。图纸是编制施工图预算的基本依据。熟悉图纸不但要弄清图纸的内容，而且要对图纸进行审核：图纸间相关尺寸是否有误设备与材料表上的规格、数量是否与图示相符，详图、说明、尺寸和其他符号是否正确等，若发现错误应及时纠正。另外，还要熟悉标准图及设计更改通知（或类似文件），这些都是图纸的组成部分，不可遗漏。通过对图纸的熟悉，要了解工程的性质、系统的组成、设备和材料的规格型号和品种，以及有无新材料、新工艺的采用。

预算定额和单位估价表是编制施工图预算的计价标准，对其适用范围、工程量计算规则及定额系数等都要充分了解，做到心中有数，这样才能使施工图预算编制准确、迅速。

（3）了解施工组织设计和施工现场情况。编制施工图预算前，应了解施工组织设计中影响工程造价的有关内容。例如，各分部分项工程的施工方法，土方工程中余

土外运使用的工具、运距，施工平面图对建筑材料、构件等堆放点到施工操作地点的距离等，以便能正确计算工程量和正确套用或确定某些分项工程的基价。这对于正确计算工程造价，提高施工图预算编制质量，具有重要意义。

（4）划分工程项目和计算工程量。

①划分工程项目。划分的工程项目必须和定额规定的项目一致，这样才能正确地套用定额。不能重复列项计算，也不能漏项少算。

②计算并整理工程量。必须按定额规定的工程量计算规则进行计算，该扣除部分要扣除，不该扣除的部分不能扣除。当按照工程项目将工程量全部计算完以后，要对工程项目和工程量进行整理，即合并同类项和按序排列，为套用定额、计算直接工程费和进行工料分析打下基础。

（5）套单价计算直接工程费。将定额子项中的基价填于预算表单价栏内，并将单价乘以工程量得出合价，将结果填入合价栏。

（6）工料分析。工料分析即按分项工程项目，依据定额或单位估价表，计算人工和各种材料的实物耗量，并将主要材料汇总成表。工料分析的方法是：首先从定额项目表中分别将各分项工程消耗的每项材料和人工的定额消耗量查出；再分别乘以该工程项目的工程量，得到分项工程工料消耗量；最后将各分项工程工料消耗量加以汇总，得出单位工程人工、材料的消耗数量。

（7）计算主材费（未计价材料费）。因为许多定额项目基价为不完全价格，即未包括主材费用在内。计算所在地工程费之后，还应计算出主材费，以便计算工程造价。

（8）按费用定额取费。按有关规定计取措施费，以及按当地费用定额的取费规定计取间接费、利润、税金等。

（9）计算汇总工程造价。将直接费、间接费、利润和税金相加即为工程预算造价。

2. 实物法

采用实物法编制施工图预算的基本步骤如下：

（1）编制前的准备工作。具体工作内容同预算单价法相应步骤的内容。但此时要全面收集各种人工、材料、机械台班的当时当地的市场价格，应包括不同品种、规格的材料预算单价，不同工种、等级的人工工日单价，不同种类、型号的施工机械台班单价等。要求获得的各种价格应全面、真实、可靠。

（2）熟悉图纸和预算定额。本步骤的内容同预算单价法相应步骤。

（3）了解施工组织设计和施工现场情况。本步骤的内容同预算单价法相应步骤。

（4）划分工程项目和计算工程量。本步骤的内容同预算单价法相应步骤。

（5）套用定额消耗量，计算人工、材料、机械台班消耗量。根据地区定额中人工、材料、施工机械台班的定额消耗量，乘以各分项工程的工程量，分别计算出各分项工程所需的各类人工工日数量、各类材料消耗数量和各类施工机械台班数量。

（6）计算并汇总单位工程的人工费、材料费和施工机械台班费。在计算出各分部分项工程的各类人工工日数量、材料消耗数量和施工机械台班数量后，先按类别相加汇总求出该单位工程所需的各种人工、材料、施工机械台班的消耗数量，再分别乘以当时当地相应人工、材料、施工机械台班的实际市场单价，即可求出单位工程的人工费、材料费、机械使用费，再汇总即可计算出单位工程直接工程费。

（7）计算其他费用，汇总工程造价。对于措施费、间接费、利润和税金等费用的计算，可以采用与预算单价法相似的计算程序，只是有关费率是根据当时当地建设市场的供求情况予以确定的。将上述直接费、间接费、利润和税金等汇总即为单位工程预算造价。

3. 预算单价法与实物法的异同

预算单价法与实物法首尾部分的步骤是相同的，所不同的主要是中间的3个步骤，如下：

（1）采用实物法计算工程量后，套用相应人工、材料、施工机械台班预算定额消耗量，它是合理确定和有效控制造价的依据。同时，工程造价主管部门按照定额管理要求，根据技术发展变化，也会对定额消耗量标准进行适时地补充修改。

（2）求出各分项工程人工、材料、施工机械台班消耗数量并汇总成单位工程所需各类人工工日、材料和施工机械台班的消耗量。各分项工程人工、材料、机械台班消耗数量由分项工程的工程量分别乘以预算定额单位人工消耗量、预算定额单位材料消耗量和预算定额单位机械台班消耗量而得出，然后汇总便可得出单位工程各类人工、材料和机械台班总的消耗量。

（3）用当时当地的各类人工工日、材料和施工机械台班的实际单价分别乘以相应的人工工日、材料和施工机械台班总的消耗量，并汇总后得出单位工程的人工费、材料费和机械使用费。

在市场经济条件下，人工、材料和机械台班等施工资源的单价是随市场而变化的，而且它们是影响工程造价最活跃、最主要的因素。用实物量法编制施工图预算，能把“量”“价”分开，计算出量后，不再去套用静态的定额基价，而是用相应预算定额人工、材料、机械台班的定额单位消耗量，分别汇总得到人工、材料和机械台班的实物量，用这些实物量乘以该地区当时的人工工日、材料、施工机械台班的实际单价，这样能比较真实地反映工程产品的实际价格水平，工程造价的准确性高。虽然有计算过程较预算单价法烦琐的问题，但采用相关计价软件进行计算可以得到解决。因此，实物法是与市场经济体制相适应的预算编制方法。

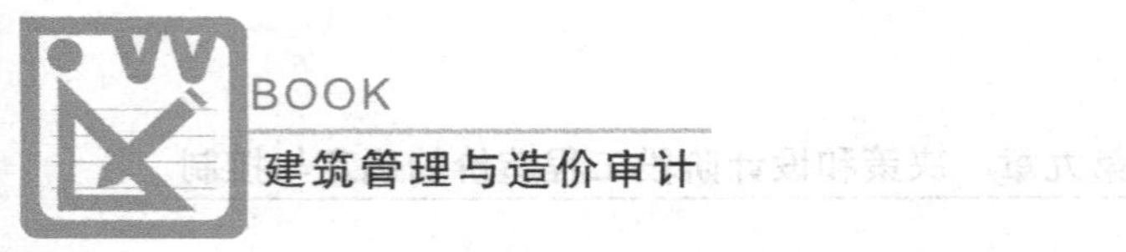

（二）综合单价法

综合单价法是指分项工程单价综合了直接工程费及以外的多项费用，按照单价综合的内容不同，综合单价法可分为全费用综合单价和清单综合单价。

1. 全费用综合单价

全费用综合单价，即单价中综合了分项工程人工费、材料费、机械费、管理费、利润、规费，以及有关文件规定的调价、税金，一定范围的风险等全部费用。以各分项工程量乘以全费用单价的合价汇总后，再加上措施项目的完全价格，就生成了单位工程施工图造价。

2. 清单综合单价

分部分项工程清单综合单价中综合了人工费、材料费、施工机械使用费、企业管理费、利润，并考虑了一定范围的风险费用，未包括措施费、规费和税金，因此它是一种不完全单价。以各分部分项工程量乘以该综合单价的合价汇总后，再加上措施项目费、规费和税金后，就是单位工程的造价。

四、施工图预算的文件组成

施工图预算文件应由封面、签署页及目录、编制说明、总预算表、其他费用计算表、单项工程综合预算表、单位工程预算表等组成。

编制说明应给审核者和竣工结（决）算提供补充依据，一般包括以下几个方面的内容：

（1）编制依据：包括本预算的设计图纸全称、设计单位，所依据的定额名称，在计算中所依据的其他文件名称和文号，施工方案主要内容等；

（2）图纸变更情况：包括施工图中变更部位和名称，因某种原因待行处理的构部件名称，因涉及图纸会审或施工现场所需要说明的有关问题；

（3）执行定额的有关问题：包括按定额要求本预算已考虑和未考虑的有关问题，因定额缺项本预算所做补充或借用定额情况说明，甲乙双方协商的有关问题。

总预算表、其他费用计算表、单项工程综合预算表、单位工程预算表等组成格式可参见设计概算。

五、施工图预算的审查

（一）审查施工图预算的意义

施工图预算编完之后，需要认真进行审查。加强施工图预算的审查，对于提高预算的准确性，正确贯彻党和国家的有关方针政策，合理确定建设水平，降低工程造价都具有重要的现实意义。

（1）有利于合理确定和有效控制工程造价，克服和防止预算超概算现象发生。

（2）有利于加强固定资产投资管理，合理使用建设资金。

（3）有利于施工承包合同价的合理确定和控制。因为施工图预算对于招标工程。它是编制招标控制价的依据；对于不宜招标的工程，它是合同价款结算的基础。

（4）有利于积累和分析各项技术经济指标。通过审查工程预算，核实了预算价值，为积累和分析技术经济指标提供了准确数据。

（二）审查施工图预算的内容

审查施工图预算的重点，应该放在工程量计算、预算定额套用、设备材料预算价格取定是否正确，各项费用标准是否符合现行规定，采用的标准规范是否合理，施工组织设计及方案是否合理等方面。

1. 审查工程量

工程量计算是编制施工图预算的基础，对施工图预算的审查首先从工程量计算开始，然后才能进行后续工作。下面针对建筑工程审查工程量时应注意的问题作一下介绍。

（1）土方工程：

①平整场地、挖地槽、挖地坑、挖土方工程量的计算是否符合现行定额计算规定和施工图纸标注尺寸，土壤类别是否与勘察资料一致，地槽与地坑的放坡，以及挡土板是否符合设计或有关规定要求，有无重算和漏算；

②回填土工程量应注意地槽、地坑回填土的体积是否扣除了基础所占体积，地面和室内填土的厚度是否符合设计要求；

③运土方的审查除了注意运距外，还要注意运土数量是否扣除了就地回填的土方量；

（2）打桩工程：

①注意审查各种不同桩料，必须分别计算，施工方法必须符合设计和有关规范要求；

②桩长度必须符合设计要求，桩长度如果超过一般桩长度需要接桩时，应注意审查是否正确；

（3）砖石工程：

①墙基础和墙身的划分是否符合规定；

②按规定不同厚度的内、外墙是否分别计算，是否扣除了按规定应扣除的门窗洞口及埋入墙体的各种钢构件、钢筋混凝土梁、柱等；

③不同砂浆强度等级的墙和定额规定按“立方米”或按“平方米”计算的墙有无混淆、错算或漏算。

（4）混凝土及钢筋混凝土工程：

①现浇与预制构件是否分别计算，有无混淆。

②现浇柱与梁、主梁与次梁及各种构件计算是否符合规定，有无重算或漏算。

③有筋与无筋构件是否按设计规定分别计算，有无混淆。

④钢筋混凝土的含钢量计算是否准确；与预算定额的含钢量发生差异时，是否按规定予以增减调整。

（5）木结构工程：

①门窗是否分别不同种类，按门、窗洞口面积计算；

②木装修的工程量是否按规定分别以“延长米”或“平方米”计算；

③楼地面工程、楼梯抹面是否按踏步和休息平台部分的水平投影面积计算；

④细石混凝土地面找平层的设计厚度与定额厚度不同时，是否按其厚度进行换算。

（6）屋面工程：

①卷材屋面工程是否与屋面找平层工程量相等；

②屋面保温层的工程量是否按屋面层的建筑面积乘保温层平均厚度计算，不做保温层的挑檐部分是否按规定不作计算。

（7）构筑物工程：当烟囱和水塔定额是以“座”编制时，地下部分已包括在定额内，按规定不能再另行计算。审查是否符合要求，有无重算。

（8）装饰工程：内墙抹灰的工程量是否按墙面的净高和净宽计算，有无重算或漏算。

（9）金属构件制作工程：金属构件制作工程量多数以“吨”为单位，在计算时，型钢按图示尺寸求出长度，再乘以每米的质量；钢板要求算出面积，再乘以每平方米的质量。审查是否符合规定。

（10）水暖工程：

①室内外排水管道、暖气管道的划分是否符合规定；

②各种管道的长度、口径是否按设计规定计算；

③室内给水管道不应扣除阀门、接头零件所占的长度，但应扣除卫生设备（浴盆、卫生盆、冲洗水箱、淋浴器等）本身及所附带的管道长度，审查是否符合要求，有无重算；

④室内排水工程采用承插铸铁管，不应扣除异形管及检查口所占长度，审查是否符合要求，有无漏算；

⑤室外排水管道是否已扣除了检查井与连接井所占的长度；

⑥暖气片的数量是否与设计一致。

（11）电气照明工程：

①灯具的种类、型号、数量是否与设计图一致。

②线路的敷设方法、线材品种等，是否达到设计标准，工程量计算是否正确。

（12）设备及其安装工程：

①设备的种类、规格、数量是否与设计相符，工程量计算是否正确；

②需要安装的设备和不需要安装的设备是否分清，有无把不需安装的设备作为安装的设备计算安装工程费用；

上面施工图预算工程量审查应注意的问题，也是施工图预算编制中工程量计算应注意的问题。

2. 审查设备、材料的预算价格

设备、材料费用是施工图预算造价中所占比例最大的，一般占50%～70%，市场上同种类设备或材料价格差别最大，应当重点审查。

（1）审查设备、材料的预算价格是否符合工程所在地的真实价格及价格水平。若是采用市场价，要核实其真实性、可靠性；若是采用有关部门公布的信息价，要注意信息价的时间、地点是否符合要求，是否要按规定调整等。

（2）设备、材料的原价确定方法是否正确。定做加工的设备或材料在市场上往往没有价格参考，要通过计算确定其价格。因此，要审查价格确定方法是否正确，如对于非标准设备，要对其原价的计价依据、方法是否正确、合理进行审查。

（3）设备、材料的运杂费率及其运杂费的计算是否正确，预算价格的各项费用的计算是否符合规定、正确，引进设备、材料的从属费用计算是否合理正确。

3. 审查预算单价的套用

审查预算单价套用是否正确，应注意以下几个方面：

（1）预算中所列各分部分项工程预算单价是否与现行预算定额的预算单价相符，其名称、规格、计量单位和所包括的工程内容是否与设计中分部分项工程要求一致。

（2）审查换算的单价，首先要审查换算的分项工程是否是定额中允许换算的，其次要审查换算是否正确。

（3）审查补充定额和单位估价表的编制是否符合编制原则，单位估价表计算是否正确。补充定额和单位估价表是预算定额的重要补充，同时最容易产生偏差，因此要加强其审查工作。

4. 审查有关费用项目及其取值

有关费用项目计取的审查，要注意以下几个方面：

（1）措施费的计算是否符合有关的规定标准，间接费和利润的计取基础是否符合现行规定，有无不能作为计费基础的费用列入计费的基础；

（2）预算外调增的材料差价是否计取了间接费。直接工程费或人工费增减后，有关费用是否相应做了调整；

（3）有无巧立名目，乱计费、乱摊费用现象。

（三）审查施工图预算的方法

审查施工图预算方法较多，主要有全面审查法、标准预算审查法、分组计算审查法、对比审查法、筛选审查法、重点抽查法、利用手册审查法和分解对比审查法8种。

1. 全面审查法

全面审查又称逐项审查法，就是按预算定额顺序或施工的先后顺序，逐一地全部进行审查的方法。其具体计算方法和审查过程与编制施工图预算基本相同。此方法的优点是全面、细致，经审查的工程预算差错比较少，质量比较高；缺点是工作量大。因此，在一些工程量比较小、工艺比较简单的工程，编制工程预算的技术力量又比较薄弱的，采用全面审查的相对较多。

2. 标准预算审查法

对于采用标准图纸或通用图纸施工的工程，先集中力量，编制标准预算，以此为标准审查预算的方法。按标准图纸设计或通用图纸施工的工程，预算编制和造价基本相同，可集中力量细审一份预算或编制一份预算，作为这种标准图纸的标准预算，或用这种标准图纸的工程量为标准，对照审查，而对局部不同部分作单独审查即可。这种方法的优点是时间短、效果好；缺点是只适应按标准图纸设计的工程，适用范围小，具有局限性。

3. 分组计算审查法

分组计算审查法是一种加快审查工程量速度的方法，把预算中的项目划分为若干组，并把相邻且有一定内在联系的项目编为一组，审查或计算同一组中某个分项工程量，利用工程量之间具有相同或相似计算基础的关系，判断同组中其他几个分项工程量计算的准确程度的方法。

4. 对比审查法

对比审查法指用已建成工程的预算或虽未建成但已审查修正的工程预算对比审查拟建的类似工程预算的一种方法。对比审查法一般有以下几种情况，应根据工程的不同条件区别对待。

（1）两个工程采用同一个施工图，但基础部分和现场条件不同。其新建工程基础以上部分可采用对比审查法；不同部分可分别采用相应的审查方法进行审查。

（2）两个工程设计相同，但建筑面积不同。根据两个工程建筑面积之比与两个工程分部分项工程量之比基本一致的特点，可审查新建工程各分部分项工程的工程量。或者用两个工程每平方米建筑面积造价及每平方米建筑面积的各分部分项工程量进行对比审查，如果基本相同，说明新建工程预算是正确的；反之，说明新建工程预算有问题，找出差错原因，加以更正。

（3）两个工程的面积相同，但设计图纸不完全相同时，可把相同的部分，如厂房中的柱子、屋架、屋面、砖墙等，进行工程量的对比审查，不能对比的分部分项工程按图纸计算。

5. 筛选审查法

建筑工程虽然有建筑面积和高度的不同，但是它们的各个分部分项工程的工程量、造价、用工量在每个单位面积上的数值变化不大，把这些数据加以汇集、优选，归纳为工程量、造价（价值）、用工 3 个单方基本值表，并注明其适用的建筑标准。这些基本值犹如“筛子孔”，用来筛选各分部分项工程，筛下去的就不审查了，没有筛下去的就意味着此分部分项的单位建筑面积数值不在基本值范围之内，应对该分部分项工程详细审查。

筛选法的优点是简单易懂，便于掌握，审查速度和发现问题快，但解决差错分析其原因需继续审查。

6. 重点抽查法

审查的重点一般是工程量大或造价较高、工程结构复杂的工程，补充单位估价表，计取的各项费用（计费基础、取费标准等），即抓住工程预算中的重点进行审查。重点抽查法的优点是重点突出，审查时间短、效果好。

7. 利用手册审查法

把工程中常用的构件、配件，事先整理成预算手册，按手册对照审查。例如，工程常用的预制构配件梁板、检查井、化粪池等，几乎每个工程都有，把这些按标准图集计算出工程量，套上单价，编制成预算手册使用，可大大简化预结算的编审工作。

8. 分解对比审查法（略）

（四）施工预算审查的步骤

1. 做好审查前的准备工作

（1）熟悉施工图纸。施工图是编审施工图预算分项数量的重要依据，必须全面熟悉了解，核对所有图纸，清点无误后，依次识读。

（2）了解施工图预算包括的范围。根据施工图预算编制说明，了解施工图预算包括的工程内容，如配套设施、室外管线、道路及会审图纸后的设计变更等。

（3）弄清施工图预算采用的单位估价表。任何单位估价表或预算定额都有一定的适用范围，应根据工程性质，搜集熟悉相应的单价、定额资料。

2. 选择合适的审查方法，按相应内容审查

由于工程规模、繁简程度不同，施工方法和施工企业情况不一样，所编施工图预算质量也不同，因此需选择适当的审查方法进行审查。

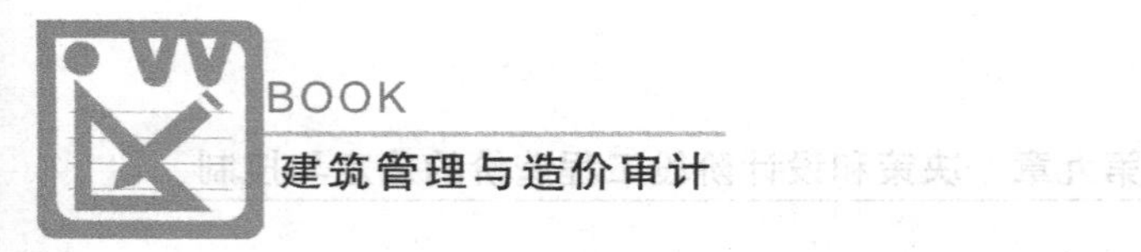

3. 施工图预算调整

综合整理审查资料，并与编制单位交换意见，定案后编制调整施工图预算。审查后，需要进行增加或核减的，经与编制单位协商，统一意见后，进行相应的修正。

（五）施工图预算的批准

经审查合格后的施工图预算提交审批部门复核，复核无误后就可以批准，一般以文件的形式正式下达审批预算。与设计概算的审批不同，施工图预算的审批虽然要求审批部门应具有相应的权限，但其严格程度较低些。

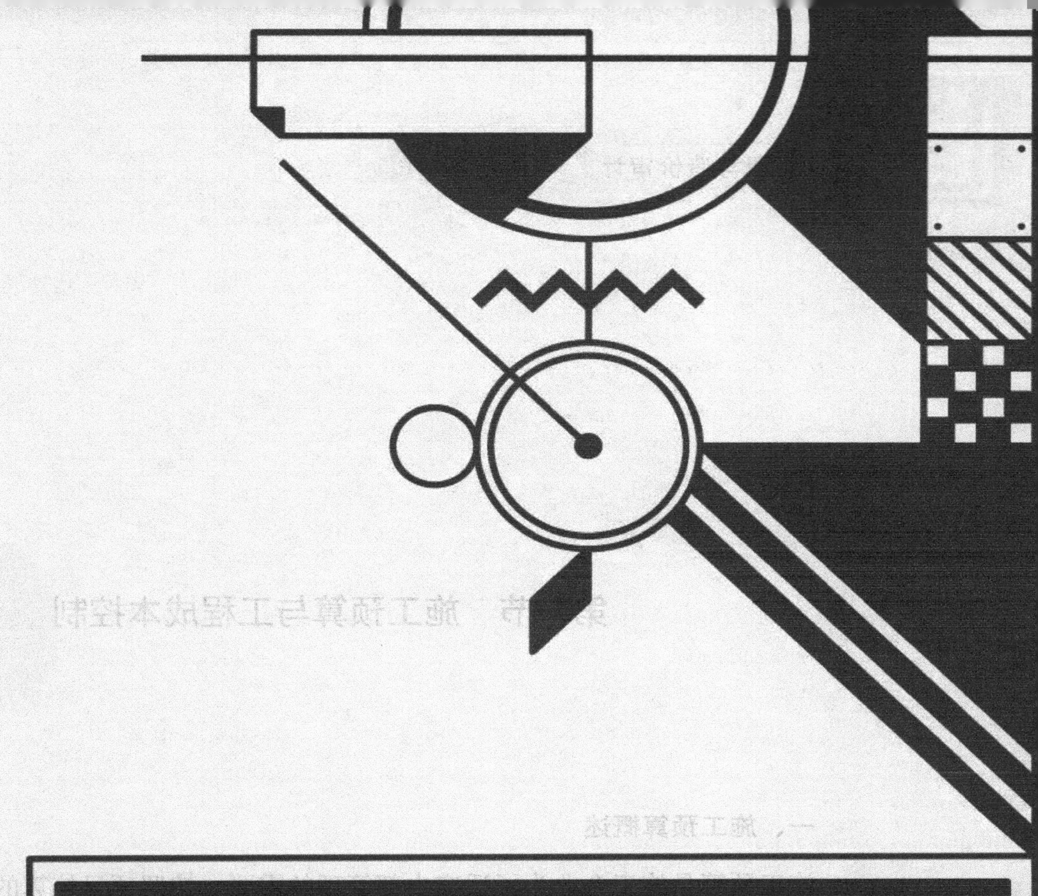

第十章　建设工程施工阶段工程造价的控制与调整

第一节　施工预算与工程成本控制

一、施工预算概述

施工预算是施工企业为了适应内部管理的需要，按照项目核算的要求，根据施工图纸、施工定额、施工组织设计，考虑挖掘企业内部潜力，由施工单位编制的技术经济文件。施工预算规定了单位或分部分项工程的人工、材料、机械台班消耗量，是施工企业加强经济核算、控制工程成本的重要手段。

（一）施工预算的编制内容

（1）计算工程量；

（2）套施工定额；

（3）人工、材料、机械台班用量分析和汇总；

（4）进行“两算”对比。

（二）施工预算的编制依据

（1）经过会审的施工图、会审纪要及有关标准图；

（2）施工定额；

（3）施工方案；

（4）人工工资标准、机械台班单价、材料价格。

（三）施工预算的编制方法

1. 实物法

根据施工图纸、施工定额，结合施工方案所确定的施工技术措施，算出工程量后，套施工定额，分析人工、材料及机械台班消耗量。

2. 单位估价法

根据施工图纸、施工定额计算出工程量后，再套用施工定额，逐项计算出人工费、材料费、机械台班费。

二、成本分析

在施工过程中，可以采取分项成本核算分析的方法，找出显著的成本差异，有针对性地采取有效措施，努力降低工程成本。

绘制成本控制折线图。将分部分项工程的承包成本、施工预算（计划）成本按时间顺序绘制成成本折线图。在成本计划实施的过程中，将发生的实际成本绘在图中，进行比较分析。

（一）人工费的控制

在施工过程中，人工费的控制具有较大的难度。尽管如此，我们仍可以从控制支出和按实签证两个方面来着手解决。

（1）按定额人工费控制施工生产中的人工费，尽量以下达施工任务书的方式承包用工。如产生预算定额以外的用工项目，应按实签证。

按预算定额的工日数核算人工费，一般应以一个分部或一个工种为对象来进行。因为定额具体的分项工程项目由于综合的内容不同，可能与实际施工情况有差别，从而产生用工核定不准确的情况。但是，只要在更大的范围内执行，其不合理的因素就会逐渐克服，这是由定额消耗量具有综合性特点决定的。所以，下达承包用工的任务时，应以分部或工种为对象进行较为合理。

（2）产生了合同价款以外的内容，应按实签证。例如，挖基础土方时，出现了埋设在土内的旧管道，这时，拆除废弃管道的用工应单独签证计算；又如，由于建设单位的原因停止了供电，或不能及时供料等原因造成的停工时间，应及时签证。

（二）工程材料费的控制

材料费是构成工程成本的主要内容。由于材料品种和规格多，用量大，因此其变化的范围也较大。因而，只要施工单位能控制好材料费的支出，就掌握了降低成本的主动权。

材料费的控制应从以下几个方面考虑：

（1）以最佳方式采购材料，努力降低采购成本：

①选择材料价格、采购费用最低的采购地点和渠道。

②建立长期合作关系的采购方式。建筑材料供应商往往以较低的价格给老客户，以吸引他们建立长期的合作关系，以薄利多销的策略来经销建筑材料。

③按工程进度计划采购供应材料。在施工的各个阶段，施工现场需要多少材料进

场，应以保证正常的施工进度为原则。

（2）根据施工实际情况确定材料规格。在施工中，当材料品种确定后，材料规格的选定对节约材料有较重要的意义。

（3）合理使用周转材料。金属脚手架、模块等周转材料的合理使用，也能达到节约和控制材料费的目的。这一目标可以通过以下几个方面来实现：

①合理控制施工进度，减少模板的总投入量，提高其周转使用效率。由于占用的模块少了，也就降低了模块摊销费的支出；

②控制好工期，做到不拖延工期或合理提前工期，尽量降低脚手架的占用时间，充分提高周转使用率；

③做好周转材料的保管、保养工作，及时除锈、防锈，通过延长周转使用次数达到降低摊销费用的目的。

（4）合理设计施工现场的平面布置。材料堆放场地合理是指根据现有的条件，合理布置各种材料或构件的堆放地点，尽量不发生或少发生一次搬运费，尽量减少施工损耗和其他损耗。

第二节　工程变更与合同价的调整

一、工程变更

（一）工程变更的概念

在工程项目的实施过程中，由于种种原因，常常会出现设计、工程量、计划进度、使用材料等方面的变化，这些变化统称工程变更，包括设计变更、进度计划变更、施工条件变更及原招标文件和工程量清单中未包括的“新增工程”。

（二）工程变更的产生原因

工程变更是建筑施工生产的特点之一，主要原因如下：

（1）业主方对项目提出新的要求；

（2）由于现场施工环境发生了变化；

（3）由于设计上的错误，必须对图纸做出修改；

（4）由于使用新技术，有必要改变原设计；

（5）由于招标文件和工程量清单不准确引起工程量增减；

（6）发生不可预见的事件，引起停工和工期拖延。

（三）工程变更的确认

由于工程变更会带来工程造价和工期的变化，为了有效地控制造价，无论哪一方提出工程变更，均需由工程师确认并签发工程变更指令。当工程变更发生时，要求工程师及时处理并确认变更的合理性。一般过程是：提出工程变更→分析提出的工程变更对项目目标的影响→分析有关的合同条款和会议、通信记录→初步确定处理变更所需的费用、时间范围和质量要求（向业主提交变更详细报告）→确认工程变更。

（四）工程变更的控制

工程变更按照发生的时间划分，有以下几种：

（1）工程尚未开始：这时的变更只需对工程设计进行修改和补充。

（2）工程正在施工：这时变更的时间通常很紧迫，甚至可能发生现场停工，等待变更通知。

（3）工程已完工：这时进行变更，就必须做返工处理。

因此，应尽可能避免工程完工后进行变更，既可以防止浪费，又可以避免一旦处理不好引起纠纷，损害投资者或承包商的利益，对项目目标控制不利。因为承包工程实际造价 = 合同价 + 索赔额。承包方为了适应日益竞争的建设市场，通常在合同谈判时让步而在工程实施过程中通过索赔获取补偿；由于工程变更所引起的工程量的变化、承包方的索赔等，都有可能使最终投资超出原来的预计投资，因此造价工程师应密切注意对工程变更价款的处理。工程变更容易引起停工、返工现象，会延迟项目的完工时间，对进度不利；变更的频繁还会增加工程师的组织协调工作量（协调会议、联席会的增多）；而且，变更频繁对合同管理和质量控制也不利。因此，对工程变更进行有效控制和管理十分重要。

工程变更中除了对原工程设计进行变更、工程进度计划进行变更之外，施工条件的变更往往较复杂，需要特别重视，尽量避免索赔的发生。施工条件的变更，往往是指未能预见的现场条件或不利的自然条件，即在施工中实际遇到的现场条件同招标文件中描述的现场条件有本质的差异，使承包商向业主提出施工单价和施工时间的变更要求。在土建工程中，现场条件的变更一般出现在基础地质方面，如厂房基础下发现流沙或淤泥层、隧洞开挖中发现新的断层破碎等。

在施工实践中，控制由于施工条件变化所引起的合同价款变化，主要是把握施工单价和施工工期的科学性、合理性。因为，在施工合同条款的理解方面，对施工条件的变更没有十分严格的定义，往往会造成合同双方各执一词。所以，应充分做好现场

记录资料和试验数据库的收集整理工作，使以后在合同价款的处理方面，更具有科学性和说服力。

（五）工程变更的处理程序

（1）建设单位需对原工程设计进行变更，根据《建设工程施工合同文本》的规定，发包方应不迟于变更前14天以书面形式向承包方发出变更通知。变更超过原设计标准或批准的建设规模时，须经原规划管理部门和其他有关部门审查批准，并由原设计单位提供变更的相应图纸和说明。发包方办妥上述事项后，承包方根据发包方变更通知并按工程师要求进行变更。因变更导致合同价款的增减及造成的承包方损失，由发包方承担，延误的工期相应顺延。

合同履行中发包方要求变更工程质量标准及发生其他实质性变更，由双方协商解决。

（2）承包商（施工合同中的乙方）要求对原工程进行变更：

①施工中乙方不得擅自对原工程设计进行变更。因乙方擅自变更设计发生的费用和由此导致甲方的直接损失，由乙方承担，延误的工期不予顺延。

②乙方在施工中提出的合理化建议涉及设计图纸或施工组织设计的更改及对原材料、设备的换用，须经工程师同意。未经同意擅自更改或换用时，乙方承担由此发生的费用，并赔偿甲方的有关损失，延误的工期不予顺延。

③工程师同意采用乙方的合理化建议，所发生的费用或获得的收益，甲乙双方另行约定分担或分享。

工程变更程序一般由合同规定，最好的变更程序是在变更执行前，双方就办理工程变更中涉及的费用增加和造成损失的补偿协议，以免因费用补偿的争议影响工程的进度。

（六）工程变更价款的计算方法

工程变更价款的确定应在双方协商的时间内，由承包商提出变更价格，报工程师批准后方可调整合同价或顺延工期。造价工程师对承包方（乙方）所提出的变更价款，应按照有关规定进行审核、处理，主要有：

（1）乙方在工程变更确定后14天内，提出变更工程价款的报告，经工程师确认后调整合同价款。变更合同价款按下列方法进行：

①合同中已有适用于变更工程的价格，按合同已有的价格计算变更合同价款；

②合同中只有类似于变更工程的价格，可以参照类似价格变更合同价款；

③合同中没有适用或类似于变更工程的价格，由乙方提出适当的变更价格，经工程师确认后执行。

（2）乙方在双方确定变更后14天内不向工程师提出变更工程报告时，可视该项变更不涉及合同价款的变更。

（3）工程师收到变更工程价款报告之日起14天内，应予以确认。工程师无正当理由不确认时，自变更价款报告送达之日起14天后变更工程价款报告自行生效。

（4）工程师不同意乙方提出的变更价款，可以和解或者要求有关部门（如工程造价管理部门）调解。和解或调解不成的，双方可以采用仲裁或向法院起诉的方式解决。

（5）工程师确认增加的工程变更价款作为追加合同价款，与工程款同期支付。

（6）因乙方自身原因导致的工程变更，乙方无权追加合同价款。

（七）工程变更申请

在工程项目管理中，工程变更通常要经过一定的手续，如申请、审查、批准、通知等。申请表的格式和内容可根据具体工程需要设计。对国有资金投资项目，施工中发包人需对原工程设计进行变更，如设计变更涉及概算调增的，应报原概算批复部门批准，其中涉及新增财政性投资的项目应经同级财政部门同意，并明确新增投资的来源和金额。承包人按照发包人发出并经原设计单位同意的变更通知及有关要求进行变更施工。

（八）工程变更中应注意的问题

1. 工程师的认可权应合理限制

在国际承包工程中，业主常常通过工程师对材料的认可权，提供材料的质量标准；对设计的认可权，提供设计质量标准；对施工的认可权，提供施工质量标准。如果施工合同条文规定比较含糊，他就变为业主的修改指令，承包商应办理业主或工程师的书面确认，然后提出费用的索赔。

2. 工程变更不能超过合同规定的工程范围

工程变更不能超出合同规定的工程范围。如果超出了该范围，承包商有权不执行变更或坚持先商定价格，后进行变更。

3. 变更程序的对策

国际承包工程中，经常出现变更已成事实后，再进行价格谈判，这对承包商很不利。当遇到这种情况时可采取以下对策：

（1）控制施工进度，等待变更谈判结果。这样不仅损失较小，而且谈判回旋余地较大。

（2）争取以计时工或按承包商的实际费用支出计算费用补偿，也可采用成本加酬金的方法计算，避免价格谈判中的争执。

（3）应有完整的变更实施的记录和照片，并由工程师签字，为索赔做准备。

4. 承包商不能擅自作主进行工程变更

对任何工程问题，承包商不能自作主张进行工程变更。如果施工中发现图纸错误或其他问题需进行变更，应首先通知工程师，经同意或通过变更程序后再进行变更。

否则，不仅得不到应有的补偿，还会带来不必要的麻烦。

5. 承包商在签订变更协议过程中必须提出补偿问题

在商讨变更工程、签订变更协议过程中，承包商必须提出变更索赔问题。在变更执行前就应对补偿范围、补偿办法、索赔值的计算方法、补偿款的支付时间等问题双方达成一致的意见。

二、合同价款的调整

由于建设工程的特殊性，常常在施工中变更设计，带来合同价款的调整；在市场经济条件下，物价的异常波动，会带来合同材料价款的调整；国家法律、法规或政策的变化，会带来规费、税金等的调整，影响工程造价随之调整。因此，在施工过程中，合同价款的调整是十分正常的现象。

（一）工程变更的价款调整

变更合同价款的方法，合同专用条款中有约定的按约定计算，无约定的按《建设工程价款结算暂行办法》（财建〔2004〕369 号，以下简称价款结算办法）的方法进行计算：

（1）合同中已有适用于变更工程的价格，按合同已有的价格计算变更合同价款。

（2）合同中只有类似于变更工程的价格，可以参照类似价格变更合同价款。

（3）合同中没有适用或类似于变更工程的价格，由承包商提出适当的变更价格，经造价工程师确认后执行。如双方不能达成一致的，双方可提请工程所在地工程造价管理机构进行咨询或按合同约定的争议或纠纷解决程序办理。

（二）综合单价的调整

当工程量清单中工程量有误或工程变更引起实际完成的工程量增减超过工程量清单中相应工程量的 10% 或合同中约定的幅度时，工程量清单项目的综合单价应予调整。

（三）材料价格调整

由承包人采购的材料，材料价格以承包人在投标报价书中的价格进行控制。

施工期内，当材料价格发生波动，合同有约定时超过合同约定的涨幅的，承包人采购材料前应报经发包人复核采购数量，确认用于本合同工程时，发包人应认价并签字同意。发包人在收到资料后，在合同约定日期到期后，不予答复的可视为认可，作为调整该种材料价格的依据。如果承包人未报经发包人审核即自行采购，再报发包人调整材料价格，如发包人不同意，不作调整。

（四）措施费用调整

施工期内，措施费用按承包人在投标报价书中的措施费用进行控制，有下列情况之一者，措施费用应予调整：

（1）发包人更改承包人的施工组织设计（修正错误除外），造成措施费用增加的应予调整；

（2）单价合同中，实际完成的工作量超过发包人所提工程量清单的工作量，造成措施费用增加的应予调整；

（3）因发包人原因并经承包人同意顺延工期，造成措施费用增加的应予调整；

（4）施工期间因国家法律、行政法规及有关政策变化导致措施费中工程税金、规费等变化的，应予调整。

措施费用具体调整办法在合同中约定，合同中没有约定或约定不明的，由发包、承包双方协商，双方协商不能达成一致的，可以按工程造价管理部门发布的组价办法计算，也可按合同约定的争议解决办法处理。

第三节　工程索赔

一、工程索赔的概念

工程索赔是指在合同履行过程中，对于并非自己的过错，而是应由对方承担责任的情况造成的实际损失向对方提出经济补偿和（或）时间补偿的要求。

索赔是工程承包中经常发生的现象。由于施工现场条件、气候条件的变化，施工进度、物价的变化，以及合同条款、规范、标准文件和施工图纸的变更、差异、延误等因素的影响，工程承包中不可避免地会出现索赔。

对于施工合同的双方来说，索赔是维护自身合法利益的权利。它同合同条件中双方的合同责任一样，构成严密的合同制约关系。承包商可以向业主提出索赔，业主也可以向承包商提出索赔。本节主要结合合同和价款结算办法讨论承包商向业主的索赔。

索赔的性质属于经济补偿行为，而不是惩罚，称为“索补”可能更容易被人们所接受，工程实际中一般多称为“签证申请”。只有先提出了“索”才有可能“赔”，如果不提出“索”就不可能有“赔”。

二、索赔的起因和条件

（一）索赔的起因

索赔主要由以下几个方面引起。

1. 由现代承包工程的特点引起

现代承包工程的特点是工程量大、投资大、结构复杂、技术和质量要求高、工期长等，再加上工程环境因素、市场因素、社会因素等影响工期和工程成本。

2. 合同内容的有限性

施工合同是在工程开始前签订的，不可能对所有问题做出预见和规定，对所有的工程问题做出准确的说明。

另外，合同中难免有考虑不周的条款，有缺陷和不足之处，如措辞不当、说明不清楚、有二义性等，都会导致合同内容的不完整性。

上述原因会导致双方在实施合同中对责任、义务和权力的争议，而这些争议往往都与工期、成本、价格等经济利益相联系。

3. 业主要求

业主可能会在建筑造型、功能、质量、标准、实施方式等方面提出合同以外的要求。

4. 各承包商之间的相互影响

完成一个工程往往需若干个承包商共同工作。由于管理上的失误或技术上的原因，当一方失误不仅会造成自己的损失，而且还会殃及其他合作者，影响整个工程的实施。因此，在总体上应按合同条件，平等对待各方利益，坚持“谁过失，谁赔偿”的索赔原则。

5. 对合同理解的差异

由于合同条件十分复杂，内容又多，再加双方看问题的立场和角度不同，会造成对合同权利和义务的范围界限划分的理解不一致，造成合同上的争执，引起索赔。

在国际承包工程中，合同双方来自不同的国度，使用不同的语言，适应不同的法律参照系，有不同的工程施工习惯。所以，双方对合同责任理解的差异也是引起索赔的主要原因之一。

上述这些情况，在工程承包合同实施过程中都有可能发生，所以，索赔也不可避免。

（二）索赔的条件

索赔是受损失者的权力，其根本目的在于保护自身利益，挽回损失，避免亏本。要想取得索赔的成功，提出索赔要求必须符合以下基本条件。

1. 客观性

客观性是指客观存在不符合合同或违反合同的干扰事件，并对承包商的工期和费用造成影响，这些干扰事件还要有确凿的证据说明。

2. 合法性

当施工过程产生的干扰非承包商自身责任引起时，按照合同条款对方应给予补偿。

索赔要求必须符合本工程施工合同的规定。按照合同法律文件，可以判定干扰事件的责任由谁承担、承担什么样的责任、应赔偿多少等。所以，不同的合同条件，索赔要求具有不同的合法性，因而会产生不同的结果。

3. 合理性

合理性是指索赔要求合情合理，符合实际情况，真实反映由于干扰事件引起的实际损失、采用合理的计算方法等。

承包商不能为了追求利润，滥用索赔，或者采用不正当手段搞索赔，否则会产生以下不良影响：

（1）合同双方关系紧张，互不信任，不利于合同的继续实施和双方的进一步合作。

（2）承包商信誉受损，不利于将来的继续经营活动。在国际工程承包中，不利于在工程所在国继续扩展业务。任何业主在招标中都会对上述承包商存有戒心，敬而远之。

（3）在工程施工中滥用索赔，对方会提出反索赔的要求。如果索赔违反法律，还会受到相应的法律处罚。

综上所述，承包商应该正确地、辩证地对待索赔问题。

三、索赔的分类

（一）按发生索赔的原因分类

由于发生索赔的原因很多，根据工程施工索赔实践，通常有：

（1）增加（或减少）工程量索赔；

（2）地基变化索赔；

（3）工期延长索赔；

（4）加速施工索赔；

（5）不利自然条件及人为障碍索赔；

（6）工程范围变更索赔；

（7）合同文件错误索赔；

（8）工程拖期索赔；

（9）暂停施工索赔；

（10）终止合同索赔；

（11）设计图纸拖延交付索赔；

（12）拖延付款索赔；

（13）物价上涨索赔；

（14）业主风险索赔；

（15）特殊风险索赔；

（16）不可抗拒因素索赔；

（17）业主违约索赔；

（18）法令变更索赔等。

（二）按索赔的目的分类

就施工索赔的目的而言，施工索赔有以下两类的范畴，即工期索赔和经济索赔。

1. 工期索赔

工期索赔即承包商向业主要求延长施工的时间，使原定的工程竣工日期顺延一段合理的时间。

如果施工中发生计划进度拖后的原因在承包商方面，如实际开工日期较工程师指令的开工日期拖后、施工机械缺乏、施工组织不善等，承包商无权要求工期延长，唯一的出路是自费采取赶工措施把延误的工期赶回来。否则，必须承担误期损害赔偿费。

2. 经济索赔

经济赔偿就是承包商向业主要求补偿不应该由承包商自己承担的经济损失或额外开支，即取得合理的经济补偿。通常，人们将经济索赔具体地称为"费用索赔"。承包商取得经济补偿的前提是：在实际施工过程中发生的施工费用超过了投标报价书中该项工作所预算的费用，而这些费用超支的责任不在承包商方面，也不属于承包商的风险范围。具体地说，施工费用超支的原因主要来自两种情况：一是施工受到了干扰，导致工作效率降低；二是业主指令工程变更或额外工程，导致工程成本增加。由于这两种情况所增加的施工费用，即新增费用或额外费用，承包商有权索赔。因此，经济索赔有时也被称为额外费用索赔，简称为费用索赔。

（三）按索赔的合同依据分类

合同依据分类法在国际工程承包界是众所周知的。它是在确定经济补偿时，根据工程合同文件来判断，在哪些情况下承包商拥有经济索赔的权利。

1. 合同规定的索赔

合同规定的索赔是指承包商所提出的索赔要求，在该工程项目的合同文件中有文字依据，承包商可以据此提出索赔要求，并取得经济补偿。这些在合同文件中有文字规定的合同条款，在合同解释上被称为明示条款，或称为明文条款。

2. 非合同规定的索赔

非合同规定的索赔也被称为超越合同规定的索赔，即承包商的该项索赔要求虽然在工程项目的合同条件中没有专门的文字叙述，但可以根据该合同条件的某些条款的含义推论出承包商有索赔权。这种索赔要求同样有法律效力，有权得到相应的经济补偿。这种有经济补偿含义的合同条款，在合同管理工作中被称为默示条款，或称为隐含条款。

3. 道义索赔

这是一种罕见的索赔形式，是指通情达理的业主目睹承包商为完成某项困难的施工，承受了额外费用损失，因而出于善良意愿，同意给承包商以适当的经济补偿。因在合同条款中找不到此项索赔的规定，故这种经济补偿称为道义上的支付，或称优惠支付。道义索赔俗称通融的索赔或优惠索赔。这是施工合同双方友好信任的表现。

（四）按索赔的有关当事人分类

1. 工程承包商同业主之间的索赔

这是承包施工中最普遍的索赔形式。在工程施工索赔中，最常见的是承包商向业主提出的工期索赔和经济索赔；有时，业主也向承包商提出经济补偿的要求，即“反索赔”。

2. 总承包商同分包商之间的索赔

总承包商是向业主承担全部合同责任的签约人，其中包括分包商向总承包商所承担的那部分合同责任。

总承包商和分包商，按照他们之间所签订的分包合同，都有向对方提出索赔的权利，以维护自己的利益，获得额外开支的经济补偿。

分包商向总承包商提出的索赔要求，经过总承包商审核后，凡是属于业主方面责任范围内的事项，均由总承包商汇总加工后向业主提出；凡属于总承包商责任的事项，则由总承包商同分包商协商解决。有的分包合同规定：所有的属于分包合同范围内的索赔，只有当总承包商从业主方面取得索赔款后，才拨付给分包商。这是对总承包商有利的保护性条款，在签订分包合同时，应由签约双方具体商定。

3. 承包商同供货商之间的索赔

承包商在中标以后，根据合同规定的质量和工期要求，向设备制造厂家或材料供应商询价订货，签订供货合同。如果供货商违反供货合同的规定，使承包商受到经济损失时，承包商有权向供货商提出索赔，反之亦然。承包商同供货商之间的索赔一般称为商务索赔，无论施工索赔或商务索赔，都属于工程承包施工的索赔范围。

（五）按索赔的处理方式分类

1. 单项索赔

单项索赔就是采取一事一索赔的方式，即在每一件索赔事项发生后，报送索赔通知书，编报索赔报告书，要求单项解决支付，不与其他的索赔事项混在一起。单项索赔是施工索赔通常采用的方式，它避免了多项索赔的相互影响制约，所以解决起来比

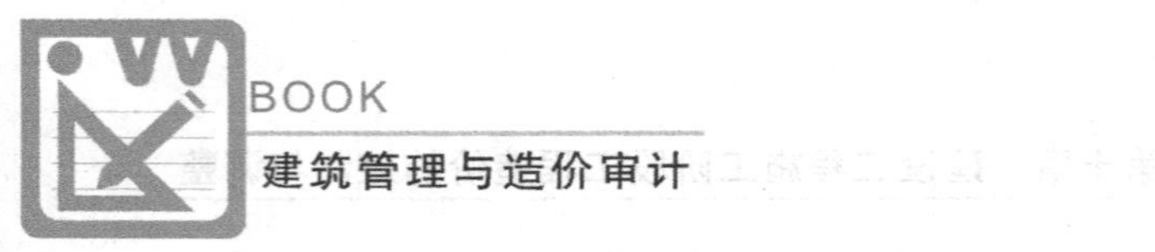

较容易。

2. 综合索赔

综合索赔又称总索赔，俗称一揽子索赔，即将整个工程（或某项工程）中所发生的数起索赔事项综合在一起进行索赔。

采取这种方式进行索赔，是在特定的情况下被迫采用的一种索赔方法。有时，在施工过程中受到非常严重的干扰，以致承包商的全部施工活动与原来的计划大不相同，原合同规定的工作与变更后的工作相互混淆，承包商无法为索赔保持准确而详细的成本记录资料，无法分辨哪些费用是原定的，哪些费用是新增的，在这种条件下，无法采用单项索赔的方式。

综合索赔也就是总成本索赔，它是对整个工程（或某项工程）的实际总成本与原预算成本之差额提出索赔。

采取综合索赔时，承包商必须事前征得工程师的同意，并提出以下证明：

（1）承包商的投标报价是合理的；

（2）实际发生的总成本是合理的；

（3）承包商对成本增加没有任何责任；

（4）不可能采用其他方法准确地计算出实际发生的损失数额。

虽然如此，承包商应该注意，采取综合索赔的方式应尽量避免，因为它涉及的争论因素太多，一般很难成功。

（六）按索赔的对象分类

索赔是指承包商向业主提出的索赔，反索赔是指业主向承包商提出的索赔。

四、索赔的基本程序及其规定

（一）索赔的基本程序

在工程项目施工阶段，每出现一个索赔事件，都应按照国家有关规定、国际惯例和工程项目合同条件的规定，认真及时地协商解决。

（二）索赔时限的规定

（1）业主未能按合同约定履行自己的各项义务或发生错误，以及应由业主承担责任的其他情况，造成工期延误和（或）承包商不能及时得到合同价款及承包商的其他经济损失，承包商可按下列程序以书面形式向业主索赔：

①索赔事件发生后 28 天内，向业主方发出索赔意向通知；

②发出索赔意向通知后 28 天内，向业主提出补偿经济损失和（或）延长工期的赔偿报告及有关资料；

③业主方在收到承包商送交的索赔报告和有关资料后，于 28 日内给予答复，或

要求承包商进一步补充索赔理由和证据；

④业主方在收到承包商送交的索赔报告和有关资料后 28 天内未予答复或未对承包商做进一步要求，视为该项索赔已经认可；

⑤当该索赔时间持续进行时，承包商应当阶段性地向业主方发出索赔意向，在索赔事件终了后 28 天内，向业主方递交索赔的有关资料和最终索赔报告。

（2）承包商未能按合同约定履行自己的各项义务或发生错误，给业主造成经济损失，业主也按以上的时限向承包商提出索赔。

双方如果在合同中对索赔的时限有约定的从其约定。

五、工程索赔的处理原则与依据

（一）索赔证据

任何索赔事件的确定，其前提条件是必须有正当的索赔理由。对正当索赔理由的说明必须具有证据，因为索赔的进行主要是靠证据说话。没有证据或证据不足，索赔是难以成功的。正如《建设工程施工合同文本》中所规定的，当合同一方向另一方提出索赔时，要有正当索赔理由，且有索赔事件发生时的有效证据。

1. 对索赔证据的要求

（1）真实性。索赔证据必须是在实施合同过程中确定存在和发生的，必须完全反映实际情况，能经得住推敲。

（2）全面性。所提供的证据应能说明事件的全过程。索赔报告中涉及的索赔理由、事件过程、影响、索赔值等都应有相应证据，不能零乱和支离破碎。

（3）关联性。索赔的证据应当能够互相说明，互相具有关联性，不能互相矛盾。

（4）及时性。索赔证据的取得及提出应当及时。

（5）具有法律证明效力。一般要求证据必须是书面文件，有关记录、协议、纪要必须是双方签署的；工程中重大事件、特殊情况的记录、统计必须由工程师签证认可。

2. 索赔证据的种类

（1）招标文件、工程合同及附件、业主认可的施工组织设计、工程图纸、技术规范等；

（2）工程各项有关的设计交底记录、变更图纸、变更施工指令等；

（3）工程各项经业主或工程师签认的签证；

（4）工程各项往来信件、指令、信函、通知、答复等；

（5）工程各项会议纪要；

（6）施工计划及现场实施情况记录；

（7）施工日报及工长工作日志、备忘录；

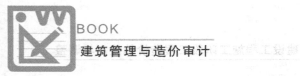

（8）工程送电、送水，道路开通、封闭的日期及数量记录；

（9）工程停电、停水和干扰事件影响的日期及恢复施工的日期；

（10）工程预付款、进度款拨付的数额及日期记录；

（11）工程图纸、图纸变更、交底记录的送达份数及日期记录；

（12）工程有关施工部位的照片及录像等；

（13）工程现场气候记录，有关天气的温度、风力、雨雪等；

（14）工程验收报告及各项技术鉴定报告等；

（15）工程材料采购、订货、运输、进场、验收、使用等方面的凭据；

（16）工程会计核算材料；

（17）国家和省、市有关影响工程造价、工期的文件、规定等。

（二）索赔文件

索赔文件是承包商向业主索赔的正式书面材料，也是业主审议承包商索赔请求的主要依据。索赔文件通常包括3个部分。

1. 索赔信

索赔信是一封承包商致业主或其代表的简短的信函，应包括以下内容：

（1）说明索赔事件；

（2）列举索赔理由；

（3）提出索赔金额与工期；

（4）附件说明。

整个索赔信是提纲挈领的材料，它把其他材料贯通起来。

2. 索赔报告

索赔报告是索赔材料的正文，其结构一般包含3个主要部分。首先是报告的标题，应言简意赅地概括索赔的核心内容；其次是事实与理由，这部分应该叙述客观事实，合理引用合同规定，建立事实与损失之间的因果关系，说明索赔的合理合法性；最后是损失计算与要求赔偿金额及工期，这部分应列举各项明细数字及汇总数据。

需要特别注意的是，索赔报告的表述方式对索赔的解决有重大影响，一般要注意：

（1）索赔事件要真实、证据确凿，令对方无可推卸和辩驳。对事件叙述要清楚明确，避免使用“可能”“也许”等估计猜测性语言，造成索赔说服力不强。

（2）计算索赔值要合理、准确。要将计算的依据、方法、结果详细说明列出，这样易于对方接受，减少争议和纠纷。

（3）责任分析要清楚。一般索赔所针对的事件都是由于非承包商责任而引起的，因此，在索赔报告中必须明确对方负全部责任，而不可用含糊的语言，这样会丧失自己在索赔中的有利地位，使索赔失败。

（4）要强调事件的不可预见性和突发性，说明承包商对它不可能有准备，也无法预防，并且承包商为了避免和减轻该事件影响和损失已尽了最大的努力，采取了能够采取的措施，从而使索赔理由更加充分，更易于对方接受。

（5）明确阐述由于干扰事件的影响，使承包商的工程施工受到严重干扰，并为此增加了支出，拖延了工期，表明干扰事件与索赔有直接的因果关系。

（6）索赔报告书写用语应尽量婉转，避免使用强硬、不客气的语言，否则会给索赔带来不利的影响。

3. 附件

（1）索赔报告中所列举事实、理由、影响等的证明文件和证据；

（2）详细计算书，这是为了证实索赔金额的真实性而设置的，为了简明可以大量选用图表。

（三）承包商的索赔

1. 承包商索赔的主要内容

（1）业主未能按合同规定的内容和时间完成应该做的工作。当业主未能按合同专用条款第 8.1 款约定的内容和时间完成应该做的工作，导致工期延误或给承包商造成损失的，承包商可以进行工期索赔或损失费用索赔。工期确认时间根据合同通用条款第 13.2 款约定为 14 天。

（2）业主方指令错误。因业主方指令错误发生的追加合同价款和给承包商造成的损失、延误的工期，承包商可以根据合同通用条款的约定进行损失费用和工期索赔。

（3）业主方未能及时向承包商提供所需指令、批准。因业主方未能按合同约定，及时向承包商提供所需指令、批准及履行约定的其他义务时，承包商可以根据合同通用条款第 6.3 款的约定进行费用、损失费用和工期赔偿。工期确定时间根据合同通用条款第 13.2 款约定为 14 天。

（4）业主方未能按合同规定时间提供图纸、因业主未能按合同专用条款第 4.1 款约定提供图纸，承包商可以根据合同通用条款第 13.1 款的约定进行索赔。发生费用损失的，还可以进行费用索赔。工期确认时间根据合同通用条款第 13.2 款约定为 14 天。

（5）延期开工。承包商可以根据合同通用条款第 11.1 款的约定向监业主提出延期开工的申请，申请被批准则承包商可以进行工期索赔。业主的确认时间为 48 小时。

（6）地址条件发生变化。当开挖过程中遇到文物或地下障碍物时，承包商可以根据合同通用条款第 43 条的约定进行费用、损失费用和工期索赔。

当业主没有完全履行告知义务，开挖过程中遇到的地质条件显著异常，与招标文件描述不同时，承包商可以根据合同通用条款第 36.2 款的约定进行费用、损失费用和工期索赔。

当开挖后地基需要处理时，承包商应该按照设计单位出具的设计变更单进行地基处理。承包商按照设计变更单的索赔程序进行费用、损失费用和工期的索赔。

（7）暂停施工。因业主原因造成暂停施工时，承包商可以根据合同通用条款第12条的约定进行费用、损失费用和工期索赔。

（8）因非承包商原因一周内停水、停电、停气造成停工累计超过8小时。承包商可以根据合同通用条款第13.1款约定要求进行工期索赔。工期确认时间根据合同通用条款第13.2款约定为14天。能否进行费用索赔视具体的合同约定而定。

（9）不可抗力。发生合同通用条款第39.1款及专用条款第39.1款约定的不可抗力，承包商可以根据合同通用条款第39.3款的约定进行费用、损失费用和工期索赔。工期确认时间根据合同通用条款第13.2款约定为14天。

因业主一方迟延履行合同后发生不可抗力的，不能免除其迟延履行的相应责任。

（10）检查检验。监理（业主）对工程质量的检查检验不应该影响施工正常进行。如果影响施工正常进行，承包商可以根据合同通用条款第16.3款的约定进行费用、损失费用和工期索赔。

（11）重新检验。当重新检验时检验合格，承包商可以根据合同通用条款第18条的约定进行费用、损失费用和工期索赔。

（12）工程变更和工程量增加。因工程变更引起的工程费用增加，按前述工程变更的合同价款调整程序处理。造成实际的工期延误和因工程量增加造成的工期延长，承包商可以根据合同通用条款第13.1款的约定要求进行工期索赔。工期确认时间根据合同通用条款第13.2款约定为14天。

（13）工程预付款和进度款支付。工程预付款和进度款没有按照合同约定的时间支付，属于业主违约。承包商可以按照合同通用条款第24条、第26条及专用条款第24条、第26条的约定处理，并按专用条款第35.1款的约定承担违约责任。

（14）业主供应的材料设备。业主供应的材料设备，承包商按照合同通用条款第27条及专用条款第27条的约定处理。

（15）其他。合同中约定的其他顺延工期和业主违约责任，承包商视具体合同约定处理。

2. 索赔款的主要组成成分

索赔时可索赔费用的组成部分，同施工承包合同价所包含的组成部分一样，包括直接费、间接费和利润。

原则上说，凡是承包商有索赔权的工程成本增加，都是可以索赔的费用。这些费用都是承包商为了完成额外的施工任务而增加的开支。但是，对于不同原因引起的索赔，可索赔费用的具体内容有所不同。同一种新增的成本开支，在不同原因、不同性质的索赔中，有的可以肯定地列入索赔款额中，有的则不能列入，还有的在能否列入的问题上需要具体分析判断。

在具体分析费用的可索赔性时，应对各项费用的特点和条件进行审核论证。

（1）人工费。人工费是指直接从事索赔事项建筑安装工程施工的生产工人开支的各项费用，主要包括，基本工资、工资性补贴、生产工人辅助工资、职工福利费、生产工人劳动保护费。

（2）材料费。材料费是指施工过程中耗费的构成工程实体的原材料、辅助材料、构配件、零件、半成品的费用，主要包括，材料原件、材料运杂费、运输损耗费、采购保管费、检验试验费。对于工程量清单计价来说，还包括操作及安装耗损费。

为了证明材料原价，承包商应提供可靠的订货单、采购单，或造价管理机构公布的材料信息价格。

（3）施工机械费。施工机械费的索赔计价比较繁杂，应根据具体情况协商确定。

①使用承包商自有的设备时，要求提供详细的设备运行时间和台数、燃料消耗记录、随即工作人员工作记录，等等。这些证据往往难以齐全准确，因而有时双方争执不下。因此，在索赔计价时往往按照有关预算定额中的台班单价计价。

②使用租赁的设备时，只要租赁价格合理，又有可信的租赁收费单据，就可以按租赁价格计算索赔款。

③索赔项目需要新增加机械设备时，双方事前协商解决。

（4）措施费。索赔项目造成的措施费用的增加，可以据实计算。

（5）企业管理费。企业组织施工生产和经营管理的费用，如人员工资、办公、差旅交通、保险等多项费用。企业管理费按照有关规定计算。

（6）利润。利润按照投标文件的计算方法计取。

（7）规费及税金。规费及税金按照投标文件的计算方法计取。

可索赔的费用，除了前述的人工费、材料费、设备费、分包费、管理费、利息、利润等几个方面以外，有时，承包商还会要求赔偿额外担保费用，尤其是当这项担保费的款额相当大时。对于大型工程，履行担保的额度款都很可观，由于延长履约担保所付的款额甚大，承包商有时会提出这一索赔要求，是符合合同规定的。如果履约担保的额度较小，或经过履约过程中对履约担保款额的逐步扣减，此项费用已无足轻重的，承包商也会自动取消额外担保费的索赔，只提出主要的索赔款项，以利整个索赔工作的顺利解决。

3. 不允许索赔的费用

在工程索赔的实践中，以下几项费用一般不允许索赔：

（1）承包商对索赔事项的发生原因负有责任的有关费用；

（2）承包商对索赔事项未采取减轻措施因而扩大的损失费用；

（3）承包商进行索赔工作的准备费用；

（4）索赔款在索赔处理期间的利息；

（5）工程有关的保险费用，索赔事项涉及的一些保险费用，如工程一切险、工人事故险、第三方保险费用等，均在计算索赔款时不予考虑，除非在合同条款中另有规定。

4. 工期索赔的计算

（1）比例法。在工程实施中，因业主原因影响的工期，通常可直接作为工期的延长天数。但是，当提供的条件能满足部分施工时，应按比例法来计算工期索赔值。

（2）相对单位法。工程的变更必然会引起劳动量的变化，这时我们可以用劳动量相对单位法来计算工期索赔天数。

（3）网络分析法。网络分析法是通过分析干扰事件发生前后的网络计划，对比两种工期的计算结果，从而计算出索赔工期。

（4）平均值计算法。平均值计算法是通过计算业主对各个分项工程的影响程度，然后得出应该索赔工期的平均值。

（5）其他方法。在实际工程中，工期补偿天数的确定方法可以是多样的。例如，在干扰事件发生前由双方商讨，在变更协议或其他附加协议中直接确定补偿天数。

5. 费用索赔的计算

费用索赔是整个工程合同索赔的重要环节。费用索赔的计算方法，一般有以下几种。

（1）总费用法。总费用法是一种较简单的计算方法。其基本思路是，按现行计价规定估算索赔值，另外也可按固定总价合同转化为成本加酬金合同，即以承包商的额外成本为基础加上管理费和利润、税金等作为索赔值。

使用总费用法计算索赔值应符合以下几个条件：

①合同实施过程中的总费用计算式是准确的，工程成本计算符合现行计价规定，成本分摊方法、分摊基础选择合理，实际成本与索赔报价成本所包括的内容应一致；

②承包商的索赔报价是合理的，反映实际情况；

③费用损失的责任，或干扰事件的责任与承包商无任何关系。

（2）分项法。分项法是按每个或每类干扰事件引起费用项目损失分别计算索赔值的方法。其特点是如下：

①比总费用法复杂；

②能反映实际情况，比较科学、合理；

③能为索赔报告的进一步分析、评价、审核明确双方责任提供证据；

④应用面广，容易被人们接受。

（3）因素分析法。因素分析法也称连环替代法。为了保证分析结果的可比性，应将各指标按客观存在的经济关系分解为若干因素指标连乘形式。

（四）业主的反索赔

反索赔的目的是维护业主方面的经济利益。为了实现这一目的，需要进行两方面的工作。首先，要对承包商的索赔报告进行评论和反驳，否定其索赔要求，或者削减索赔款额；其次，对承包商的违约提出经济赔偿要求。

（1）对承包商履约中的违约责任进行索赔，主要是针对承包商在工期、质量、材料应用、施工管理等方面对违反合同条款的有关内容进行索赔。

（2）对承包商所提出的索赔要求进行评审、反驳与修正，一方面是对无理的索赔要求进行有理的驳斥与拒绝；另一方面在肯定承包商具有索赔权前提下，业主和工程师要对承包商提出的索赔报告进行详细审核，对索赔款的各个部分逐项审核，查对单据和证明文件，确定哪些不能列入索赔款项额，哪些款额偏高，哪些在计算上有错误和重复。通过检查，削减承包商提出的索赔款额，使其更加准确。

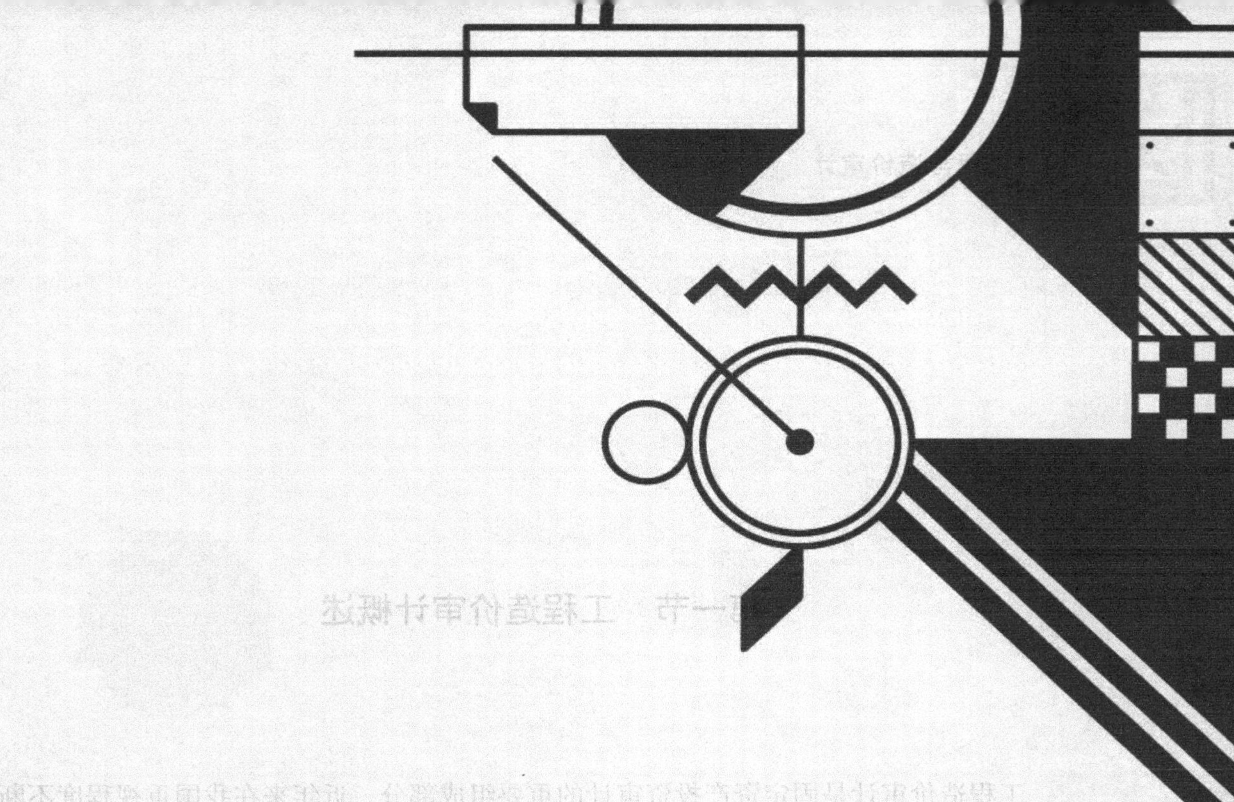

第一节 工程造价审计概述

工程造价审计是固定资产投资审计的重要组成部分，近年来在我国重视程度不断得到加大，运用日益广泛，在现实中也取得不少成绩。就我国当前形势而言，国家加[illegible]正是工程造价审计

第十一章 工程造价审计

[illegible]固定资产投资活动的真实性、合法性、效益性进行[illegible]。其具体指由独立的审计机构，相关法律、法规和各项技术经济指标，以及对固定资产投资建设项目所花费的全部费用实施的审核与监督；并通过审计监督，保证固定资产投资项目造价的真实性、准确性及编制方法的合法合规性。

工程造价审计的意义重大如下：

（1）具有"合法"意义。工程造价审计可以审查了工程造价方案是否真实可靠，审查建设资金使用以及招投标过程是否合法、合规。

（2）具有"提高"意义。工程造价审计可以客观地评价建设效益，促进[illegible]总结建设经验，反思问题进而预防解决问题，提高建设项目管理水平。

（3）具有"趋同"意义。开展工程造价审计是拓展国[illegible]丰富审计内涵的客观要求，也是实现与国际惯例接轨的[illegible]发达国家，十分重视对建设项目的工程造价审计。

工程造价审计的对象广泛，从形式上来看，[illegible]对象是指建设[illegible]关部门、单位提供的工程资料及其相关资料[illegible]域，工程造价审计[illegible]

第一节 工程造价审计概述

工程造价审计是固定资产投资审计的重要组成部分，近年来在我国重视程度不断得到加大，运用日益广泛，在现实中也取得不少成绩。就我国当前形势而言，国家加大基础设施建设投入，扩大内需，各大工程建设项目纷纷上马，这正是工程造价审计充分发挥作用的时机，此时研究工程造价审计现实意义更为强烈。

一、研究概述

工程造价审计是独立于建设单位，从工程技术的角度，对固定资产投资活动的真实性、合法性、效益性进行检查、评价和公证的一种监督活动。其具体指由独立的审计机构，相关法律、法规和各项技术经济指标，以及对固定资产投资建设项目所花费的全部费用实施的审核与监督；并通过审计监督，保证固定资产投资项目造价的真实性、准确性及编制方法的合法合规性。

工程造价审计的意义重大如下：

（1）具有“合法”意义。工程造价审计可以审查工程造价方案是否真实可靠，审查建设资金使用以及招投标过程是否合法、合规。

（2）具有“提高”意义。工程造价审计可以客观地评价建设效益，促进建设单位总结建设经验，反思问题进而预防解决问题，提高建设项目管理水平。

（3）具有“趋同”意义。开展工程造价审计是拓展固定资产投资审计范围和丰富审计内涵的客观要求，也是实现与国际惯例接轨的必然趋势，在国外特别是在发达国家，十分重视对建设项目的工程造价审计。

工程造价审计的对象广泛。从形式上来看，工程造价审计对象是指建设单位及相关部门、单位提供的工程资料及其相关资料。作为崭新审计领域，工程造价审计需要提供的审计资料与以往的财务审计有所不同。审计需要提供的资料包括：工程项目立项、可行性研究、概预算、投标资料等；施工图纸、竣工图纸、图纸会审、设计交底材料、联系单、摄影摄像资料等。从本质上看，指的是相关工程建设的经济技术活动。与活动相关的是各种人财物之间的关系，这些关系也是工程造价审计之中要面对且捋顺的工作内容。

二、工程造价审计存在的风险

正是因为工程造价审计对象广泛，内容复杂，与其他审计项目相比敏感性更强、审计环境更为复杂、更加注重沟通技巧、更需要专业判断等业务特点，加之建筑经济本身固有的特殊性和风险性，工程造价审计更容易产生风险，主要表现在两个方面。

（一）工程造价审计容易引起失误

工程建设项目的复杂性使它从策划到决算环节众多，变数较大。既要经过立项、勘察、设计、施工等基建程序，同时又要经过计划、概预算、实施过程中追加投资以及最后决算。环节多且易生变故，人材物条件、自然条件、建设者主管认识等众多因素都会导致变化。如人材物的因素变化，导致原材料价格发生变化的因素就很多，市场可以调节价格，政策法规也可以影响原料价格。价格一旦发生变化，成本就会变化，进而导致整个工程活动发生变化，如变更设计、扩大规模、增设项目等。再如，建设者的主观认识发生偏差，做出错误的判断和决策，也会对工程项目的开展带来变化等。这些情况的存在，给工程造价审计工作增加了一定的工作量和难度，各个环节、各个要素稍有把握不准就容易引起审计误差甚至是失误，审计结果就会受到影响，同时也可能给审计人员带来审计责任。

（二）工程造价审计不可避免失误

工程造价审计不仅因工程建设的环节多、变数大而可能产生风险，同时由于我国目前的工程审计造价审计滞后性的实际工作特点，也难免会产生风险。从近几年的实际情况来看，审计单位对工程造价审计的介入，在时间上大都是滞后的。往往是工程已经进入施工阶段甚至是结算阶段，审计部门才接到审计指令。工程造价审计与一般财务审计不同，实践性更强，一些审计证据必须从施工现场才能获得，一旦错过时机，要对某一具体项目进行现场考察和分析，困难程度就很大，有的现场已经面目皆非，根本无从考究；隐蔽工程已经覆盖，其“真实面目”无法看清，获取不到充分有效的审计证据，又怎能发表准确的审计意见？由此可见，由于审计滞后的现状，风险不可避免。

三、工程造价审计风险分析

造成工程造价审计的风险有根本原因，也有直接原因。如果说制度和管理方式是导致风险的根本原因，那么工程造价审计过程中的人员素质和操作问题就是直接原因。

（一）对工程项目建设的认识存在分歧

工程造价审计与工程项目的建设是分不开的，然而就当前我国实际情况来看，对于工程项目建设的认识还是有分歧的，这种分歧会导致工程造价审计出现方向的偏差。分歧主要在工程项目建设的性质划分上，有人认为工程项目建设是市场行为，工程建设的双方属平等市场主体，应该用合同法来约束工程项目建设的行为。还有人认为国家建设的工程项目大部分多为财政性资金，其目的是公用基础、公益性事业的建设，认为行政参与的成分多，应该用审计法来约束。由于对工程建设本质的认识不同，工程建设认定的文书也有多种形式，不仅有审计部门的审计报告和审计决定、财政部门的评审报告，还有社会中介造价咨询报告、司法鉴定机构的司法鉴定报告等。不同工程采用不同的报告文书，甚至同一工程的不同环节也有不同的报告。不仅会使工程项目建设管理混乱，也会给造价审计的工作带来影响，造价审计获取审计证据时，对这些文书的认定会存在审计风险。特别是当审计部门的审计报告与司法部门的司法鉴定报告意见相左时，风险更大，这类事例在现实中屡见不鲜。

（二）工程项目建设的管理存在漏洞

工程项目建设的管理存在漏洞，主要是建设方的内部控制制度不健全。工程项目建设在工程项目管理的成本上一般比较重视，千方百计控制成本，然而对工程项目建设的内部控制往往不重视，导致管理上存在漏洞。有些工程项目建设甚至都没有内控制度，有的单位即使有内控制度也纯粹就是为了应付外部检查，根本未执行等，就已经制定完整的工程项目内部控制制度并且得到执行的情况来看，执行效果也不如人意。或因管理人员敷衍塞责而失效，或因建设单位与施工单位相互勾结而失效，或因建设环境和项目规模的改变而失效。笔者审计过的项目中，甚至出现了较多的行政干预和个人色彩，行政领导任意更改工程设计在政府投资项目中极为常见，某些项目打上了深深的个人烙印，经常会听到施工单位或建设单位的相关参建人说这是“某某的工程”。

（三）工程造价审计活动的实施存在问题

这种问题来自工程造价审计部门自身的在审计活动中表现出来的不科学、不合理的因素，如审计人员素质、审计活动的组织管理等。首先，从人员素质来看，审计人员的素质还不够专业。尤其是基层审计机关，常常是一个人充当多面手，边干边学，遇到审计难题时，不能有正确、合理的判断，这些缺乏专业胜任能力的表现都会产生审计风险。此外，由于某些审计人员职业道德欠缺，对审计发现的问题视而不见或是知情不报，也给工程造价审计带来风险。其次，就审计活动的组织管理来看，也存在管理组织不力的情况。

（1）人员紧张而组织管理出问题。工程造价审计需要既懂专业又懂工程的综合素质人才，偶尔工程造价审计工作紧急且合适人选暂时没有找到的情况下，审计活动的组织上就会产生随意性。

（2）时间紧张而组织管理出问题。出于造价审计活动时间紧张的原因，有些审计组为了赶进度，简化审计操作规程，导致审计风险产生。工程造价审计活动的实施过程中的问题直接导致审计风险的产生。

（3）力量有限而组织管理出问题。造价审计活动中审计机关限于工程技术力量，往往委托社会中介机构或聘请相关专业技术人员来协助完成工作，没有考虑所聘机构和人员的职业道德及业务水平，还有回避关系等问题。虽然缓解了力量有限的矛盾，但带来了一些导致审计风险的因素。

四、突破工程造价审计风险

（一）完善相关的管理制度是基础

（1）明确对工程造价审计文书的认定。当前特别是明确审计部门的工程审计报告和审计决定、财政部门的评审报告、社会中介造价咨询报告、司法鉴定机构的司法鉴定报告在合同法中的法律地位，在现阶段显得尤其重要。这一认定实际上也是对工程项目建设的性质认定。

（2）要明确工程建设项目的管理制度。工程项目管理的制度与工程造价审计活动密不可分，可以考虑逐步建立起一个以《工程项目管理规范》为核心的工程项目管理法律规范。通过这个规范，对工程项目管理各个环节的操作程序和行为准则予以明确，确定每一环节、每一程序上的责任主体，明确责任主体的义务和责任承担方式，加强对各环节的监管，明确各环节监管主体的责任，强化各监管主体间的联系，使工程项目管理真正有法可依、执法必严，在完善的制度下健康发展，为工程造价审计服务。

（3）明确审计主体内部运行机制。完善的审计主体内部运行机制是防范审计风险的直接作用力量，能够保证审计主体的各项工作有序、合理、科学地进行，更加有利于不断修正审计主体自身存在的不合理状况。一方面要建立审计工作的责任制度、问责制度和奖励制度，能够约束审计人员的不规范行为，能够充分调动审计人员工作的主动性和积极性，主动积极地防范风险。另一方面还要谨慎利用社会审计资源，慎重聘请专业技术人员或委托社会中介机构，进行委托前，应对拟聘请对象的执业资质、技术力量、以往执业情况之诚信度进行充分的了解。委托之后要对被委托的工作内容进行监督，可实行专人全程跟班审计，确保被委托工作有效开展，若中途发现问题及时纠正，尽力避免降低风险。

（二）培养高素质的审计人才是关键

工程造价审计过程中的问题是导致风险的直接原因，减少审计过程的问题发生不仅要靠制度，还要靠活动的实施者。工程造价审计人员素质包括职业道德素质、业务能力素质。职业道德素质的提高，一方面可以加强理论的培训学习，树立典型，学习榜样；另一方面还可以鼓励先进，加大惩罚职业道德败坏，通过这些手段来提高审计人员的职业道德。业务素质的提高，要建立审计人员后续教育机制，树立终身学习的思想，针对工程造价审计工作需要，系统地、有计划地组织高层次业务培训，不断更新专业知识和工程项目管理知识，以适应新形势发展要求。需要补充的是在，充实工程造价审计队伍时除配备必要的财会审计专业人员外，要注重选配一些懂各种工程的专业技术人员，充实工程造价审计队伍。

（三）改进工作方法是创新

革新工程造价审计方式方法，提高审计效率，用更科学合理、更利于防范风险的方式方法来开展工作。鉴于工程造价确定的特点和近年来审计工作新趋势，工程造价审计在审计方法上，应当突出事前、事中、事后审计相结合的审计模式，做到及早发现并解决问题，真正发挥审计监督与服务相结合的职能。还要善于总结经验，加强行业间工作交流，研究工作中的难题，分析取得成绩的原因，推广先进审计方法。

第二节　工程造价审计的步骤和方法

参与审计工作的人员应熟悉施工合同协议书、投标书等相关文件的规定，掌握工程计算规则，对整个工程设计和施工要有全面了解，纠正工程量计算出错、错套、高套、定额换算错误等情况；对合同签定的程序、规范、合法性进行审核；并且要严格按照合同的内容，对招标范围内完成的工程量进行具体的审计，还要检查合同是否全面贯彻执行。

对于审计人员而言，不能只在办公室办公，还应深入施工现场中，从工程动工开始就进入施工现场，才能监督到位。在工作中，要做好与相关部门人员的沟通工作，并取得最新的一手资料，关注好施工管理过程中的每一环节。在施工现场中，还要掌握好工程量变化的细节，对工程设计进行过变更的，要做好监督，对施工材料的使用要做好详尽的记录。

此外，施工方有可能通过变更设计、增加工程量、提高设计标准提高工程造价，这就要求我们健全工程设计变更审批制度，以防止此类事件的发生。计算建筑工程费用的依据基础是经业主签证认可的工程签证单，所以，签证单如果不真实就会危害到业主及工程方的利益。在隐蔽工程的施工中，就要求审计人员深入现场中，对隐蔽工程进行细致的审核、签证和验收，以确保工程建设过程中的工程变更能进行及时的监督和审核，保证对工程造价进行主动、有效的控制。

一、审计的阶段

（一）事前审计

对合同、协议、招投标文件的审核是工程审计的基础和前提。

进行工程造价审计，首先应仔细研究合同、协议、招投标文件，确定工程价款的结算方式。合同依据计价方式的不同，可分为总价合同、单价合同和成本加酬金合同。其中，总价合同又分为固定总价合同和调价总价合同；单价合同又分为估计工程量单价合同、纯单价合同和单价与包干混合式合同。先确定合同的计价类型，再仔细研究其中的调价条款，根据结算调价条款进行工程价款审计。目前，许多工程合同签订后，甲乙双方都会签订补充协议。大多数的补充协议都会对合同的结算调价条款进行补充或更改，一般情况下施工单位会进一步让利，但也有个别工程建设单位会给出增加工程价款的条件，特别是政府投资工程。2005 年 1 月 1 日，最高人民法院出台了关于审理建设工程施工合同纠纷案件适用法律问题的解释，可据此分析判断补充条款的有效性。如果只是对合同主条款和招投标文件内容进行补充或做一些次要内容的更改，应视为有效；如果对合同主条款或招投标文件进行了较大的更改，违背了主合同和招投标文件的主要意思表示，应视为阴阳合同，做无效处理。做出无效判断要十分谨慎，必要时可以向相关法律部门咨询。

（二）事中审计

1. 工程量的审核是工程审计的根本

施工单位一般会通过虚增工程量、重复计算工程量来增加造价。审减工程量是降低工程造价的基本手段。对工程量进行审计，首先要熟悉图纸，再根据工作细致程度的需要、时间的要求和审计人力资源情况，结合工程的大小、图纸的简繁选择审核方法。采用合理的审核方法不仅能达到事半功倍的效果，而且直接关系到审核的质量和效率。工程量审计方法主要有以下几种：全面审核法、重点审核法、对比审核法、分组计算审核法、筛选法等。其各有不同的适用范围和优缺点，应根据具体情况科学选用。一些图纸不明确的工程需要进行现场计量，审计人员则一定要到现场，按计量规则进行

计量。对隐蔽工程可以通过查阅隐蔽工程验收记录来确定其真实情况。另外，要特别重视施工组织设计，即技术标准在工程审计中的作用。部分施工内容如大型机械种类、型号、进退场费、土方的开挖方式、堆放地点、运距、排水措施、混凝土品种的采用及其浇筑方式，以及牵扯造价的措施方法等，可依据施工组织设计和技术资料做出判断。

2. 定额子目套用的审核是审计重点

施工单位一般会通过高套定额、重复套用定额、调整定额子目、补充定额子目来提高工程造价。在审核套用预算单价时要注意以下几个问题：对直接套用定额单价的审核首先要注意采用的项目名称和内容与设计图纸的要求是否一致，如构件名称、断面形式、强度等级（混凝土或砂浆标号）、位置等；其次要注意工程项目是否重复套用，如块料面层下找平层、沥青卷材防水层、沥青隔气层下的冷底子油、预制构件中的铁件、属于建筑工程范畴的给排水设施等。在采用综合定额预算的项目中，这种现象尤为普遍，特别是项目工程与总包及分包有联系时，往往容易产生工程量的重复计算。各地的综合定额不一致，一定要注意。对换算的定额单价的审核要注意换算内容是否允许换算，允许换算的内容是定额中的人工、材料或机械中的全部还是部分，换算的方法是否正确，采用的系数是否正确。对补充定额单价的审核主要是检查编制的依据和方法是否正确，材料种类、含量、预算价格、人工工日含量、单价及机械台班种类、含量、台班单价是否科学合理。

3. 材料价格的审核是审计的重中之重

材料价格是影响工程总造价的敏感因素，也是非常活跃的动态因素。材料价格是工程造价的重要组成部分，直接影响到工程造价的高低。原则上应根据合同约定方法，再结合甲方现场签证确定材料价格。合同约定不予调整的，审计时不应调整；合同约定按施工期间信息价格调整的，可以根据施工日记及施工技术材料确定具体的施工期间及各种材料的具体使用期间：有些工程工期较长，或有阶段性停工的，可根据各种材料的使用时期采用使用期间的平均信息价，这样比较贴近工程真实造价。对于信息价中没有发布的或甲方没有签证的材料价格，需要平时对材料价格的收集积累，必要时可以三方一起进行市场考察确定。随着社会的发展，新材料新工艺的应用，建材市场上出现很多新材料，特别是装潢材料，施工单位一般申报价格较高，应重视市场调查。

4. 签证的审核是审计成功的保障

不少施工单位采取低价获取工程，然后通过施工过程中增加签证来达到获利的目的。大多数工程的最终结算价都比合同价款高出很多，有的甚至成倍增长，原因固然是多样的，但签证是施工单位增加造价最重要、最常用的工具。审核签证的合法性、有效性，一是看手续是否符合程序要求；签字是否齐全有效，如索赔是否在规定的时间内提出，证明材料是否具有足够的证明力。二是看其内容是否真实合理，费用是否应该由甲方承担。有些签证虽然程序合法、手续齐全，但究其内容并不合理，违背合同协议条款，对于此类签证不应按其结算费用，如雨水排水费用、施工单位为确保工程质量的措施费用等。三是复核计算方法是否正确、工程量是否正确属实、单价的采用是否合理。例如，对索赔项目的计算要注意在计算闲置费时，机械费不能按机械台班单价乘以闲置天数，而只能计算机械闲置损失或租赁费等。对签证的复核审计是一项费时费力的工作，审计人员只有掌握较为全面的工程施工技术、预决算技术和现场管理知识，才能轻松面对，确保审计成功。

（三）事后审计

1. 费用的审核是审计的最后关口

取费应根据工程造价管理部门颁发的定额、文件及规定，结合工程相关文件（合同、招标投标书等）来确定费率。审核时应注意取费文件的时效性、执行的取费表是否与工程性质相符、费率计算是否正确、人工费及材料价差调整是否符合文件规定等。例如，计算时的取费基数是否正确，是以人工费为基础还是以直接费为基础，对于费率下浮或总价下浮的工程，在结算时特别要增加造价部分是否同比例下浮等。另外，在计算下浮时要注意把甲方供材扣除。

2. 财务及形成固定资产审核

工程决算审计主要是合法性审核、合规性审核、符合性审核。合同的签订、招投标管理、监理制实施都属于合法性审核；建设部门、规划部门、环境部门、人防易地等批复的文件是否齐全属于合规性审核；财务管理及会计核算情况审核与工程形成固定资产情况都属于符合性审核。

财务及形成固定资产审核主要包括项目资金的来源情况、投资完成及交付使用资产情况、待摊投资费用财务管理及会计核算情况。该项目财务管理及会计核算是否执行基本建设财务管理及会计制度的规定，会计账簿、科目及账户的设置是否符合基建会计制度的要求，会计凭证及各种原始凭证附件是否齐全，记录是否完整，能不能反映工程的实际投资。实际上，有时候财务状况更能发现项目的工程状况。

二、审计方法

由于建设工程的生产过程是一个周期长、数量大的生产消费过程，具有多次性计价的特点，因此采用合理的审核方法不仅能达到事半功倍的效果，而且将直接关系到审查的质量和速度。

工程量审计方法主要有以下几种：全面审核法、重点审核法、对比审核法、分组计算审核法、筛选法等。其各有不同的适用范围和优缺点，应根据具体情况科学选用。

（一）全面审核法

全面审核法又称逐项审查法，按预算定额顺序或施工顺序，对施工图预算中的项目逐一进行全部审查。具体的审查与编制施工图预算基本相同。此方法的优点就是全面、细致，经过审查的工程预算差错较少，审查质量较高，缺点就是工作量大。例如，一栋普通民用住宅楼图纸 20 ~ 30 张，据此编制出来的预算约有几百个工程子目。一般工程子目又要列出几十个计算式才能算出工程量。有些复杂的工程施工图纸从十几张到几十张，全面审查的工作量非常大了。在审查工程预算力量比较薄弱的情况下，是不能适应需要的，因此，此方法一般仅用于工程量较小、工艺比较简单的工程。

审查的具体步骤如下：

（1）熟悉情况，熟悉设计图纸和设计资料，了解工程的主要尺寸、结构形式、建筑结构、装饰做法和现场情况等；

（2）在熟悉设计资料和掌握各方面情况的基础上，按工程项目列项、工程量计算、定额单价套用、各项费用计算的顺序，依次审查。

（二）重点审核法

重点审核法就是抓住对工程预结算影响比较大的项目和容易发生差错的项目重点进行审核的方法。重点审核法的内容主要有工程量大、费用较高的项目；换算后的定额单价和补充定额单价；容易混淆的项目和根据以往审查经验，经常会发生差错的项目；各项费用的计算基础及其费率标准；市场采购材料的价差。对补充单价进行重点的审核。在施工图预算中，由于某些内容是定额没有的，施工单位可根据有关规定编制补充单价。在审核时应把补充单价作为重点，主要审核补充单价依据和方法是否符合有关的规定或是否有甲方的认可签字。材料的价格组成是否齐全、合理、准确等。对计取的各项费用进行重点审核。鉴于工程的性质、承包方式及施工企业的具体情况不同，国家有关部门分别规定了不同的应取费项目、标准和计算方法，因此审核时根据本地区的费用定额或有关规定进行核对。

（三）对比审核法

在同一地区，如果单位工程的用途、结构和建筑标准都一样，其工程造价应该基本相似。因此，在总结分析预结算资料的基础上，找出同类工程造价及工料消耗的规律性，整理出用途不同、结构形式不同、地区不同的工程的单方造价指标、工料消耗指标。然后，根据这些指标对审核对象进行分折对比，从中找出不符合投资规律的分部分项工程，针对这些子目进行重点计算，找出其差异较大的原因的审核方法。

常用的分析方法如下：

（1）单方造价指标法：通过对同类项目的每平方米造价的对比，可直接反映出造价的准确性；

（2）分部工程比例：基础、砖石、混凝土及钢筋混凝土、门窗、围护结构等各占定额直接费的比例；

（3）专业投资比例：土建、给排水、采暖通风、电气照明、消防等各专业占总造价的比例；

（4）工料消耗指标：对主要材料每平方米的耗用量的分析，如混凝土、钢材、木材、水泥、砂、石、砖、瓦、人工等主要工料的单方消耗指标。

（四）分组计算审核法

分组计算审核法就是把预结算中有关项目划分若干组，利用同组中一个数据审查分项工程量的一种方法。采用这种方法，首先把若干分部分项工程，按相邻且有一定内在联系的项目进行编组。利用同组中分项工程间具有相同或相近计算基数的关系，审查一个分项工程数量，就能判断同组中其他几个分项工程量的准确程度。例如，一般把底层建筑面积、底层地面面积、地面垫层、地面面层、楼面面积、楼面找平层、楼板体积、天棚抹灰、天棚涂料面层编为一组，先把底层建筑面积、楼地面面积求出来，其他分项的工程量利用这些基数就能得出。这种方法的最大优点是审查速度快，工作量小。

（五）筛选法

筛选法是统筹法的一种，通过找出分部分项工程在每单位建筑面积上的工程量、价格、用工的基本数值，归纳为工程量、价格、用工 3 个单方基本值表，当所审查的预算的建筑标准与“基本值”所适用的标准不同，就要对其进行调整。这种方法的优点是简单易懂，便于掌握，审查速度快，发现问题快；但解决差错问题尚须继续审查。

三、造价审核时应注意的事项

在审核预算时，除根据不同情况分别按上述办法审核预算外，还应经常深入施工现场，了解实际情况，如浇注混凝土时本来图纸要求为 C25，经甲方口头通知改为 C30 的，还如通风、空调风管安装需要加工制作，安装金属支架和管道保温等。在一些施工图中，往往只注明按施工验收规范施工，由于施工图册适用范围较广，所规定的支架厚度都有一定的幅度，致使所编制施工图预算与实际施工不一致。审核人员只有深入施工现场才能发现和解决这些存在的问题，熟悉每个工程细目所包括的工作内容和施工工序，较好完成审核施工图预算中任务。又如，重点审查法应灵活掌握，重点审查中，如发现问题较多，应扩大审查范围；反之如没有发现问题，或者发现的差错很小，则应考虑适当缩小审查范围。此外，如果建设单位工程预算审查力量较强，或时间比较充裕，则审查的范围可以放宽一些，反之适当缩小。

审核预算人员在审核预算时，如果遇到工程预算中缺少编制说明或不清楚的地方，

应及时与施工单位进行联系，了解情况，具体解决问题。建设单位和施工单位应互相提供资料，使审核人员有共同的依据。如果是列项或计算问题，审核人员应协调建设单位和施工单位一起协商解决，经过协商和调整，审核人员可能将所有问题全部解决。如有些问题建设单位和施工单位意见不能统一，应通过当地仲裁部门解决。

第三节　如何进一步做好工程造价的审计工作

针对建设项目工程造价管理与控制中存在的种种问题，审计机构要拓宽审计工作思路，更新审计理念，创新审计技术与方法，加大审计力度，在实践中不断改进和强化工程项目全过程跟踪审计，切实做好对建设项目工程造价的管理与控制。

一、全面培养高素质审计人才

工程造价审计过程中要减少审计的风险和误差，主要还是要提高审计人员的职业道德素质和业务能力素质。业务素质的提高，要建立继续教育机制，树立"坚持学习、不断更新"的思想，根据工作的要求，有计划、系统地不断组织业务培训，不断更新专业知识，以适应社会发展要求。职业素质的提高，一方面要加强理论学习培训，树立典型；另一方面要加大惩罚职业道德败坏，鼓励先进，通过这些手段来提高审计人员职业道德素质。

二、提倡将"审计关口前移"，工程造价审计事前介入

前移审计监督关口，参与立项阶段工程造价的管理与控制。据有关资料统计，在工程项目建设各个阶段中，立项投资决策阶段影响工程造价的程度可达到80%~90%。可见，做好决策阶段各项工作是管理和控制好工程造价的重要基础，它直接影响着其他各建设阶段工程造价的确定及其是否科学合理。因此，业主审计机构必须将审计关口前移，积极参与投资决策阶段工程造价的管理与控制，并重点对以下方面进行监督：

（1）决策准备是否充分。在投资决策阶段，必须做好基础资料的收集、整理，保证资料详实准确。如工程所在地的水电路状况、地质情况、主要材料及设备价格资料、

大宗材料采购地及现有已建类似工程资料等。

（2）市场调研是否有效。通过市场调研，掌握大量的统计数据和信息资料，进行综合分析和处理，并根据市场需求及发展前景，合理确定工程的规模及建筑标准，编写具有较强说服力和可行性的立项申请，切实做好项目可行性研究报告。

（3）决策方案是否优化。在完成市场调研后，结合项目实际情况，在满足生产及性能的前提下，遵循“效益至上”的原则，进行多个决策方案论证和比较。通过比较达到决策方案优化，使工艺流程尽量简单，设备选型更加合理，从而节约和控制工程造价。

（4）投资估算编制是否科学。工程项目投资估算的编制要有科学依据，要科学分析工程项目成本，要尽量细致，尽可能全面；要从实际情况出发，充分考虑施工过程中可能出现的各种情况，以及不利因素对工程造价的影响；要充分考虑市场行情及建设期间预留价格浮动系数，使投资切合实际并留有余地，使投资估算真正起到控制项目总投资的作用。

三、审查设计质量

审查设计方案与施工图，监督设计阶段工程造价的管理与控制。拟建工程项目经过决策立项后，设计阶段成为工程造价全过程控制的重要环节之一。设计阶段对工程造价的控制，以前没有得到足够的重视，工程设计人员往往偏重于设计质量与功能，不注重设计对工程造价的影响。另外，在施工图设计中经常会遇到这样的情况：在结构形式、层数、地质情况都相近的情况下，不同设计人员所采用的基础及上部结构的主要材料用量差别较大，有些设计的安全系数大大超过设计规范要求，由此造成许多投资的浪费。因此，业主审计机构必须对设计方案和施工图进行审计监督，并重点审查其是否做到：

（1）优化设计方案。初步设计方案完成后，业主通过组织有关专家对设计方案进行论证和优化，从安全、功能、标准和经济等方面权衡，确定一个比较合理可行的设计方案，使最终设计方案既科学又经济。从而满足工程项目投资的效益要求。

（2）实施工程项目限额设计。设计过程要积极推行限额设计，按照设计程序分环节层层控制总投资，使其贯穿于可行性研究、初步设计、技术设计，直到施工图设计的各个环节，形成纵向控制；设计各环节按各专业进行投资分解，分块限额，具体分配到单元和专业，形成横向控制与纵向控制相结合。限额设计是按上一环节批准的投资（或造价）控制下一环节的设计，而且在设计中以控制工程量为主要内容，抓住控制工程造价的核心，以确保管理和控制好项目工程造价。

（3）审核工程项目概预算。工程项目设计概算及施工图预算（标底），要求科

学合理、全面准确，力求不漏项、不留缺口，并考虑足够的各种价格浮动系数因素。审计机构对设计概算是否具有科学合理性实施必要的审计，对施工图预算（标底）是否全面准确进行严格认真的审核与监督，确保设计概算科学合理和施工图预算（标底）全面准确。

四、规范项目招投标程序

规范项目招投标程序，加强招标阶段工程造价的管理与控制。工程建设项目实施招投标制度，是业主控制和管理工程造价的有效手段。在《中华人民共和国招投标法》颁布实施以来，工程项目招投标活动在实际操作中逐渐得以规范化、法制化。业主审计机构要实施项目招投标全过程审计，规范项目招投标程序，重点审查：

（1）招标文件编制是否完善。招标文件要明确工程概要、招标范围、承包方式、计价依据、工程预付款进度支付及结算方式、工程质量与技术要求、评标方法、截标与开议标时间、投标报价要求、主要合同条款、施工图纸及图纸会审答疑事项等实质性内容。

（2）招投标程序是否规范。工程建设项目招投标工作，必须严格按照招投标规定程序与要求进行。在程序的形式上，审计要重点审查是否经历以下环节：招标前进行拟入围单位资质审查（必要时现场考察），发出招标公告及文书，组建评标小组，举行开议标会，确定中标单位；在程序的内容上，审计要重点审查实质性的工作是否到位，如：对拟入围单位资质审查（或考察）是否流于形式，发出招标公告及文书是否符合要求，评标小组成员是否符合规定，有无目标、暗箱操作等违规行为，等等。

（3）合同签订是否严谨。合同作为贯穿整个施工过程和竣工结算的契约，是控制和确定工程造价的主要依据，对工程造价的管理与控制起着关键性作用。一份签订严密的施工合同，能有力有效地保证建设项目工程造价的合理性、合法性，减少合同履行中合同双方的经济纠纷，维护合同双方的合法权益，有效合理地控制工程造价。审核重点是：工程项目的结算方式，工程造价的计价方法，合同价变更的规定，材料设备的供应方式，分保工程的管理等方面内容。避免“低报价、高索赔”等问题隐患。

五、加强施工阶段工程造价的控制与管理

监控“两大关口”，严格施工阶段工程造价的管理与控制。业主采取有效的措施，加强施工阶段工程造价的控制与管理，对管好用好资金、提高投资效益具有重要意义。业主审计机构必须严格把好以下“两大关口”：

（1）材料用量及价格关。材料费在工程建设项目成本中占有很大比例，一般占预算价格 70%左右。因此，材料用量与材料价格对施工阶段的工程造价影响很大。在工程造价控制中材料价格控制是主要的。由于市场经济为建筑材料的供应提供多渠道，材料品种及其价格繁多。因此，审计人员要将审计关口前移，密切关注建筑材料市场行情，及时掌握建筑材料价格及其供应渠道等信息，合理确定工程材料用量及其价格，有效控制工程造价。

（2）设计变更及现场签证关。审计机构要加强对现场施工管理的监督，严格控制来自施工方的工程变更、材料代用、现场签证、额外用工及各种预算外费用，无特殊（或必要）情况坚决不做设计变更和现场签证。对于经过专家论证必须做变更的工程项目，要先做出工程量及其造价的增减分析，并经业主同意和设计单位审查签证，设计单位做出相应的图纸和说明后，方可进行设计变更，并相应调整原合同确定的工程造价。另外，对于隐蔽工程、材料代用及额外用工等事项的必要性与真实性，审计机构要实施现场监督和签证，并严格审核其工程造价。

六、加强项目结算审核管理

严把项目结算审核关，强化竣工阶段工程造价的管理与控制。工程项目竣工结算，是对建设项目工程造价的最终确认。项目竣工结算必须坚持“二审制”原则，即先由基建管理部门初审，再经审计机构复审，才能办理项目竣工结算。业主审计机构在工程结算复审中，要重点做好以下几方面：

（1）审查结算资料是否齐全。结算资料是否齐全，对于确保竣工结算的合规性、真实性、准确性及规避审计风险都很重要。审计人员对于结算审核过程中出现“边审计边提供资料”的行为要严格拒绝，以免影响结算审核工作的严肃性和规范性。审计机构对于资料明显不齐的工程结算审核项目要予以拒收。

（2）审核工程量。审计人员要严格根据施工合同、施工及竣工图纸、设计变更、现场签证等资料，按照现行有关规定，准确审核和计算工程量。

（3）准确套用定额。审计人员在套用定额时，应熟练掌握定额书中的说明、工作内容及单价组成，采用相应定额进行准确套价；对定额缺项的项目，可以依据自身的经验结合实际情况，测定人工、材料、机械消耗量，合理确定定额中缺项项目的单价。

（4）审定材料价格。对材料价格审核，审计人员主要从4个方面把关：确定计差价的材料，不该进行调差价的决不进行调差价；按设计图纸定额核定材料用量或按实际施工来核定用量；核定结算材料价格与市场价格之间差额；核实所取定的材料价格是否套用了当期材料价格，是否跨期高套。

（5）审核取费程序及标准。根据施工合同有关规定，按照国家现行有关经济政策及行业管理部门规定与要求，审计人员审核取费程序是否合规有效，避免重复取费或提高标准取费。

七、提高审计效率，改进工作方法

改进工程造价审计方式、方法，提高审计效率，用更科学、更有效的工作方式来开展工作。根据工程建设项目的特点和近年来审计工作中显现出来的问题及积累的经验教训，工程建设项目造价审计在审计方法上，应当避免以往的事后控制方式，突出事前、事中、事后审计相结合的审计模式，做到及早发现并解决问题，真正发挥审计监督与服务相结合的职能。更要善于总结过去的经验、教训，加强行业之间工作交流，研究工作中的难题，互相学习、取长补短，不断提高审计水平。

第四节　工程造价的审计监督与管理

工程建设项目投资金额巨大，建设周期长，且多为政绩工程、民心工程，涉及的关系复杂，受公众关注较多。而工程建设项目审计涉及的范围和内容广泛，是融管理、绩效、经营、效益等多方面内容为一体的综合性审计。由于审计涉及工程建设各个环节的内容，因此审计必须熟悉工程建设项目的各个管理流程。

一、工程造价审计监督在工程建设项目管理中的重要性

在建筑工程项目管理中如何有效地进行工程造价的管理，并在确保工程质量的前提下，降低工程造价，是各级工程造价管理部门、投资者比较关注的一个问题。工程造价审计机构作为一种特殊的服务性政府管理机构，拥有专业性技术人才。造价工程师则是工程建设中造价控制的重要组织者和负责人，具有工程计量审核权、支付工程进度款审核权和工程造价审批权，对维护国家和社会公共利益，维护业主和承包商利益，维护单位自身权益起到了积极作用。造价工程师在工程项目立项决策到竣工投产全过程工作中，负责编制或审核投资估算、设计概算、施工图预算，以及工程项目的设计、招投标、施工、结算等各阶段的投资控制工作，简单地讲就是包括投资工作的事前、事中、事后控制。防止决算超预算，预算超概算、概算超估算“三超”现象发生。

二、工程建设项目审计的现状及存在的难点

目前我国工程造价管理存在的问题与发达国家相比，我国的工程造价管理还有很

大差距，还存在许多问题有待解决，其具体表现在以下几方面：

1. 工程造价管理计价模式落后

由于历史原因，我国多年沿用了苏联的计划经济模式，在工程计价上一直采用定额计价。但由于定额的推广模式浪费大量时间，造成定额落后。因此，我们必须树立“全过程、全方位、动态工程造价管理”的计价模式，实行工程量清单计价。

2. 难于产生公平合理的市场竞争机制

这与我国的国情息息相关。投资主体一元化，政府行为干预价格市场，加上区域壁垒、行业保护、暗箱操作等腐败现象的滋生蔓延，个别实权人物插手建筑企业，以权谋私，扰乱了市场秩序，没有合理公平的市场环境，就不可能形成科学的竞争机制。

3. 法律、法规不健全

尽管我国已经有了相关的法律、法规，工程造价行为有章可循，但是在执行上活口太大，人为操作因素多，这些法律、法规还不够健全，在实践贯彻中存在着许多问题。同时，“有法不依，执法不严”的现象屡见不鲜。因此，加强行业立法，增强守法意识和合同意识，与国际惯例接轨已成当务之急。

4. 工程建设项目的舞弊行为更加隐蔽

工程建设项目可能存在的舞弊手段多种多样，如建设方人员利用工作职务之便获取信息，在材料采购、合同订立中收受回扣、佣金等商业贿赂行为；建设方为了处理不正当费用，内部管理层相互串通或建设方与施工方之间串通签定虚假合同，编制虚假预决算资料并购买发票套取现金，使内部控制形同虚设；还有的工程长期不结算，以工程支出之名列支不合规支出，工程效益难以保证等。工程项目建设过程中的舞弊行为较其他经济项目更加隐蔽，在形式上难以发现漏洞，有看似合法完整的工程资料，合乎要求的程序甚至具备正规发票，加大了工程建设项目审计的难度。因此，揭露舞弊行为是工程建设项目审计中的难点和重点。

5. 审计部门人员难适应工程建设项目的综合性审计要求

工程建设项目内容覆盖面广、建设过程复杂决定了审计要求的综合性，内容既涉及财务管理，又涉及工程建设管理，不仅要对结果审计，审查工程建设项目的资金来源，对财务核算、会计技术工作的真实性、合规性做出评价，更要对工程建设过程进行审计，查找工程建设项目流程的衔接部位、缺失部位、薄弱环节，提出改进意见及建议并做出评价，预防隐患的发生。

三、加强对工程项目造价管理的审计和监督

1. 加强审计监督力度

工程建设是企业发展的标志，各职能部门要采取有力措施，严格执行各项法规和

规章制度，确保工程建设顺利进行。

2. 抓关键环节

（1）项目的事先控制。控制是项目造价管理的重要职能之一，企业新建项目进行项目建议、严格论证项目的必要性，拟建规模和建设地点、资源情况、投资结算和资金筹措设想、经济效益估算等。对项目在技术上是否可行和经济上是否合理进行科学的分析和论证的可行性研究。

（2）工程设计是影响和控制工程造价的关键环节，在设计时由于新建项目选址靠近原厂址，尽可能减少辅助项目投资，通过加强工程设计与工程造价关系的分析和比较，使设计技术先进、经济合理。实际操作中可采用以下方式：采用招投标进行设计方案的优选，积极推行限额设计，要在保证工程功能要求的前提下，按各专业分配的造价限额进行设计，保证估算、概算，起到层层控制的作用。

（3）建设项目通过组织施工招投标，引入竞争机制，择优选定施工单位。实行限额采购，做好设备材料投资控制。实行工程量清单报价，防止不正当竞争。可选用建设项目总承包方式，即一个建设项目全过程或其中某个阶段的全部工作由一个承包单位全面负责组织实施。在招标操作中建立健全招投标制的管理，坚决制止明招暗定、私下交易。

（4）强化合同管理、控制造价。强化合同管理，规范其行为准则，必须要建立合同审查和管理制度，把招投标中承发包双方承诺，如工程进度、质量、造价及其他事项用合约的形式确定下来，从而保证招投标效果，保证条款完备，内容严谨，对于闭口合同不留活口，最大限度地减少今后经济上的纠纷。

3. 项目的事中控制

（1）把好工程质量关。根据项目情况，通过招标选择相应等级资质的监督单位，确保全过程质量控制，让设备制造厂家派人员到现场监督跟踪进度、质量。

（2）加强工程进度管理。采用网络计算，通过时间参数计算，反映出整个工程各单项工程的情况，指出全局性有影响的关键线路并对关键线路和节点进行考核。在施工中抓住主要矛盾，确保竣工工期，避免盲目施工，更好地利用人力和设备。在工程管理中，充分利用计算机技术，跟踪管理。实践通过优化和调整，加快管理，取得好、快、省的全面效果。工程进行中实际进度计划发生差异时及时制定对策，包括组织措施、技术措施、经济措施等。

（3）加强现场会签制度。变更应由监理工程师把关，造价工程师计价，同时对已发生的费用先期进行计算，以便预测今后的费用，实现过程控制。跟踪测算，控制设计变更，严格工序交接，认真做好隐蔽工程签证，检查建立反映工程进展日记，及时计量、验证，掌握主动。

（4）加强目标控制。督促监理工程师根据控制目标，针对影响投资控制目标实现的因素，采取必要的组织、经济、技术、合同措施主动控制。定期检查和对照费用支付情况，对项目费用超支和节约情况进行分析，提出改进方案，掌握国家调价范围和制度。工程进行中对已完成项目进行跟踪分期结算，掌握对总量的控制，及时采取措施确保总量不超。

4. 项目事后控制

严格按合同条款、承包范围、结算方式，保质保量的做好项目结算工作。加强对预结算人员的业务培训，选用和配备职业道德过硬、业务水平过关的专业技术人员担负工程预结算工作，严把工程结算关，控制工程造价。建设项目竣工投产生产运营一段时间后，再对项目的立项决策、设计施工、竣工投产、生产运营等全过程进行系统评价。同时，考证全寿命价格。通过评价，肯定成绩，总结经验，研究问题，吸取教训，提出建议，改进工作，不断提高管理水平和投资效果。控制力求加大主动控制在控制过程中的比例，同时进行定期、连续的被动控制。通过全面控制造价，取得很好效果。

结束语

工程造价管理不仅是经济问题，它是集经济与技术、管理为一体的综合学科，工程造价的高低，直接影响着投资效益的好坏，所以在工程建设过程中，我们必须把造价审计监督与管理的工作作为核心工作来抓。

建设工程造价审计监督与管理的核心还在于建设工程造价的全过程，它贯穿于决策评估阶段、前期准备阶段、设计阶段、工程承包阶段、施工阶段、竣工验收阶段和决算审计阶段等项目建设全过程，最终将项目的造价控制在预定的投资额度之内，达到提高经济效益的效果。

参 考 文 献

[1] 赵婧 , 赵晶 . 建筑工程项目造价审计 [J]. 交通世界 (建养 . 机械),2010(7):279–280.

[2] 王亚峰 . 我国建筑工程造价管理探析 [J]. 经济视角 ,2010(9):67–68.

[3] 王艳 . 建设工程造价审计中的问题与对策 [J]. 建设科技 ,2011(15):77.

[4] 吴静 . 提高建筑工程造价审核的措施和方法 [J]. 建筑设计管理 ,2011,28(2):38–40.

[5] 叶碧红 . 浅析目前建筑工程造价管理存在的问题及其对策 [J]. 福建建材 ,2011(3):119–121.

[6] 邵美霞 , 傅炤辉 . 谈建筑工程造价控制与管理分析 [J]. 现代装饰 (理论),2011(6):114.

[7] 宋旭敏 . 谈建筑工程造价控制与管理 [J]. 山西建筑 ,2016,42(10):239–240.

[8] 秦玉兰 , 杜晟连 . 探讨工程造价在工程投资过程中的作用 [J]. 才智 ,2012(25):30.

[9] 顾风林 . 造价工程师如何做好工程结算审核工作 [J]. 中国招标 ,2012(13):26–28.

[10] 李丽娜 . 如何做好工程造价的结算管理 [J]. 民营科技 ,2012(5):202.

[11] 仇志敏 . 论建设工程造价控制与管理 [J]. 淮北职业技术学院学报 ,2010,9(1):46–47.

[12] 张慧洁 . 浅议工程造价风险控制 [J]. 科技创新与应用 ,2015(12):259.

[13] 王海鹏 . 浅议如何做好建筑工程造价与成本控制 [J]. 科技风 ,2013(24):160.

[14] 周洋 . 建筑工程造价管理存在问题及解决方法研究 [J]. 中华民居 (下旬刊),2014(9):411.

[15] 徐丽芳 . 探讨建筑工程造价预结算跟建筑施工成本管理的关系 [J]. 中华民居 (下旬刊),2014(10):416–417.

[16] 马蕾 . 建筑工程的预算造价管理措施剖析 [J]. 信息化建设 ,2015(9):233–234.

[17] 宋晓蒙 . 试述建筑工程造价超预算的原因与控制措施 [J]. 中国高新技术企业 ,2015(11):182–183.

[18] 孙启学 . 建筑工程概预算管理存在问题探究 [J]. 门窗 ,2016(9):75.

[19] 赵鸿璐 , 梁爽 . 探讨建筑施工中工程造价审计的重要性及相关问题 [J]. 绿色环保建材 ,2017(11):146.

[20] 唐越 . 建筑施工中工程造价审计的重要性分析 [J]. 四川建材 ,2017,43(10):194–195.